棕榈藤丛

棕榈藤丛（海南三亚　范少辉）

直立省藤果实（云南瑞丽　范少辉）

黄藤果实（海南三亚　刘广路）

多果省藤果实（海南三亚　范少辉）

柳条省藤果实（海南儋州　刘广路）

棕榈藤育苗 1（云南瑞丽　范少辉）

棕榈藤育苗 2（云南瑞丽　范少辉）

棕榈藤幼苗移栽（海南三亚　李雁冰）

棕榈藤幼苗管护（海南三亚　陈本学）

棕榈藤壮苗培育（海南三亚　李雁冰）

棕榈藤林下造林 1（云南瑞丽　范少辉）

棕榈藤林下更新 1
（海南三亚　陈本学）

棕榈藤林下更新 2（海南三亚　刘广路）

棕榈藤林下造林 2（云南瑞丽　范少辉）

黄藤林 1（广西凭祥　范少辉）

黄藤林 2（广西凭祥　范少辉）

黄藤林 3（海南三亚　刘广路）

小钩叶藤林（海南三亚　徐瑞晶）

柳条省藤林（海南儋州　刘广路）

黄藤林 4（海南白沙　刘广路）

白藤

（绘图人　李玲雅）

天然更新白藤幼苗 1（海南三亚　徐瑞晶）

天然更新白藤幼苗 2（海南三亚　范少辉）

白藤羽叶（海南三亚　徐瑞晶）

白藤叶鞭
（海南三亚　刘广路）

白藤茎
（海南三亚　刘广路）

白藤叶鞘（海南三亚　徐瑞晶）

白藤果序（海南三亚　范少辉）

白藤藤株（海南三亚　徐瑞晶）

白藤成藤（海南三亚　徐瑞晶）

白藤藤丛（海南三亚　刘广路）

多果省藤

（绘图人　李玲雅）

多果省藤幼苗（海南三亚　范少辉）

多果省藤羽叶（海南三亚　徐瑞晶）

多果省藤鞘鞭（海南三亚　徐瑞晶）

多果省藤叶鞘（海南三亚　刘广路）

多果省藤藤株（海南三亚　徐瑞晶）

多果省藤果序（海南三亚　徐瑞晶）

多果省藤藤丛（海南三亚　徐瑞晶）

多果省藤成藤（海南三亚　刘广路）

黄藤

黄藤

幼苗 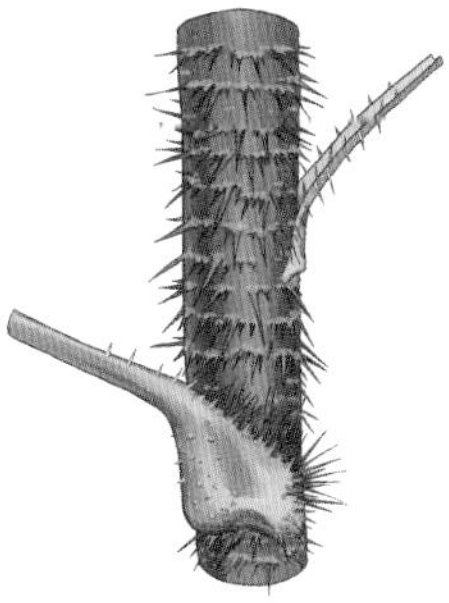　　茎 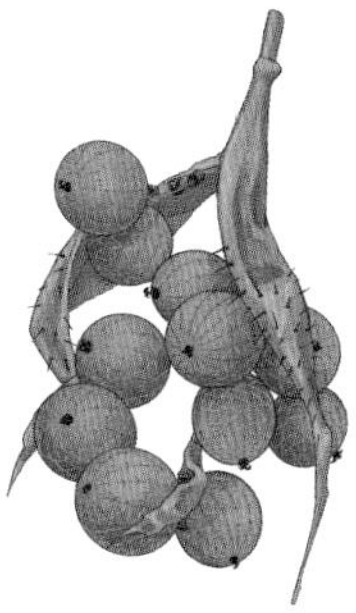　　果序 　　果

（绘图人　李玲雅）

黄藤天然更新苗（海南三亚　徐瑞晶）

黄藤幼苗（海南三亚　刘广路）

黄藤叶鞘（海南三亚　徐瑞晶）

黄藤果序（海南三亚　范少辉）

黄藤藤株（海南三亚　徐瑞晶）

黄藤成藤（海南三亚　徐瑞晶）

黄藤林（海南三亚　范少辉）

小钩叶藤

（绘图人　李玲雅）

小钩叶藤幼苗（海南三亚　徐瑞晶）

小钩叶藤羽叶（背面）
（海南三亚　徐瑞晶）

小钩叶藤果序
（云南瑞丽　刘广路）

小钩叶藤叶鞭（海南三亚　刘广路）

小钩叶藤叶鞘（海南三亚　徐瑞晶）

小钩叶藤茎（海南三亚　徐瑞晶）

小钩叶藤藤株（海南三亚　范少辉）

小钩叶藤藤丛（海南三亚　范少辉）

杖藤

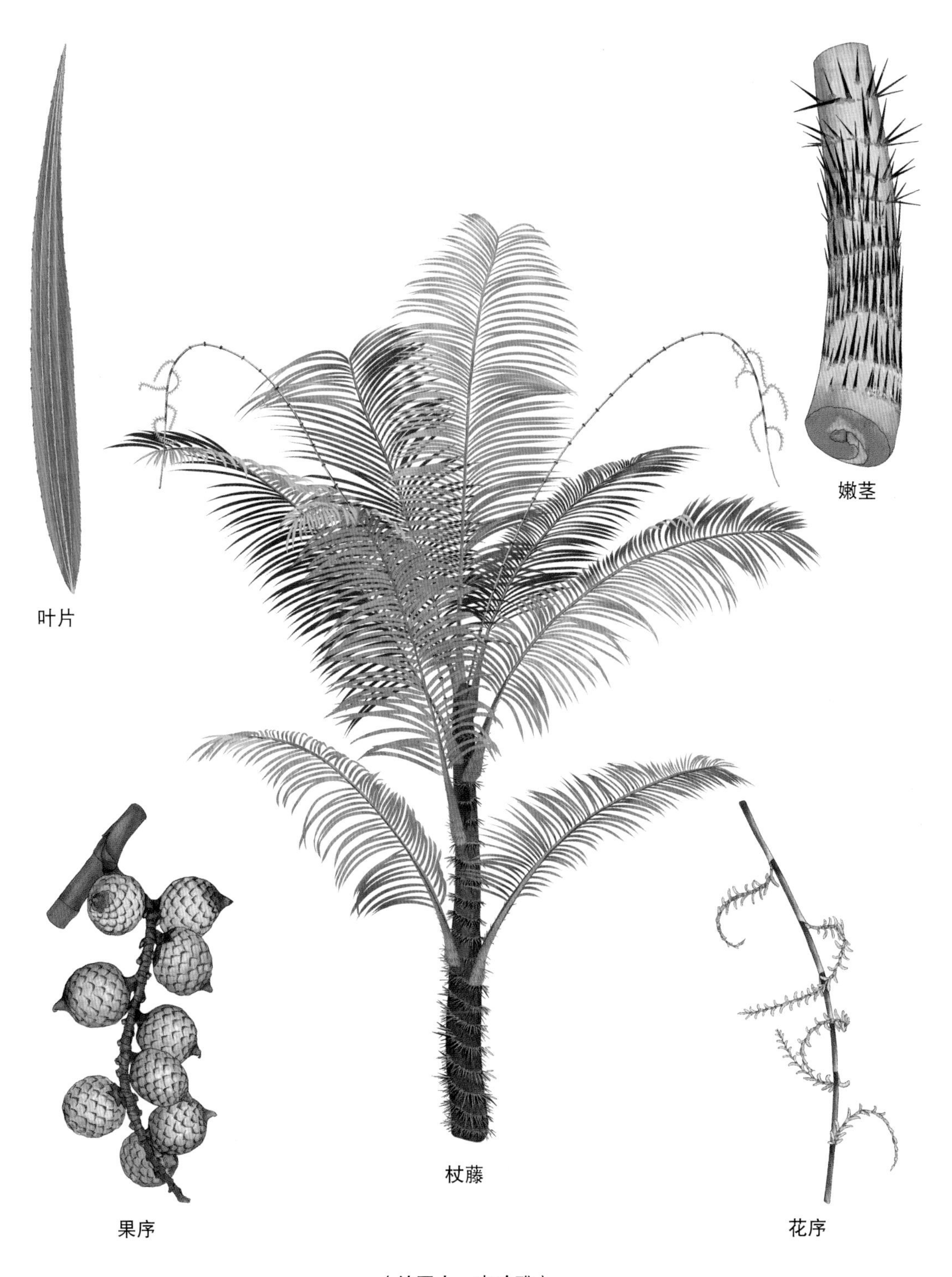

（绘图人　李玲雅）

杖藤叶鞘（海南乐东　徐瑞晶）

杖藤花序（海南三亚　刘广路）

杖藤藤株（海南乐东　范少辉）

杖藤果序（海南乐东　刘广路）

杖藤藤丛（海南三亚　徐瑞晶）

范少辉　刘广路　等◎编著

中国林业出版社
CFPH China Forestry Publishing House

图书在版编目（CIP）数据

中国棕榈藤培育 / 范少辉等编著. -- 北京：中国林业出版社，2022.6

ISBN 978-7-5219-1530-3

Ⅰ. ①中… Ⅱ. ①范… Ⅲ. ①棕榈科—藤属—栽培技术—中国 Ⅳ. ①S792.91

中国版本图书馆CIP数据核字（2022）第001741号

责任编辑 李 敏 王美琪

出版发行 中国林业出版社（北京市西城区刘海胡同 7 号）

电　　话（010）83143575 83143548

邮　　编 100009

印　　刷 北京中科印刷有限公司

版　　次 2022 年 6 月第 1 版

印　　次 2022 年 6 月第 1 次印刷

开　　本 787mm × 1092mm 1/16

印　　张 10.5

彩　　插 40面

字　　数 217千字

定　　价 150.00元

《中国棕榈藤培育》编著者

主要编著者：

范少辉　国际竹藤中心

刘广路　国际竹藤中心

其他编著者（以拼音为序）：

陈本学　周口师范学院

李雁冰　周口师范学院

刘蔚漪　西南林业大学

农珺清　国际竹藤中心

彭　超　湖南省林业科学院

徐瑞晶　国际竹藤中心三亚研究基地

序一

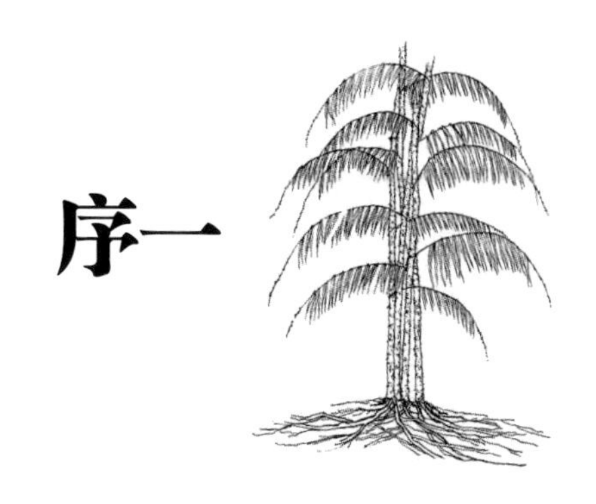

棕榈藤主要分布在亚太和非洲的热带和亚热带地区，是依附于森林生长的层间植物，是一类具有鲜明特色的非木质林产品。藤茎是编织和家具制作的优良材料，藤制品自然优雅；幼嫩的藤梢是一种优良的森林食品，营养物质丰富；有些棕榈藤果实可以直接食用或者萃取珍贵药物“麒麟血竭”。20 世纪 70 年代以来，以原藤为主要原料的藤家具工业和国际贸易迅速发展，形成数十亿美元的国际市场，吸纳了 100 多万就业人口。棕榈藤资源在改善生态环境、消除贫困、推动经济发展等方面具有重要意义。

我作为第一个总部设在中国的政府间国际组织——国际竹藤组织（INBAR）董事会联合主席和中国竹藤科学研究平台——国际竹藤中心的主任，一直十分关注棕榈藤相关的研究和发展。棕榈藤利用在我国具有悠久的历史，宋代文学家苏洵的《藤樽》中“枯藤生幽谷，蹙缩似无材。不意犹为累，刳中作酒杯”写出了藤的生长特征和用途，此外还有《点绛唇·瓦枕藤床》（宋 杨无咎）、《菩萨蛮·藤床巧织波文小》（宋 张镃）等描述了藤床的风雅，棕榈藤的利用融入了中华文明的发展之中。2007 年我主编出版了《世界竹藤》，作为对国际竹藤组织成立 10 周年的献礼，2015 年又主编出版了《中国棕榈藤》，这两本著作包括了棕榈藤的分类、培育、管理、材性及其利用等方面的内容，较好地总结了当时棕榈藤研究领域的科研成果和工业化利用进展。

棕榈藤的主要利用部位是藤茎，世界藤产业所需原藤的 90% 主要依靠东南亚野生藤资源，由于原藤资源长期过度采收和热带雨林面积消减，致使藤资源日趋枯竭，危及藤资源的可持续利用。我国是世界上主要的原藤进口国，进口藤资源主要来自马来西亚和印度尼西亚等棕榈藤资源主产国。

近年来，由于棕榈藤资源主产国相继制定了禁止原藤及其半成品的出口法令，致使国际市场原藤价格猛涨。开展棕榈藤高效培育技术研究，提高棕榈藤资源的自给能力是十分紧迫的现实问题。20世纪末期，我国棕榈藤培育和利用面临着研究项目减少、研究团队萎缩等问题，棕榈藤产业发展因资源供给不足和国际政策的制约遇到较多困难。但是，我欣喜地看到，国际竹藤中心、西南林业大学、中国林业科学研究院热带林业研究所等相关研究团队还在一如既往地开展棕榈藤培育和利用研究工作，并不断取得进展。进入21世纪，国际竹藤中心森林培育团队一直致力于棕榈藤资源高效培育理论与技术研究，"十二五"以来在国家科技支撑计划、国际竹藤中心基本业务费专项等项目的资助下，持续开展了棕榈藤种子库与天然更新、壮苗培育、大苗造林和近自然林抚育技术研究，取得了很好的成果。此次，国际竹藤中心森林培育团队编著《中国棕榈藤培育》一书，是对当今棕榈藤培育研究成果的总结，将提升我国棕榈藤培育能力和技术水平，也是立足本国、突破封锁，对棕榈藤资源主产国关于原藤及其半成品禁止出口法令的最佳应对，对于保障国家紧缺资源战略安全具有重要意义。

《中国棕榈藤培育》内容丰富、数据翔实、图文并茂，集中代表了当今中国棕榈藤培育最新的科研成果和学术水平。该书的出版，将有力地推动中国乃至世界棕榈藤资源保护、高效培育和棕榈藤产业的健康发展。

特为此序。

江泽慧

2022年5月30日

序二

棕榈藤作为热带和南亚热带地区森林宝库中重要的非木质林产品，其形态自然、色泽清新和抗拉性能良好，是藤制家具的优良材料。随着现代科学技术的进步，棕榈藤材还被制成各种新型藤基复合材料，广泛应用于环保设施、建筑装饰和藤艺等领域，具有巨大的应用潜力和开发价值。全球棕榈藤贸易额每年达到数十亿美元，在竹藤国际贸易体系中的重要性日益显现。同时，棕榈藤多生长于山地雨林，区域经济相对落后，提高棕榈藤资源培育水平对于特种资源开发、生物多样性保护、农户增收减贫和促进我国社会经济发展等方面有重要的作用。欧洲也重视非木质林产品发展，特别是对贫困地区，认为这是维持农民生计和增收的有效途径，是发展生物循环经济和应对气候变化的重要手段，对“一带一路”国家的资源培育与开发也具有重要的科技支撑作用。

棕榈藤属棕榈科（Palmae）省藤亚科（Calamoideae）省藤族（Calameae）植物。全世界有棕榈藤 11 属 631 种，主要分布在马来西亚、印度尼西亚和泰国等东南亚各国。我国有棕榈藤 3 属 32 种，主要分布在云南、海南、广西和广东等省区。棕榈藤的多数种类具有鞘鞭或纤鞭，鞭具钩刺，攀附于树木之间。因此，与其他林木相比，棕榈藤特殊的生境和生物学特性增加了资源调查和培育技术研究的难度。20 世纪 60 年代以来，以中国林业科学研究院热带林业研究所许煌灿先生为代表的科研团队在棕榈藤种群资源、引种驯化、繁殖方法、造林和经营技术等方面开展了研究，形成了成果《棕榈藤的研究》，推动了我国棕榈藤培育的技术进步。此后，我国的棕榈藤培育研究在科研团队和项目上均有萎缩，进入徘徊期。从 21 世纪初期起，国际竹藤中心森林培育团队开始从基础到应用问题系统且深入地、有针对性地进行棕榈藤培育研究，技术成果相继报道，显著提升了棕榈藤培育技术水平，促进了棕榈藤产业的发展。

棕榈藤作为一种藤本植物，在森林中需要依托支撑木攀缘生长。棕榈藤资源的培育主要有人工造林和人工促进两种方式。人工造林是在没有棕榈藤株的林地，人工营造棕榈藤苗，形成棕榈藤与其他林木的混交林；人工促进是在拥有棕榈藤株自然分布和天然更新的天然次生林中，通过人为措施，促进天然次生林中的藤苗、藤株得到更好的更新和生长，形成更高生产力的棕榈藤混交林。在现阶段，全球棕榈藤资源靠人工培育的仅占 10%，而野生资源占 90%。可见，在野生资源中，探讨通过人工促进措施提高棕榈藤资源培育效率的理论与技术具有非常重要的实践意义和科学价值。

通览本书，作者系统地总结了棕榈藤资源分布与产业发展、生物生态学特征、生长促进、养分调控、育苗与壮苗培育、造林与采收等方面的成果。特别是以海南甘什岭天然分布的棕榈藤林为对象，提出了人工促进培育棕榈藤资源的技术，突出了天然分布棕榈藤种子库和幼苗更新、群落生态学特征、环境适应性和伴生林养分调控等技术，极大地拓展和丰富了棕榈藤培育的研究领域和技术成果，科学有效地支撑了天然棕榈藤资源在林下的人工促进天然更新和高效培育实践，对实现棕榈藤资源的可持续经营和开发利用具有重要的意义。

本书结构与内容丰富、图表翔实，展现了中国棕榈藤培育研究的最新研究成果。本书的出版，能够对后续棕榈藤培育产生积极的推动作用，为我国乃至世界棕榈藤资源保护、培育和产业发展开启新篇章，为我国农民增收、乡村振兴和美丽乡村建设作出新贡献。

这是一本有关森林经营的好书，理论与实践价值均高，很值得林业工作者一读。我盼早日付梓，以利宣传推广。

值此书出版之际，致数语以为序。

国务院原参事，中国林业科学研究院首席科学家 盛炜彤

2022 年 5 月 30 日

前言

棕榈藤（rattan）属棕榈科（Palmae）省藤亚科（Calamoideae）省藤族（Calameae）植物，主要分布在亚太和非洲的热带和亚热带地区。2016 年，Vorontsova 等对全球棕榈藤属种进行了重新梳理，将世界棕榈藤分为 11 属 631 种。其中，省藤属的种类最丰富，达 522 种。我国是棕榈藤分布区的北缘，有 3 属 32 种，主要分布于西南和华南地区，形成以云南省和海南省为中心的两大分布区。

棕榈藤作为一类珍贵的非木质森林资源，具有极高的经济、文化和生态价值。我国对棕榈藤的开发和利用有悠久的历史。史籍《隋书》出现以藤为贡物的记载，《正德琼台志》和《崖州志》中描述了棕榈藤的种类分布及利用价值。福建泉州博物馆保存着来自郑和下西洋沉船上工艺考究的藤编展品，表明在明朝藤编技艺已达到较高水平。20 世纪 70 年代，以藤材为主要原料的藤家具产业和国际贸易迅速发展，一些藤材产地和出口国家如菲律宾、印度尼西亚等获取了大量外汇，形成数十亿美元的国际市场，促进了地区经济和社会发展。经济的快速发展也带来了对棕榈藤资源的不合理开发和利用，棕榈藤生长环境受到破坏，天然种群急剧减少，尤其是具有商业价值的棕榈藤资源。

棕榈藤资源是棕榈藤产业发展的根本，棕榈藤产业所需的 90% 原材料来自野生资源，仅 10% 源自人工种植。我国是世界上主要的原藤进口国，棕榈藤资源的紧缺和供给不足，限制了藤贸易的发展。近年来，印度尼西亚、马来西亚和菲律宾等主要产藤国为保护棕榈藤资源，相继禁止原藤及其半成品出口，致使国际市场原藤价格猛涨。我国棕榈藤研究始于 20 世纪 50 年代，在棕榈藤生理生态习性、种子育苗与实生苗造林等方面取得较好进展。棕榈藤的生产力受种质资源、立地条件、经营技术、采伐周期、采伐工艺等众多因素的影响，棕榈藤人工林产量和品质不高，缺乏对天然分布棕榈藤培育的理论和技术研究，很大程度上限制了我国天然棕榈藤林的高效培育和资源有效供给。开展天然棕榈藤林资源培育理论和技术研究，可以提高野生棕榈藤资源培育效率，增强我国棕榈藤资源供给能力，应对藤资源生产大国的资源封锁，提升国家紧缺资源战略安全保障能力，具有非常重要的实践意义和很高的学术价值，对棕榈藤产业的可持续发展具有重要意义。

基于此，项目组在国家"十二五"科技支撑计划项目（2012BAD23B04，2015BAD04B0203）、国际竹藤中心基本科研业务费专项（1632021021，1632016006，1632015014，1632016014）等项目资助下，较为系统地开展了天然棕榈藤群落生态学特征、天然分布棕榈藤幼苗更新和生长促进技术等方面的研究，取得了多项技术突破。结合前人研究成果，项目组编著了《中国棕榈藤培育》一书，系统地阐述了棕榈藤资源情况、生物学特征、群落学特征、环境适应性、棕榈藤育苗及高效培育技术，为棕榈藤资源培育和利用提供了技术支撑。

本书共分8章，由范少辉研究员、刘广路研究员主持编著。参与编著工作人员分工为：第1章，徐瑞晶、李雁冰、刘广路；第2章，范少辉、彭超、刘蔚漪、李雁冰、徐瑞晶；第3章，彭超、徐瑞晶、刘广路；第4章，范少辉、彭超、徐瑞晶、刘广路；第5章，李雁冰、陈本学、徐瑞晶、范少辉；第6章，陈本学、李雁冰、徐瑞晶、刘广路；第7章，刘蔚漪、李雁冰、范少辉；第8章，刘广路、刘蔚漪、农珺清、徐瑞晶。

鉴于时间和水平所限，不足之处，在所难免，敬请批评指正。

编著者

2022年2月18日

目录

第1章 棕榈藤资源分布与产业发展

1.1 世界棕榈藤资源分布与产业发展

1.1.1 资源分布

棕榈藤为棕榈科（Arecaceae）植物，分布于热带及其邻近区域。全世界棕榈藤有11属631种（含种下单位）（Vorontsova et al.，2016）。由于竹节椰属（*Chamaedorea*）、椰藤属（*Desmoncus*）和金果椰属（*Dypsis*）的部分种表现出攀缘习性，因此被列为新增棕榈藤属。近年来，相关研究将黄藤属（*Daemonorops*）、无鞭藤属（*Pogonotium*）、网苞藤属（*Retispatha*）合并到省藤属（*Calamus*）（Baker，2015;Henderson et al.，2015）。《World Checklist of Bamboos and Rattans》书中采用了上述观点，因此将世界棕榈藤确定为11属631种（含种下单位）。在11个棕榈藤植物属中，省藤属分布范围最广，种类也最为丰富，占全部棕榈藤植物种数的82.73%；椰藤属和蚁藤属（*Korthalsia*）的种数次之，分别占全部棕榈藤植物种数的5.23%和4.44%；竹节椰属和多鳞藤属（*Myrialepis*）种数最少，均为1种。单苞藤属（*Eremospatha*）、漆子藤属（*Laccosperma*）和鳞果藤属（*Oncocalamus*）只分布在非洲，其余8属主要分布于亚太地区（Vorontsova et al.，2016）（表1-1）。

表1-1　世界棕榈藤数量及地理分布（Vorontsova et al.，2016）

序号	属名	种数（含种下单位）	分布区
1	省藤属 *Calamus*	522	热带非洲、热带亚热带亚洲至太平洋西南部
2	竹节椰属 *Chamaedorea*	1	墨西哥至洪都拉斯
3	椰藤属 *Desmoncus*	33	热带美洲
4	金果椰属 *Dypsis*	2	马达加斯加
5	单苞藤属 *Eremospatha*	11	热带非洲西部至赞比亚
6	蚁藤属 *Korthalsia*	28	中南半岛至新几内亚岛

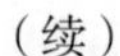

（续）

序号	属名	种数（含种下单位）	分布区
7	漆子藤属 *Laccosperma*	6	非洲西部和中西部
8	多鳞藤属 *Myrialepis*	1	印度阿萨姆至苏门答腊岛
9	鳞果藤属 *Oncocalamus*	4	贝宁南部至热带非洲中西部
10	钩叶藤属 *Plectocomia*	17	喜马拉雅山脉中部至中国（海南）、马来西亚
11	编织藤属 *Plectocomiopsis*	6	中南半岛至马来西亚西部
	合计	631	

东南亚各国是世界棕榈藤的分布中心，省藤属、蚁藤属、钩叶藤属、编织藤属和多鳞藤属全部分布在该地区的国家，其余属分布在美洲和非洲各国。世界棕榈藤主产国主要有马来西亚、印度尼西亚、泰国、菲律宾和越南等东南亚国家（表 1-2）。美洲棕榈藤主要分布在墨西哥、洪都拉斯、伯利兹、哥斯达黎加、尼加拉瓜和巴西等热带地区国家。在非洲各国中，棕榈藤主要分布在马达加斯加、贝宁、喀麦隆、加蓬和赞比亚等国家。

表 1-2　世界主要产藤国家棕榈藤资源情况（Vorontsova et al., 2016；Pei et al.，2010）

种数（含种下单位）

属名	马来西亚	印度尼西亚	泰国	菲律宾	越南	巴布亚新几内亚	印度	缅甸	老挝	中国	柬埔寨	美洲各国	非洲各国
省藤属 *Calamus*	207	145	84	81	45	48	38	30	26	29	16		
竹节椰属 *Chamaedorea*												1	
椰藤属 *Desmoncus*												33	
金果椰属 *Dypsis*													2
单苞藤属 *Eremospatha*													11
蚁藤属 *Korthalsia*	19	11	5	5	2	2	2	1	2		2		
漆子藤属 *Laccosperma*													6
多鳞藤属 *Myrialepis*	1	1	1		1			1	1		1		
鳞果藤属 *Oncocalamus*													4
钩叶藤属 *Plectocomia*	5	5	4	3	3		2	4	2	3	3		
编织藤属 *Plectocomiopsis*	4	3	1		2			1	1		1		
合计	236	165	95	89	53	50	42	37	32	32	23	34	23

所有棕榈藤中，柳条省藤（*Calamus viminalis*）、褐鞘省藤（*Calamus guruba*）、黄藤（*Daemonorops jenkinsiana*）、泽生藤（*Calamus palustris*）、*Calamus tenuis*、*Korthalsia laciniosa*、多鳞藤（*Myrialepis paradoxa*）、*Plectocomia elongate*、*Plectocomiopsis corneri* 和 *Plectocomiopsis geminiflora* 等少部分棕榈藤在 7 个以上国家分布，分布范围较广。

相比于以上广布种，棕榈藤区域特有种类更多，省藤属植物天然分布地域性较强，各地区特有种比例较高（星耀武等，2006）。省藤属植物的国家特有种达 344 种，占全部省藤属植物种数的 65.90%。分布于巴布亚新几内亚的 50 个棕榈藤中，除了 *Calamus longipinna* 和 *Calamus zollingeri* 两个种外，其余 48 个种均为该国的特有种，特有种占比达 96.00%，棕榈藤的区域特有现象极为明显。

马来西亚棕榈藤有 5 属 236 种，是世界棕榈藤种类最丰富的国家，种数占全世界棕榈藤种数的 37.40%；其中，省藤属植物 207 种，种类最为丰富，占该国棕榈藤种数的 87.71%，蚁藤属次之，占该国棕榈藤种数的 8.05%。分布于马来西亚 5 个棕榈藤属下的种数均高于其他国家同属种类。加里曼丹岛（婆罗洲）是该国棕榈藤种类最多的地区，马来西亚次之。

印度尼西亚棕榈藤有 5 属 165 种，种类数量仅次于马来西亚，种数占全世界棕榈藤种数的 26.15%，它们主要分布在爪哇岛和苏门答腊岛。虽然种类数量较马来西亚少，但藤产量和商业化程度位居世界首位。6 种世界重要商品藤（*Calamus diepenhorstii*、*Calamus inops*、*Calamus manan*、*Calamus ornatus*、*Calamus scipionum* 和 *Calamus zollingeri*）在印度尼西亚均有分布。此外，苏拉威西岛（6 个）、加里曼丹岛（4 个）、苏门答腊岛（3 个）和爪哇岛（2 个）等地的 15 个藤种已经商业化，是较好的商品藤种。印度尼西亚控制着全球 90% 以上的商业藤条库存，拥有世界上质量最好的藤条，藤条销售占印度尼西亚所有森林产品价值的 5.5%（Myers，2015）。

泰国棕榈藤 5 属 95 种，种数占全世界棕榈藤种数的 15.06%，其种类数量排在世界第三位，仅次于马来西亚和印度尼西亚。笋藤资源开发是泰国藤产业的一大特色，泰国是较早开始种植笋用棕榈藤的国家，在 20 世纪 80 年代，泰国东北部的农民开始种植笋用棕榈藤。由于种植笋藤的收入高于其他农作物，笋藤种植得到了迅速的推广。1999 年底，笋藤的种植面积达到 3000hm^2。2000—2004 年，泰国科技人员对食用棕榈藤的栽培、经营及加工作了系统的研究，并把他们的成果通过发放手册、培训等方法应用到农民的生产实践中，现在食用棕榈藤的种植已经遍及泰国北部、东北部和中部（中国林业科学研究院热带林业研究所，2009）。

菲律宾棕榈藤 3 属 89 种，种数占全世界棕榈藤种数的 14.10%。与棕榈藤种类丰富的马来西亚、印度尼西亚、泰国和越南等国家相比，缺少多鳞藤属和编织藤属。

越南棕榈藤 5 属 53 种，种数占世界棕榈藤的 8.40%，是棕榈藤资源较为丰富的国家，在属数量上与马来西亚、印度尼西亚和泰国三大资源国相同，但属下种数较少。越南曾是仅次于印度尼西亚的棕榈藤材第二大出口国，但 2005 年藤材出口急剧下降，2008 年进口与出口几乎持平，越南进口的藤材主要来自老挝、印度尼西亚、柬埔寨和菲律宾（中国林业科学研究院，2011a）。

1.1.2 培育现状

棕榈藤最早发现于亚洲热带、亚热带，是一种攀缘带刺植物，因其质地柔软、抗弯抗拉而成为编织和家具制作的天然材料，有“绿色金子”之称（Mohan & Tandon，1997）。棕榈藤利用的历史悠久，但因长期未受重视，藤资源滥砍滥伐破坏严重，野生棕榈藤资源急剧减少，一些优良藤种已濒危。20 世纪 70 年代，为了更好地保护和利用棕榈藤资源，实现棕榈藤资源的可持续利用，在国际组织的援助下，印度尼西亚、马来西亚、菲律宾等棕榈藤主要分布国，把棕榈藤的研究和发展作为优先课题项目，相继开展了棕榈藤资源清查和保护、种子贮藏、苗木培育、组织快繁、造林技术等研究。

（1）资源保护

随着热带天然林的日益消减及棕榈藤原生资源的长期过度采收，致使部分珍贵藤种面临濒危。资源拥有国通过建立森林保护区、国家森林公园，原地保存棕榈藤种。印度尼西亚在国内营建大面积的人工棕榈藤林，实施禁止出口原藤政策（Myers，2015）；棕榈藤主产地菲律宾对 15 个藤种进行原地保存，建立了 5 个藤种基因收集圃，收集 4 属 46 种，有效保护了种质资源（Lapis，1996）。20 世纪 90 年代以来，迁移地保存研究也获得较快的发展，中国、印度、马来西亚准备开展系统全面的种源 / 家系试验。马来西亚和菲律宾等国相继建立了藤种基因收集圃，随着同工酶分析和现代分子技术的发展，遗传园等迁地保存基地，共保存藤种 80 余种。马来西亚沙巴州林业发展局以培育新品种为主要研究方向，开展棕榈藤良种选育工作，提高了人工藤林的产量（Shim，1995）。随着离体保存技术的发展，将藤类植物进行种质离体保存也成为一种可行的保存途径，但这项技术尚处于前期研究阶段（江泽慧，2002）。

（2）引种驯化

棕榈藤引种驯化可丰富各国藤种资源，扩大藤种的栽培范围，促进棕榈藤栽培研究。印度是棕榈藤引种较早的国家，其引种栽培历史可追溯到 1801 年。当时东印度公司在加尔各答的植物园（现为豪拉印度植物园）引进勐海省藤（*Calamus latifolius*）的萌蘖条。此后，印度从马来西亚引进优质藤种，并种植成功（Country report Malaysia，1985）。菲律宾最早尝试栽培棕榈藤的是 Doloquin，20 世纪 30 年代后期，尝试用 *Daemonorops ochrolepis* 和 *Calamus shonospathus* 的野生苗营造棕榈藤林（Tan et al.，1992）。印度尼西亚是世界上藤资源最丰富的国家。1850 年，在加里曼丹的卡普阿斯河、巴里托河和卡哈延河附近栽培棕榈藤并建立棕榈藤园。1975 年马来西亚林业研究所进行了印度尼西亚的特有种粗鞘省藤（*Calamus trachycoleus*）的栽培试验。

1977—1984年，沙巴州林业发展局先后进行了本地和外来藤种的栽培试验。此外，孟加拉国、泰国、斯里兰卡等东南亚国家均进行了本地和外来藤种的栽培试验（李荣生等，2003）。

（3）良种壮苗

良种壮苗是人工林培育的物质基础，是育种的目标。棕榈藤的繁殖技术作为研究的重要内容，在种子繁殖与营养繁殖方面取得一定的进展。

种子繁殖 一百多年前，印度尼西亚的苏门答腊岛已开始人工栽培西加省藤（*Calamus caesius*）（Manokaran，1984）。20世纪70—80年代，各国已初步掌握了有性繁殖方法。Johari等（1983）研究表明棕榈藤培育中避免阳光照射，苗床应建成东西走向且带1.4m高的茅草层顶棚，移植苗床按相同方向建设。如果按别的方向建设，为了防止午后阳光照射，还需要建设侧面遮阴设施。此外，为了防止苗床东西两侧棕榈藤种子因上午或下午阳光照射而失水变干，可在大棚东西两侧用塑料网遮阴。Darus（1983）对不同基质（a：潮湿锯屑；b：75%的表土+25%的沙子；c：25%的表土+75%的沙子；d：50%的表土+50%的沙子）苗床种子发芽试验发现：玛瑙省藤（*Calamus manan*）播种后2~3周就开始发芽，而西加省藤3周后才开始发芽；a和b基质最适合玛瑙省藤种子发芽，此时其有最高的发芽率，而西加省藤在这4种基质中的发芽率差异不明显。两种藤在这4种基质上的发芽率均超过了90%。大多数棕榈藤种子在播种后2~4周内发芽，大约在发芽2周后开始长叶（Anonymous，1985），但直接播果实，其发芽期限就会从播种后第4周持续到第30周。Johari（1983）认为播种3个月未发芽者视为没有发芽能力的种子，而Manokaran（1978）认为棕榈藤种子发芽要持续6个月。发芽后长到2~3cm高未长叶就可开始移植到塑料容器袋中，待藤苗高30~45cm，茎6~10mm粗，有4对绿叶时即可移植到大田培育。此后，苗木管理主要包括遮阴、施肥、浇水、病虫害防治等，待苗龄1~1.5年，苗高50~100 cm就可出圃。对于3级或有培养潜力的不合格苗，可留圃培养。20世纪90年代，棕榈藤种实处理、种子催芽、芽苗移植、营养杯培育及苗期管理（光照、水分和营养）等实生苗培育技术进一步发展和完善，种子发芽率可达到75%以上；确定出圃苗木质量指标，并应用于生产实践；大规模的育苗，1年生苗木的出圃率达到80%（Aminah et al.，1989；Aminuddim，1990，1992）。

营养繁殖 优良商品藤种的种源缺乏，制约着种植业发展。国内外许多研究者通过茎扦插、压条、分根、萌蘖条等无性繁殖方法培育藤苗，但适用的藤种数量极为有限，无性繁殖受到限制。如压条法仅应用于柔软的藤种，茎扦插只能在戈塞藤属的种中选择。棕榈藤组织培养研究始于20世纪80年代，菲律宾、新加坡、马来西亚和泰国对马尼拉藤（*Calamus manillensis*）、玛瑙省藤、西加省藤等进行了组培繁殖研究，开辟了通过组织培养方法繁殖优良藤种的途径。1984 年菲律宾的 Barba 和 Patena 首次建立了马尼拉省藤组培快繁技术，Mercedes Umali-Garcia 等（1990）研究了 11 种省藤和 2 种黄藤的组织培养，成功获得了省藤小植株。印度于 1989 年有棕榈藤组培的报道（张方秋，1993），随后，马来西亚、斯里兰卡、中国（庄承纪和周建葵，1991；曾炳山等，2002）等国家相继开展了棕榈藤组培研究，开辟了组培快繁优良藤种的途径。20 世纪 90 年代是棕榈藤组培技术获得重大突破的时期，外植体材料、培养基选择及组培快繁的商品化研究均取得较好的进展。在组培苗的商品化方面，马来西亚成功地培育出玛瑙省藤、西加省藤等重要商品藤种组培苗（Raziah，1992），标志着棕榈藤微繁技术广泛应用于优质商品藤种苗木培育，并为良种扩繁提供技术手段。

（4）造林

林地清理是造林前的一项基础工作。国内外在这方面的实践经验基本相似，主要包括清除下层杂灌木、划线标记和间伐。下层杂灌木清理主要是用刀尽可能靠近地面砍掉下层杂灌、蔓生植物和幼树。此措施对于在次生林中的藤种很重要，因为次生林有浓密的林下植被阻碍调查工作和工人作业以及抑制棕榈藤的生长。实际操作时，应考虑植被状况、地形等因子，有时可沿指定的种植带或者在地形不规则的情况下可沿等高线进行下层林木清理。划线主要用来标记种植行和种植点，在次生林中，由于树木分布不规则、视线易受阻挡，因而划线标记比较困难。在这种情况下，可沿等高线加以解决。而人工林则具有整齐的树木作为导线，操作比较容易。间伐是沿着划定的种植带或等高线，清理出一定宽度的种植带。种植带的宽度因地形、栽培藤种和作业要求而变动，一般为 1.5~2m。但随着造林密度的提高，种植带的宽度也逐渐拓宽（Wan et al.，1992；杨锦昌等，2003）。

整地是造林中一项基本措施，但在棕榈藤造林实践中并未获得共识。国外造林时很少采用整地而通过挖种植穴来定植藤苗。印度种藤时常挖体积为 75cm^3 或更小的种植穴。马来西亚的 T. H. Chin 认为种植穴的深度 22cm、直径 13cm 已足够；Aminuddin Mohamad 等人则建议，大径藤的种植穴的直径应至少是营养袋直径的 2 倍，其深度应稍高出营养袋的高度；而 Tan Ching Feaw 主张小径藤的种植穴直径比营养袋稍大但深度与袋子高度一样。印度尼西亚早期常采用大穴进行造林，即 30cm × 30cm × 30cm（不放基肥）或 40cm × 40cm × 40cm（放基肥）（Silitong et al.，1988；杨锦昌等，2003）。

密度是影响林分结构的重要因子，适宜的密度是提高人工林生产力的关键，也是国内外棕榈藤研究的热点之一。20 世纪 80 年代前，棕榈藤人工种植规模很小，对于密度的认识不深刻，造林时很少考虑到密度的效应。例如，东加里曼丹岛的 Betian Dayak 人种藤似乎没有固定的种植间距，他们注重寻找土壤肥力较高的小地块，并不规则地种上棕榈藤（Wan et al.，1992）。到80年代后，开始大面积营建棕榈藤人工林，通过实践对于密度的研究和认识不断得到深化，马来西亚是对造林密度研究最多和最深入的国家。除了马来西亚之外，菲律宾、印度、印度尼西亚等主要产藤国家也对造林密度开展了较多的研究。其中，印度尼西亚种植棕榈藤遵循施法自然的理念，大然林中的天然西加省藤的密度是45株/hm^2，人工种植时也采用这个密度，人工林经营期间不施用化学肥料，雨季门塔亚（Sungai Mentaya）河大水泛滥时会把富含有机肥的肥沃泥土带到两岸林地，成为林地的天然肥料，因此这些林地没有化学污染和富营养化的问题（杨锦昌等，2003）。

1.1.3 产业发展

2018年，藤制品（藤条原料、藤家具和藤编产品）国际贸易价值为3.5亿美元。其中，藤编产品占总数的57%，出口额为2亿美元。其次是藤家具（1.3亿美元；37%），然后是藤条原料（2000万美元；6%）。2018年进口价值4.5亿美元的藤制品，其中大部分为藤家具（2.4亿美元；54%），其次是藤编产品（1.7亿美元；37%），然后是藤条原料（4000万美元；9%）（国际竹藤组织，2021）。

亚洲、欧洲和北美是世界藤制品国际贸易的主要地区。2018年，亚洲仍然是藤制品的最大出口国，出口额高达2.9亿美元，占全球总额的84%；其次是欧洲（5000万美元；14%）。亚洲和欧洲的藤条出口合计占全球出口市场的98%。2018年，欧洲和北美是进口藤制品最多的区域，总值分别为1.8亿美元（39%）和1.6亿美元（36%）。亚洲进口了19%的藤制品，价值9000万美元。2018年，藤制品的最大出口国为印度尼西亚、中国、欧盟和美国（国际竹藤组织，2021）。

2007年，菲律宾藤产业出口近7000万美元，其中藤材6万美元，藤编织品6万美元，藤篮筐900万美元，藤席屏风10万美元，藤坐具2000多万美元，藤家具4000多万美元。2008年，印度尼西亚棕榈藤贸易占全球市场份额的80%，其中藤材和藤家具出口位居世界首位，藤垫、藤席及其他藤编织物的出口仅次于中国居全球第二位。棕榈藤出口贸易的首要目的地是欧盟，出口欧盟的家具占其家具出口总量的2/3，其他藤制品也占出口总量的一半，出口欧盟的藤制品价值1.75亿美元（中国林业科学研究院，2011b）。2008年，越南80%藤家具出口量和50%藤编产品量供应给欧盟市场，出口值达4500万美元，出口的藤产品消耗藤材约2.1万t（中国林业科学研究院，2011a）。

1.2 中国棕榈藤资源分布及产业发展

1.2.1 资源分布

中国棕榈藤植物 3 属 32 种（含种下单位），分别为省藤属 28 种，黄藤属 1 种，钩叶藤属 3 种（Pei et al.，2010）（表 1–3）。但在《World Checklist of Bamboos and Rattans》书中，中国棕榈藤植物有 2 属 36 种（含种下单位），分别为省藤属 32 种、钩叶藤属 4 种。中国棕榈藤天然分布在 13 个省区，北至北纬 27° 30′，东至东经 29° 30′，主要分布于中国西南和华南地区，云南和海南是中国棕榈藤的两个分布中心（江泽慧等，2013）。中国棕榈藤种数排在前 5 位的省区依次为云南、广西、海南、广东和香港；其中，云南 2 属 13 种，广西 3 属 13 种，海南和广东均为 3 属 10 种，香港 2 属 4 种。在中国棕榈藤中，毛鳞省藤（*Calamus thysanolepis*）和杖藤（*Calamus rhabdocladus*）分布区域最广，均在 6 个以上省区有分布；小钩叶藤（*Plectocomia microstachys*）、无量山省藤（*Calamus wuliangshanensis*）和裂苞省藤（*Calamus multispicatus*）等 18 个藤种只分布在一个省区，且多为中国特有种，特有种比例较高。

表 1–3　中国棕榈藤资源分布（Pei et al.，2010）　　种数（含种下单位）

序号	种名	西藏	四川	云南	贵州	广西	广东	海南	湖南	江西	福建	浙江	香港	台湾
1	云南省藤 *Calamus acanthospathus*	1		1										
2	狭叶省藤 *Calamus albidus*			1										
3	桂南省藤 *Calamus austroguangxiensis*					1	1							
4	土藤 *Calamus beccarii*													1
5	短轴省藤 *Calamus compsostachys*					1	1							
6	电白省藤 *Calamus dianbaiensis*					1	1							
7	短叶省藤 *Calamus egregius*							1						
8	直立省藤 *Calamus erectus*			1										
9	长鞭藤 *Calamus flagellum*	1		1		1								
10	台湾省藤 *Calamus formosanus*													1
11	小省藤 *Calamus gracilis*			1										
12	褐鞘省藤 *Calamus guruba*			1										
13	海南省藤 *Calamus hainanensis*							1						
14	滇南省藤 *Calamus henryanus*		1	1		1								
15	大喙省藤 *Calamus macrorrhynchus*					1	1							
16	瑶山省藤 *Calamus melanochrous*					1								
17	裂苞省藤 *Calamus multispicatus*							1						

（续）

序号	种名	西藏	四川	云南	贵州	广西	广东	海南	湖南	江西	福建	浙江	香港	台湾
18	南巴省藤 *Calamus nambariensis*			1										
19	尖果省藤 *Calamus oxycarpus*				1	1								
20	杖藤 *Calamus rhabdocladus*			1	1	1	1	1			1			
21	单叶省藤 *Calamus simplicifolius*							1						
22	管苞省藤 *Calamus siphonospathus*													1
23	多刺鸡藤 *Calamus tetradactyloides*							1						
24	白藤 *Calamus tetradactylus*					1	1	1			1		1	
25	毛鳞省藤 *Calamus thysanolepis*					1	1		1	1	1	1	1	
26	柳条省藤 *Calamus viminalis*			1										
27	多果省藤 *Calamus walkeri*						1	1					1	
28	无量山省藤 *Calamus wuliangshanensis*			1										
29	黄藤 *Daemonorops jenkinsiana*					1	1	1					1	
30	高地钩叶藤 *Plectocomia himalayana*			1										
31	小钩叶藤 *Plectocomia microstachys*							1						
32	钩叶藤 *Plectocomia pierreana*			1		1	1							
	合计（含种下单位）	2	1	13	2	13	10	10	1	1	3	1	4	3

国际竹藤组织发布的《2019 年中国竹藤商品国际贸易报告》数据显示，中国天然林藤资源面积 30 万 hm^2，年产野生藤 4000~6500t，在西南和华南共有 5000hm^2 人工藤林，海南和云南两大分布中心产量占全国 90% 以上（国际竹藤组织，2021）。

海南是棕榈藤华南分布区的主要产区，同时是中国主要藤材供应地。海南主要的商品藤有黄藤、白藤、多果省藤、单叶省藤和杖藤等。20 世纪 60 年代，中国林业科学研究院热带林业研究所已经开展大量棕榈藤培育研究，并在海南、广东和福建等省造林推广，至 90 年代中期，营造人工藤林面积超过 5000hm^2。近年来，由于海南岛野生棕榈藤资源过度开发和人工藤林面积减少，优良棕榈藤种资源锐减，原藤的品质和生产能力日趋下降，岛内原藤产量不仅无法供应国内市场，甚至不能满足本地藤产业的原材料需求（刘杏娥等，2012）。

云南是中国棕榈藤资源最丰富的省份，棕榈藤分布于云南的德宏、保山、怒江、临沧等 8 个地州，面积约 620 万 hm^2，历史上原藤年产量达 1 万 t。云南适生的优良藤种有云南省藤、南巴省藤、高地钩叶藤、小省藤等藤种，其中重要的商品藤种类有南巴省藤、云南省藤和小省藤。至 2012 年，云南境内人工藤林约 300hm^2，原藤年采伐量约 500t（刘杏娥等，2012）。

1.2.2 培育现状

20世纪80年代，云南、海南、广东等地开始大规模棕榈藤商业种植，并开展藤种资源保护、优良藤种引种驯化、人工栽培及天然藤林抚育等研究。几十年来，在广大林业工作者的努力下，棕榈藤培育及利用的研究成绩显著。

（1）资源保护与引种驯化

我国民间棕榈藤栽培历史悠久，初期为满足家庭需求以农户庭院形式种植。云南南部农民世代以来就有在林子里或村旁种植棕榈藤丛的习惯，阿尼族、阿客族和布朗族人在山上、屋旁和菜园种植棕榈藤。棕榈藤培育方面的科学研究起步较晚，20世纪60年代才真正从科研角度研究棕榈藤栽培，一些科研单位先后在华南植物园、厦门植物园、西双版纳植物园、南宁树木园、热带林业研究所以及广西凭祥夏石树木园建立了棕榈藤种质迁地保存区。1962年，中国林业科学研究院热带林业试验站进行了种子园和收集圃建设，共收集国内外棕榈藤种3属49种6变种，成功地保存了3属36种5变种，其中省藤属30种5变种，黄藤属5种，钩叶藤属1种，保存率74.5%（杨华等，2004）。国内大部分藤种表现出较强的适应性，而引自国外的藤种，只有异株藤（*Calamus dioicus*）、长咀黄藤（黄藤）、马尼拉藤和西加省藤表现出较强的适应性，其他藤种均难以忍受低温和干旱条件。白藤、黄藤、单叶省藤和异株藤最适于在华南地区扩大栽培，而短叶省藤、版纳省藤（南巴省藤）、上思省藤（桂南省藤）、长咀黄藤（黄藤）和西加省藤等质量较优、适应性较强的藤种亦有较大的发展潜力。

（2）良种壮苗的培育

良种壮苗不仅影响棕榈藤造林成活率，还影响藤林的发展。因此，发展人工藤林，棕榈藤良种壮苗的培育非常重要。棕榈藤繁殖技术较多，但野生苗、萌蘖条、茎插条和压条等营养繁殖规模小，不能满足营造大面积藤林的需求，种子繁殖依然是藤苗培育的主要方式。组培快繁因其前景广阔，相关方面研究较多。

种子繁殖　中国棕榈藤种子繁育研究始于20世纪60年代，中国林业科学研究院热带林业研究所在海南尖峰岭开展了棕榈藤采种、种实处理和催芽育苗技术研究。在白藤、黄藤、短叶省藤、多穗鸡藤（白藤）等10余个藤种种子繁殖育苗技术研究上取得较大进展，采用药物处理、沙床催芽、瓦缸催芽、快速催芽、削发芽孔盖等促萌方法可有效提高以上藤种种子的萌发率（钟惠甫与许煌灿，1984）。1984—1994年，中国科学院昆明植物研究所开展了云南棕榈藤种子繁殖研究，揭示了影响棕榈藤种子萌发的影响因素有藤种种类、种子成熟度、果肉去除、化学物理处理和遮阴。自然状态下，小省藤、版纳省藤（南巴省藤）、白藤、长鞭藤和异株藤萌发率在80%以上，但倒卵果省藤（南巴省藤）和高地省藤萌发率低于50%；果肉抑制种子萌发，去除果肉可加快种子萌发；KCl 和 HCl 浸种可提高版纳省藤（南巴省藤）种子萌发率；适当遮阴可提高版纳省藤（南巴省藤）萌发率（程治英等，1995）。2004—2006 年，学者对云南（南巴省藤、云南省藤、钩叶藤等）和海南（黄藤、白藤、短叶省藤）优良藤种种子繁育技术进行了总结（杨成源等，2004；冯家平与羊金殿，2006）。近年来，刘蔚漪等（2017）和徐田等（2018）分别开展了优良藤种小省藤和盈江省藤（南巴省藤）种子繁殖技术研究，丰富和补充了我国优良棕榈藤繁育的种类。以上在海南和云南开展的棕榈藤种子繁殖技术探索，促进了我国棕榈藤培育研究，为我国竹藤产业发展奠定了坚实基础。

组织培养 我国昆明植物研究所于 20 世纪 80 年代后开始棕榈藤组培方面的研究，庄承纪（1991）首次报道了云南省藤和倒卵果省藤的植株再生；其后热带林业研究所的张方秋（1993）亦开展了棕榈藤组培研究，成功地培育出黄藤、白藤和单叶省藤等 12 个藤种组培试管苗，移植成活率达 90% 以上。曾炳山等（2002）也开展了单叶省藤和黄藤种质离体保存技术和种苗快繁工艺等方面的研究，表明棕榈藤种质离体保存具有一定的可行性。在这些研究的基础上，中国的棕榈藤研究迅速发展，中国林业科学研究院热带林业研究所和中国科学院昆明植物研究所先后完成 11 个藤种的 50 个家系种苗快繁工艺研究。

（3）造林

国内在种藤时普遍进行穴状整地。许煌灿通过对华南地区主要商品藤种的造林试验和观测，认为整地规格应随藤种而变化，如黄藤穴状整地规格 40cm × 40cm × 40cm、白藤穴状整地规格 40cm × 40cm × 30cm、单叶省藤穴状整地规格 50cm × 50cm × 40cm。王慷林建议，造林时应根据是否丛栽而采用不同的整地规格，即单株种植时规格为 40cm × 40cm × 40cm，双株种植时 60cm × 40cm × 40cm 以及三株种植时 60cm × 50cm × 50cm。尽管穴状整地已在国内广为接受，但整地效果如何、最佳的整地规格应为多少，目前尚无定论。国内棕榈藤人工林的密度普遍较大，栽培密度一般为每公顷 800~2000 丛。若营造以棕榈藤为主要目标的林分，密度更大，例如在造小径级藤种白藤时曾采用每公顷 1665 穴，每穴 2 株，密度高达 3330 株 /hm^2。

除少数棕榈藤林为纯林外，绝大多数藤林为混交林。造林规划时必须考虑藤种与遮阴 / 支撑树种的生态需求、遮阴 / 支撑树种的年龄、采伐期、藤种的工艺成熟龄、采收间隔期以及遮阴 / 支撑树种（作物）或藤种的病虫害特征，以确定最佳的混交模式。经过几十年的栽培试验，棕榈藤人工林混交模式有较大的发展。若已选定藤种，则需按适地适藤的原则选择造林地。关于造林地的选择，不少文献提供有价值的参考。现在，在原始林、采伐迹地、次生林和人工林不同类型的林地下有营造藤林的报道（许煌灿等，1994；杨锦昌，2004；陈本学，2020）。从藤种、支撑木、造林地选择、藤苗培育、藤林经营管理及效益评估等方面系统地提出了大、小径藤的培育模式（许煌灿等，1994；江泽慧，2002；李雁冰，2019）。与其他人工林一样，棕榈藤人工林经营也需要除草、松土、施肥、修枝和除蘖等，为增加光照而开天窗或除杂灌。但由于受到造林地、支撑木、藤种、经营技术、采伐周期、采伐工艺等因素影响，目前棕榈藤人工林发展仍受到很大限制。

针对藤条紧缺，除大力发展人工藤林外，还需对天然藤林、天然次生藤林进行可持续抚育经营。因为在一定时期内，天然藤林依然是藤条的主要来源。与人工藤林相比，天然藤林的可持续抚育经营不仅更符合当地社会和文化实情，投资少、病虫害少、林产品多、见效快、效益高，而且可提高天然林净化空气、涵养水源、保持水土、保护基因和物种多样性等生态功能。我国天然棕榈藤分布广泛，然而，天然藤林结构复杂，林地整理耗工量大、控制透光度难度大（李雁冰，2019），林分质量不高，对此，适当人工干预，促进天然更新，最终实现天然藤林的可持续发展与经营。

1.2.3 产业发展

中国藤产业有150多年的发展历史，主要产品包括藤家具、藤制席、帘、筐以及藤材工艺品等。中国在藤产品国际贸易中占有举足轻重的地位，是世界最主要的藤产品生产国、消费国和出口国。同时，中国也是藤产品进口贸易的重要国家（国际竹藤组织，2020）。20世纪，随着国际贸易的兴起，藤产业得到了极大发展，中国成为全球棕榈藤产品进出口贸易的主要国家，以棕榈藤原藤为材料的藤家具和藤贸易对地区经济和社会发展起着重要的作用（许煌灿等，2002；李玉敏，2011；国际竹藤组织，2020）。而经济的快速发展给自然资源带来了前所未有的压力，长期不合理开发和利用使热带雨林面积缩小、“质量”下降（刘明航等，2018）。天然棕榈藤生境被破坏，天然种群急剧减少，尤其是具有商业价值的藤种和大径藤种（刘杏娥和吕文华，2012）。因受到种质资源、立地条件、经营技术、采伐周期、采伐工艺等内部和外部因素的影响，棕榈藤人工林产量和品质不高，藤贸易所需的棕榈藤90%来自野生棕榈藤（江泽慧，2002），棕榈藤资源供给严重不足。由于原藤资源短缺，中国需要大量进口藤材，2008年，中国藤材产品消耗量达6.4万t，需要大量进口藤材，藤材进口量占全球进口总量的60%（刘杏娥等，2012）。受印度尼西亚2011年颁布的藤条出口禁令影响，中国原藤进口从2003年的76450t降至2012年的19882t（Myers，2015）。近年来，中国每年需从东南亚进口原藤3万t以上，随着各国对原藤出口的封锁和中国藤资源生产能力日益下降，资源短缺将严重制约中国棕榈藤产业发展。

2019年，中国藤产品进口额为2310万美元。藤条为主要进口产品，进口额占藤产品进口总额的69%；其次为藤编制品和藤家具，进口额分别占藤产品进口总额的

20% 和 11%。中国进口藤产品主要来自马来西亚和印度尼西亚，进口额分别占藤产品进口总额的 33.6% 和 25.3%；其他主要进口贸易伙伴为菲律宾和欧盟，占比分别为 15% 和 12%。2019 年中国藤产品出口贸易较 2018 年下降约 5%，出口贸易较 2018 年增长约 8%。2019 年，中国藤产品出口贸易总额为 9300 万美元。藤编制品为主要出口藤产品，出口额占中国藤产品出口贸易总额的 93%，其次为藤条和藤家具，出口额分别占出口总额的 4% 和 3%。中国藤产品主要出口至欧盟和美国，出口贸易额分别占出口贸易总额的 43% 和 34%，其他出口贸易伙伴有新加坡、日本、加拿大、澳大利亚、墨西哥和马来西亚，贸易额均超过百万美元（国际竹藤组织，2021）。

第 2 章 棕榈藤生物生态学特征

2.1 生物学特征

2.1.1 营养器官

（1）根

棕榈藤为须根系植物，其根系包括原始根和不定根两种类型，原始根即种子萌芽所形成的植株根系，胚芽萌发后长出 3 条胚根，并逐渐生长成须根（许煌灿等，1994）。不定根则由分株在攀缘期弯曲落地，然后在气生茎上附着于土壤的少数节上所产生（Watanabe et al.，2006）。根系主要分布于 0~80cm 土层中，其生长高峰期在地上生长季末期（寇亮，2012）。

棕榈藤根系受多种菌根真菌的侵染形成内生菌根，已报道的我国棕榈藤 VA 菌根菌种类有 13 种，部分菌根菌在无棕榈藤分布的北方地区也广泛存在（弓明钦等，1994）。研究表明，菌根真菌对幼苗的高生长、叶和根系生长均有明显的促进作用（弓明钦，1989）。

（2）茎

藤茎在商业上又称藤条。在生长早期由叶鞘及其残留物所包裹，随着逐渐成熟，叶鞘及其残留物腐烂并随之脱落，藤茎裸露在外，受光照的影响，藤茎由淡黄色或黄白色变成绿色。多数棕榈藤属攀缘型，此外还包括直立型、无茎型、蔓生型三种生长类型，如直立省藤、电白省藤属直立型；*Daemonorops ingens* 属无茎型；*Calamus minutus* 属蔓生型。藤茎由长度不一的节所组成，调查研究表明，棕榈藤在基部和攀缘林冠时的直径要大于中间部分，同时节间长度也明显小于中间部分。藤长与所处的环境条件密切相关，据报道，在适生良好且干扰小的地区，玛瑙省藤藤茎长度可以长到 170m。

与其他多数单子叶植物类似，由于缺乏次生分生组织，棕榈藤直径不会随生长而增加。抽条多在萌蘖发生到一定阶段产生，但对于产生的时间节点和产生机制目前并没有相关报道。藤条直径大小不一，部分藤种的藤条直径可达200mm，但商品藤条直径一般为3~80mm。印度按直径10mm和18mm为界将藤条划分为小径藤、中径藤和大径藤，印度尼西亚则以18mm为界将其划分为小径藤和大径藤。我国根据自身资源现状和加工需求，以10mm和15mm为界，将其划分为大（>15mm）、中（10~15mm）、小（<10mm）三种径级。杨锦昌等（2010）对单叶省藤藤茎生长进行模型拟合发现，Weibull和Logistic方程均适于描述母茎长的结构规律，而Richards和Logistic方程则适合于拟合萌茎长的分布特征。

（3）叶

棕榈藤叶由叶鞘、叶柄、叶轴和羽片构成。叶鞘为叶柄基部膨大管状物，着生于茎节，包裹其所在位置下面的整个节间和部分上面节。叶鞘常具刺，刺的排列和性状是重要的分类依据。在多数攀缘种类中，在叶鞘与叶柄连接处有隆起部位（称为膝凸），但在类钩叶藤属、戈塞藤属、钩叶藤属、多鳞省藤属等属中的少数种存在膝凸不明显或缺失。膝凸的形成与植株的攀缘习性有关，膝凸是叶柄基部组织通过收缩形成，有利于提高叶整体的机械结构特性，从而支撑叶轴和叶鞭向上钩住其他植物器官，达到攀缘的目的。

部分藤种在叶鞘囊状凸起部位生长出鞘鞭，鞘鞭具钩刺，能够起辅助攀缘作用，但无茎种类几乎不具备鞘鞭，这似乎与攀缘习性退化有关，如*Calamus laxusimus*和*Calamus whitmorei*等。鞘鞭与花序属于同源器官，但二者不同时发生，因此，研究者认为，鞘鞭可能为不发育的花序。由于藤早期茎生长柔嫩，且易受病虫害和外界机械作用侵害，叶鞘在藤茎生长早期起保护和支持藤茎的作用，但随着年龄增加而逐渐老化脱落，这与棕榈藤的资源分配作用有关。在攀缘过程中，棕榈藤会逐渐减少自身的附带重量，同时将资源优先分配给攀缘先端，以提高攀缘效率和资源获取效率，这是对环境长期适应的结果。攀缘方式多采用钩挂式（Kidyoo & McKey，2012），叶鞘的作用在于调节力学性能，可能在很大程度上造成了不同增长形式的演变方式（胡亮等，2010）。

棕榈藤叶片为羽状复叶，也称羽片，羽片形状、是否具刺、排列和毛被状况也是种群分类的重要依据。羽片从种子萌发时便开始产生，是植物进行光合作用的重要器官。叶鞘上部末端连接叶柄，并延至叶轴。一般叶柄和叶轴都密被刺，部分藤种在叶轴顶端延伸出一条具钩刺的叶鞭，叶鞭通过钩挂其他植株达到攀缘目的，叶轴背面及两边也常生长有刺，以此辅助攀缘和保护植物避免被动物啃食。

2.1.2 繁殖器官

（1）花和花序

前人对棕榈藤花粉进行了系统研究（杨成源和马呈图，2001；郭丽秀等，2004；陈和明等，2006），且证实了开花时间和结实时间有一定的种间差异（许煌灿等，1994）。省藤属种间花形态特征有较大差异，且各藤种在不同物候、不同生长时期均有较大不同，通常小茎藤始花龄较中茎藤提前（Yang et al.，2003）。陈和明等（2004；2005）研究发现白藤日开花高峰期集中在早晨和中午，花粉萌发力最强，黄藤相对迟些，说明开花物候的种间异质性。

棕榈藤多为雌雄异株（如省藤属），少为雌雄同株（戈塞藤属、单苞藤属）。然而，雄花小穗轴的每一苞片都有单一雄蕊（Dransfield，1979；Uhl & Dransfield，1987）。Kidyoo 等（2012）的研究发现，雌花的每个苞片由一对不育雄花和可育雌花组成，其中不育雄花与可育雄花的形态学和功能十分相似，在其繁殖过程中扮演着重要角色。

花序具有复杂的结构，通常从叶腋中生出，植株通过叶鞘维管束为其输送营养。在花序未长出时，由苞片（亦称为佛焰苞或大苞片）所包被，苞片有如舟状、管状等。在生长过程中，通过分枝组成小穗状分枝花序，在花序轴上可产生新的分枝，其花着生于花序中，但有少数藤种仅产生一回分枝花序，然而花在形成后一段时间便掉落，其他部分可存在于植株上 1~2 年。

（2）果实

多数棕榈藤果实为浆果状核果，由果被、外果皮、假种皮、肉质种皮和种子构成，外果皮由覆瓦状排列鳞片组成，当鳞片颜色由绿色变成淡黄色、红褐色或灰白色时，即说明果实成熟。果实在成熟后脱落到林地地面，遇到适宜环境萌发成苗，此外果实是所处林地动物的重要食物来源。

（3）种子

棕榈藤种子大小对植株后期生长型有一定的影响，根据生长速率可将棕榈藤的生长划分为三种类型：速生型、次速生型和慢生型（许煌灿等，1994）。种子质量与发芽也密切相关，相对坚实的种子萌发时间相对较长（许煌灿等，1994）。尹光天等（1992）发现种子在贮藏过程中，保证适宜的温度和湿度可提高种子的发芽率。此外，种子萌发跟品种、种子成熟度、果肉等有一定的关系（程治英等，1995），对种子进行一定的处理也可以影响种子的萌发，比如进行物理化学处理、遮阴等措施可以增加种子的发芽率（程治英等，1995；Manjunatha et al.，2005；董诗凡等，2015；Vidyasagaran et al.，2016）。

2.1.3 生长发育规律

（1）苗期生长阶段

种子萌发 果实成熟后脱离母株，掉落地面并散布于母株附近，形成聚集型分布，但通过动物取食、水文、地形的途径也能扩散种子分布范围。因此，种实传播过程能很好解释棕榈藤种群空间分布（Thonhofer et al.，2015）。种子在适宜的环境中便萌发成株，萌发时，细小的胚芽钻出孔盖，胚芽呈柱状，中间凹口，芽从胚凹口长出，部分藤种先长芽后长根，部分先长根后长芽（程治英等，1995）。

早在19世纪，印度尼西亚苏门答腊岛已开始人工栽培西加省藤（Manokaran，1984），至20世纪90年代，随着棕榈藤生物学特性、种子保存、催芽等技术研究的不断发展，种实繁育技术取得很大进展。目前，已实现育苗规模化，种子发芽率可达到75%以上，1年生苗木的出圃率达到80%。但棕榈藤攀缘状态多变性和种群结构复杂性无疑增加了相关采种难度，这突显出对种群天然更新恢复研究的重要性。

研究表明，除成熟度、物理限制和品种类型外（程治英等，1995），环境的改变也能推迟或促进种子萌发。如白藤种子最适萌发温度为25~30℃，当达到生理成熟后，种胚突破种皮成芽苗，超过或低于该温度，种子萌发受限（许煌灿等，1994）。黄藤可在播种后25~35天开始萌芽（许煌灿等，1994）。此外，适当遮阴有利于种子萌发，如版纳省藤（南巴省藤）种子在30%、50%和70%荫蔽度下，60天后萌发率分别为63%、85%和95%（程治英等，1995），但种子含水量降低也会影响其发芽率（Li et al.，2002），当含水量低于15%时，种子几乎丧失发芽力。但冬季采集的种子，可采取湿沙层积或者控温控湿处理，保证种子的萌芽能力，至翌年早春播种，缩短育苗时间（许煌灿等，1994）。

幼苗生长 幼苗生长早期以抽叶和生根为主，生长至一定阶段开始抽茎和萌蘖。幼苗生长周期因种而异。宋绪忠等（2007）对版纳省藤（南巴省藤）28个家系幼苗生长研究发现，家系间的生长有极显著差异，最大叶在6~7月生长迅速；叶片数生长则每月相对稳定，在7~8月生长最快；12月至翌年2月，叶片数和最大叶生长缓慢，随气温回升又快速生长。但许煌灿等（1984）发现白藤幼苗叶片生长量与温度和降水量密切相关，增叶数和降水量显著相关，增叶数与温度相关性不明显，1.5~2年生实生苗可抽茎，并萌蘖新株；蔡金华（2013）则发现单叶省藤藤苗5个月生长20cm，造林10个月后开始抽茎。

目前，针对育苗技术开展了大量研究（董诗凡等，2015；彭超等，2016），Manjunatha等（2005）发现，用GA处理能显著促进藤苗高和干重生长，增长率达50%~80%。张恩向等（2014）认为种植密度对藤苗生长影响大。然而，藤种间的养分结构有明显差异，且养分需求随生长发生变化，配方施肥技术仍有待进一步研究。

（2）萌蘖阶段

近亲本和远亲本两种克隆群体大量存在于棕榈科植物中（Tomlinson et al.，2001）。棕榈藤倾向于从茎基部萌蘖形成新的个体，以此来增加种群数量，属于近亲本克隆。这种特有的补充模式能优化生长和更新策略，促进与其他物种间的共存（Watanabe et al.，2006；Wei et al.，2014）。无性系分株起始于萌蘖芽原基，健壮的萌蘖芽更有利于诱导萌蘖次级原基萌发（刘英等，1996），但对于萌蘖诱因仍不明晰，需要指出的是，萌蘖一般开始于种实幼苗萌发2年之后，并伴随整个生活史。

此外，萌蘖也受周围环境影响，尤其是水分、光照等因素影响明显。Bøgh（1996）研究表明聚集种对光照管理强于单株物种似乎能反映光照可能会诱发分蘖，Li等（2002）发现水分充足条件能显著提高棕榈藤萌蘖。在萌蘖过程中，棕榈藤增殖分蘖时间和能力因长度级大小而异，随着长度生长迅速，分蘖时间会相对提前，萌蘖能力也表现出增强趋势（寇亮等，2012），但该过程也加剧了丛内个体间的种内对空间养分等资源竞争。随着藤龄的增长，株数逐渐增多，如白藤萌蘖能力旺盛，1.5~2年生实生苗，植物开始明显抽茎拔节，基部逐渐膨大开始萌蘖新株，在良好的立地条件下，5年生单株种植，成丛总株数达30株，平均年萌蘖6株（许煌灿等，1984）。当萌蘖达到一定程度时，植株萌蘖和生长受到明显抑制（张伟良等，1990；杨锦昌等，2006），丛内各长度级的藤株及数量随长度级的提高而减少。在实际应用中，传统的萌蘖扩繁满足繁殖大量幼苗的目的（Bi & Kouakou，2004），这对于一次性开花棕榈藤的扩繁有重要意义。

（3）攀缘生长阶段

攀缘生长 不同于大多数双子叶藤，棕榈藤缺乏次生生长，因此在茎的整个生命周期中必须维持它们的初期维管形式，对维管形式的任何机械性破坏对植物都是致命的，对大部分攀缘棕榈藤尤其如此。尽管有这些约束条件，但在许多热带森林中攀缘棕榈藤的丰富度和物种多样性说明这种生长形式是对生态和环境成功的适应。

棕榈藤在攀缘前有一段直立生长期，此时，由叶鞘提供主要的机械支撑，直至叶鞭钩住周围支撑木，此后棕榈藤进入快速生长期。随着攀缘高度的不断增加，为减少自身攀缘重量，藤茎下部叶鞘最终凋落，淡黄色或乳白色藤条裸露在外，受光照影响逐渐变绿。在此过程中，藤茎生长速率发生变化，曾炳山等（1993）研究表明，黄藤在生长初期，母茎、总茎长、萌蘖生长均缓慢，生长3年后开始加速，至6年进入速生期，此时攀缘母茎长可达9m（杨锦昌等，2010）。杨锦昌等（2007；2010）对黄藤和单叶省藤人工林进行13年的跟踪监测，发现黄藤和单叶省藤的连年生长量规律相似，其中黄藤不同长度级总茎长总体上表现为稳步增长，进入5月后，各长度级表现出较快生长，进入生长季末期后，生长速度开始减缓；5 年生单叶省藤可达 5~6m，9 年生可生长至 19m，并对茎长进行了拟合，Weibull 和 Richard 方程分别对母茎和萌茎拟合效果好。

藤本植物的攀缘过程伴随着包括光照、空间等因素的改变，其形态和生理结构也随之变化（蔡永立和宋永昌，2005；Toledo-Aceves & Swaine，2008）。棕榈藤在攀缘过程中也具有相似特征，如对遮阴忍耐力会下降，叶和植物大小结构性成本不成比例增加等（Putz，1984；Svenning，2001）。与幼苗相反，成熟植物需要林隙光照（Dransfield，1978），破碎化森林较完整森林具有更高的藤条丰度（Campbell et al.，2017）。当攀缘至冠层，植株受对象木冠层枝叶挤压，造成棕榈藤可利用空间的压缩。通过减少间节点长度和悬挂茎的向下滑动来避免竞争，并防止超过支撑木顶部，当攀缘至冠层，棕榈藤会通过减小叶面积和增加叶片厚度以节省资源消耗（Putz，1990），反映出攀缘过程中棕榈藤形态结构的异相生长策略。

支撑木选择 藤本植物攀缘需依附于支撑木，支撑木的高度限制了棕榈藤攀缘高度，森林的垂直幅度势必限制物种的潜在数量（Watanabe & Suzuki，2008），因此，支撑木的有效性和结构特征可能比环境对攀缘物种的直接作用更为重要（Geertje & Oliver，2008）。众所周知，棕榈藤能有效利用周围立木攀缘，但该过程会降低支撑木的生长速率（Adiwibowo et al.，2012），这种现象广泛存在于其他攀缘木质藤本中（Paulina et al.，2014）。棕榈藤对支撑木具有科和种水平的选择性（Devi & Singh，2017），Adiwibowo 等（2012）研究发现 *Daemonorops draco* 主要依靠 *Dialium platyespalyum*、*Quercus elmeri* 和 *Adinandra dumosa* 攀缘，龙脑香科（Dipterocarpaceae）植物占优势的森林更适宜棕榈藤生长和攀缘（Watanabe et al.，2006），这与进化过程中棕榈藤与龙脑香科植物的长期共存有密切关系。此外，Putz（1984）研究发现棕榈藤会寻找适当直径支撑木，Putz 在野外调查中发现棕榈藤攀缘支撑木并不完全遵循就近为原则，可能与光照、支撑木结构特性有关，这种寻觅行为机制有待进一步探究。

（4）生殖生长阶段

开花 棕榈藤开花有单次开花和多重开花两种方式。丛生藤多为单次开花，植株某一个体开花后死亡，其他丛生个体则继续生长直至完成整个生活史。单次开花并不意味着单次结实，目前发现仅钩叶藤属藤种为单次开花结实类。多重开花指可持续开花，开花后的植株可继续生长，如省藤属藤种（王慷林等，2015）。一般而言，小茎藤藤种的始花龄较早，部分植株在植后 2~3 年开花结实，4~5 年大量开花结实，中茎藤开花一般在植后 4~5 年，6~7 年大量开花结实。

不同种类棕榈藤开花物候并不相同，如黄藤花期为 8 月，白藤花期为 7 月，长鞭藤花期为5~6月，裂苞省藤花期则为1月。开花时，从花序基部至顶部依次开花，且在一天内完成。每朵小花开放过程可分为花瓣开裂、雄蕊伸出、花药散粉、花瓣留存四个阶段（陈和明，2006）。黄藤的日开花高峰期集中在9：00~13：00，其中8：30~12：30的花粉萌发力强（陈和明，2006），白藤开花物候与黄藤相似，在早上4：00~8：00为其开花盛期（陈和明等，2005），然而受区域气候影响，同一藤种的开花高峰期在不同地区可能存在一定的差异。

开花受外界环境，尤其是温度和湿度的影响较大，陈和明等（2005；2006）研究发现，温度为27~30℃、湿度为60%~85%最有利于黄藤开花，但高温干燥气候则抑制开花，而白藤在23~27℃的温度下最有利于其开花。

授粉　在授粉阶段，植物在初始诱导和次级诱导过程中所表现出的开花特征与传粉者介导对其选择性有关（Bawa，1980；Hossaert-Mckey et al.，2010）。棕榈藤为虫媒传粉植物，依赖于吸引授粉媒介的能力（Johnson et al.，2010；Koptur & Khorsand，2018），从结构而言，虫媒传粉植物的花卉结构和开花时间因其性二态性更有利于授粉和结实，如雌蕊对传粉者奖励通常没有雄蕊多，这种差异与性别间的资源分配有关，有利于分配更多资源给种子和果实，而雄蕊的有效性决定了两性间的差异，在吸引传粉动物过程中扮演着重要角色（Dransfield，1979；Uhl & Dransfield，1987）。在开花期，雄性植物比雌性早开花，开花时间长，增加了虫媒传粉的概率，同时，雌花常伴随不育雄花，有助于模拟散发气味以此来吸引昆虫（Kidyoo & Mckey，2012）。但雄蕊开放一般仅维持1天，雌蕊则可维持开放状态2~10天，这种高度的持续性提高了动物到访几率，从而增加了其授粉率；相反，雄花在开花后，受昆虫访问的增加，雄蕊迅速干燥，花粉脱落，这解释了雄蕊开放时间短的原因（Lee & Jong，1995）。Armstrong（1997）认为植物微生境、营养形态方面并无显著差异，即传粉者访问雌雄花的概率相似。因此，棕榈藤雌雄间花拟态及物候差异保证了授粉的成功。

2.2　生理学特征

2.2.1　光合特性

光合作用是植物生长和对环境变化响应的重要决定因子之一，它不仅能判断热带雨林植物能否在特定光环境下存活和生长，还能说明植物对长期环境变化的适应潜力大小。弱光下生长的植物往往具有较大的比叶面积、较少的分枝和叶片数量。在叶绿体色素组成上，具有较高的叶绿素b含量，便于吸收林下有限的红光和维持叶片光系统Ⅰ（PSⅠ）和光系统Ⅱ（PSⅡ）之间的能量平衡。通过提高叶片氮在电子传递链组分上的分配比例（N_L），提高电子传递速率（J_{max}）以及羧化速率（V_{max}）以提高最大净光合速率（P_{max}）。降低暗呼吸速率（R_{DRR}）以减少光合产物的消耗，提高碳的净积累，这些都是植物对弱光环境的适应特征，对其在林下生存具有至关重要的作用（冯玉龙等，2002）。

光是影响植物生长的重要因子，光合作用产物的积累是藤材形成的源泉，因此藤种的光合特性对藤材的形成具有重要影响。官凤英等（2010a；2010b）研究结果表明，不同藤种的光合特性存在着一定的差异，如盈江省藤（南巴省藤）和高地省藤的净光合速率（P_n）和蒸腾速率（T_r）日变化均呈双峰曲线，存在明显的"午休"现象；而小省藤的 P_n 日变化为双峰曲线，T_r 日变化为单峰曲线，环境因子、藤种或植株年龄对棕榈藤的光合速率和蒸腾速率均有显著影响。广州苗圃培育的 1 年生版纳省藤（南巴省藤）苗木光合能力最高，在 PAR 为 800 μmol/（m^2・s）和 1600 μmol/（m^2・s）时净光合速率均超过 7 μmol/（m^2・s），而在温室里的 50% 自然光照下的小省藤和盈江省藤（南巴省藤）1 年生植株净光合速率较低，为 1~3 μmol/（m^2・s）。云南次生阔叶林下盈江省藤（南巴省藤）和小省藤 2 年生幼株的净光合速率最高可达 6.15 μmol/（m^2・s）和 3.48 μmol/（m^2・s）。野外高度遮阴下的单叶省藤 6 年生幼株在低光照下其净光合速率极低，而高光照下其最高净光合速率低于版纳省藤（南巴省藤）和多穗白藤（白藤），但高于小省藤（李荣生，2003）。因此，在栽培时需要考虑林分的透光度。

植物吸收光后除了满足光合反应外，还能以热能和荧光的形式散失，尤其是在逆境条件下更为明显。叶绿素荧光参数能快速、有效地反映植物的光合能力和生长情况。全球环境变化使得越来越多的植物生长发育均不同程度地受到逆境的影响，其中逆境对植物光合作用的影响尤为明显。叶绿素荧光参数是反映植物叶片光系统 I（PS I）和光系统 Ⅱ（PS Ⅱ）受逆境胁迫状况的有效生理指标，通过它可较为直观快速地了解植物的光合能力，同时又可避免对植物造成伤害，是目前研究植物逆境条件下光合作用的有效手段。F_v/F_m（一般为 0.8）与植物 PS Ⅱ的捕光色素复合体传递光能的效率相关，F_v/F_m 越高，植物 PS Ⅱ传递光能的潜在效率越高。杨意宏等（2017）利用叶绿素荧光仪测定黄藤、多果省藤、小白藤（滇南省藤）的叶绿素荧光参数，F_v/F_m 均在 0.8 以下，其中多果省藤的最高，说明 3 种棕榈藤在实验室环境下均处于逆境。多果省藤的受胁迫程度最低，而黄藤和小白藤（滇南省藤）受胁迫程度类似，且在该条件下的多果省藤 PS Ⅱ传递效率和能量转化效率最高。

2.2.2 抗旱特性

植物对干旱的生理响应能力及反应速度是决定其抗性的关键因素。正常植物细胞内自由基的产生和清除处于动态平衡状态，当受到生境胁迫时，代谢速度加快引起活性氧积累，进而引起抗氧化系统快速响应，提高清除自由基酶的活性。藤苗早期生长需要充足水分，水分亏缺直接导致成活率降低，水分对调节棕榈类植物生物量和形态学变量具有重要意义。同时，大量调查发现，在低洼地棕榈藤幼苗丰富度往往更大（Siebert et al.，2005），这充分说明了水分对其存活的重要性。可见，充足的水分是保证棕榈藤幼苗存活生长的必备条件。遮阴和干旱复合处理从不同程度影响黄藤幼苗个体的生长，当胁迫发生时，幼苗通过增加株高、减少叶片数、优化能量供应及光合产物分配，增加 SOD、POD 活性，调节 MDA、Pro 含量，适应光照强度改变和水分亏缺的环境，减少胁迫造成的伤害。黄藤幼苗具有一定的抗旱性和耐阴性，自身能通过调整其生长策略、光合策略、代谢策略等使植株能逐步适应或应对生境胁迫，但在阳光直射（全光照）的干旱环境下使其抗性消失，生长受阻；中度遮阴（遮光 20%~30%）改善幼苗的生境，缓解干旱胁迫对植株造成的伤害，对幼苗生长有利。因此，在黄藤天然更新抚育和种苗培育过程中，应适当采用疏枝、除杂灌、移栽等措施，改善过度郁闭的弱光环境，或适度遮阴避免阳光直射，并在旱季及时补充水分，能有效促进黄藤的天然更新与生长。

增强棕榈藤抗旱性是棕榈藤抗旱育种的主要目标，明确棕榈藤抗旱生理机制则成为抗旱育种的重要前提（杜伟莉等，2013）。棕榈藤植物通过避旱或耐旱方式自身形成了适应干旱逆境的生态和生理策略（苏柠，2015），植株对干旱胁迫的第一响应就是通过气孔关闭避开低水势，由于气孔关闭导致 CO_2 同化量的减少，是光合作用下降的主要原因之一（Wang et al.，2015）。光能的捕获和能量的利用平衡是光合机构对干旱胁迫反应的核心（董诗凡，2015）。在这种情况下，有许多保护机制防止光损伤，如通过光能捕获减少、抗氧化防御体系和叶黄素循环反应等代谢途径，阻止体内活性氧代谢失调破坏生物膜结构。渗透调节物质如脯氨酸和可溶性糖的积累，有利于清除逆境胁迫条件下植物体内的自由基和活性氧，降低细胞渗透势维持叶片水分含量，保持气孔开放等生理过程维持其在体内的平衡和正常代谢（殷谷丽等，2010）。

2.3 生态学特征

2.3.1 光照的影响

棕榈藤能适应很大范围的生长光照强度。光对棕榈藤生长影响的研究源于 20 世纪 70 年代末，主要集中在中国、马来西亚、菲律宾等国。Nainggolan 研究认为，玛瑙省藤幼苗在 50% 光照环境中比 100% 遮阴条件下生长得更好；Mori 发现，1 年生玛瑙省藤幼苗在 10%~15% 的遮阴条件下生长良好。这些研究不同程度地说明了棕榈藤幼苗需要在遮阴条件下才能较好生长。国内在光对于棕榈藤生长影响方面的研究也有报道（孙中元等，2013）。作为热带亚热带森林重要的层间植物，幼苗对光照反应敏感，棕榈藤生长如果得不到充足光照，会长久滞留在幼苗状态，延长幼苗期（江泽慧，2002；Chen et al.，2020），但全光照（直射）不利于棕榈藤幼苗生长（李雁冰等，2019）。不同藤种或同一藤种在不同生长阶段，对光照的需求不同（尹光天等，1993），1 年生小省藤种子苗在遮阴 90% 时生长最好，遮阴是小省藤苗木培育的关键因素（王慷林等，2019）；异株藤的最适相对光照为 50%~65%；单叶省藤为 20%~35%，黄藤和杖藤 80% 左右相对光照是其生长所需的最适光照条件（尹光天等，1993）；柳条省藤幼苗适合生长的相对光照为 80% 左右（陈本学等，2019；李雁冰，2019）；高地省藤幼苗有明显“午休”过程，净光合速率和蒸腾速率日变化呈双峰波动，在 10：00 和 14：00 达到峰值（官凤英等，2010b）。白藤苗期耐阴，幼苗生长最适相对光照为 50%~65%，成藤则需要较多光照，过度遮阴会抑制其萌蘖和藤茎生长，但光照过强也会抑制茎的生长（许煌灿和符史深，1981）。

2.3.2 水分的影响

水分对棕榈藤更新生长与繁殖具有重要影响，大部分棕榈藤在热带雨林水热资源丰富的地方更新生长良好（Hisham et al.，2014）。中国林业科学研究院热带林业研究所研究表明，湿度是影响棕榈藤种群分布和生长的第一要素（江泽慧，2002）。Manokaran（1981a，1981b，1982a，1982b）研究表明西加省藤（*Calamus caesius*）在排水不良地方的生长均比在排水良好的地方快，林冠不疏伐条件下排水不良林地的 5 年生棕榈藤苗木成活率比排水良好林地高，疏冠条件下排水良好林地的 5 年生苗木死亡率比排水不良的高，排水良好林地的苗木分蘖比排水不良的迟而且少，藤茎生长和藤茎产量也是排水不良林地比排水良好林地高。尹光天等（1993）对藤种收集和引种驯化的研究表明，藤茎月生长量与降水量成正相关（r>0.7），当温度适宜、月均降水量 >150mm，相对湿度 >78% 时，绝大部分藤种均能正常或快速地生长。长时间的干旱导致藤株生长停滞，甚至整株死亡，如种在尖峰藤种园的玛瑙省藤、欧切利藤、马尼拉藤、莫力藤以及短叶省藤等藤种因每年长达 4~5 个月的旱季而死亡。引种定植于广州藤种收集圃的高地钩叶藤和钩叶藤也因旱害而未能保存，但也有少数藤种如黄藤、白藤、异株藤和杖藤表现出较强的耐旱性，在少雨低湿的条件下能正常生长。降雨利于棕榈藤种子传播与萌发，随着降雨量的增加，区域范围内分布的棕榈藤种数也相应增加（李荣生，2003）。充足的水分有利于促进棕榈藤萌蘖，提高棕榈藤林成活率，如多果省藤、杖藤、黄藤、白藤、小钩叶藤和单叶省藤等分蘖植株更多集中于凹地、土壤最大持水量大的区域，水分亏缺会降低全光照条件下棕榈藤林成活率（彭超，2017）。

2.3.3 土壤养分的影响

肥沃的土壤是棕榈藤生长必不可少的条件，瘠薄的立地条件，藤丛萌蘖数少，生长量低下（尹光天等，1993）。棕榈藤具体的施肥方式、施肥元素及施肥量与棕榈藤种类、年龄、大小和土壤肥力有关，幼藤对生境的响应比成藤更为敏感（陈本学，2020）。一定范围内，施肥量越高，肥料效应越显著（许煌灿等，1994；Thonhofer et al.，2015）。缺乏营养时，棕榈藤表现出缺素症，对地上部分影响大于对根系的影响（江泽慧，2002）。不同藤种、不同生长发育阶段棕榈藤对养分的吸收能力及需求量有差异。氮（N）、磷（P）和钾（K）是影响棕榈藤生长最重要的矿质元素，不同的氮、磷、钾配比对植物的生长、生理及相关酶活性、光合特性及成分积累等有一定的影响。混合施肥的效果优于单独施肥，单施氮肥或磷肥对移植2个月的玛瑙省藤生长没有影响，氮肥与磷肥同时施入时会产生明显的交互效应，显著高于单独施氮、磷、钾肥（江泽慧，2002；Aminuddin，1990）。氮、磷、钾复合肥能显著促进白藤幼林母株的生长、萌蘖，并对萌株的抽茎和生长也有明显的促进作用（许煌灿等，1994）。砂培黄藤苗期全素营养液为150mg/L氮：40mg/L磷：160mg/L钾的配比，能形成发达的根系且地上部分生长良好（陈青度，1990）。白藤幼林28%、10%和14%的氮、磷、钾的配比，显著促进藤茎的生长和萌蘖（郑蔚智等，2006）。盈江省藤（南巴省藤）苗木低浓度氮肥和高浓度磷肥更有利于早期生长，钾肥对其生长影响不大（彭超等，2016）。柳条省藤幼苗在相对光照80%~85%、密度25cm×25cm环境下，施氮肥90g/m^2、磷肥80g/m^2环境下生长最好（陈本学等，2019）。

2.3.4 地形和海拔的影响

地形是地表各种形态的总称，地形通过地貌改变气候和土壤条件，进而影响植物的生长和分布（鲁为华等，2013；孙建华等，2005）。地形变化影响环境资源的空间分配，从而影响植被格局（Jessia et al.，2004）。坡度、坡位对棕榈藤的分布与生长影响较大，坡度在10°~20°时棕榈藤分布种类最丰富（彭超，2017）。坡形是影响海南低地次生雨林杖藤种群数量和生长特征的重要环境因子，凹坡是杖藤相对有利的生长坡形，种群数量、株高、羽叶面积均高于其他坡形，株高和羽叶面积月相对生长率高，幼苗死亡率低，在资源更新保育和人工栽培中，应优先选择（李雁冰等，2019）。海拔通过影响光照、温度、水分和养分等影响林分的天然更新（Guillermo et al.，2015）。棕榈藤主要分布在赤道附近的热带雨林中，分布的海拔高度因藤种而异，大部分生长于低海拔的山地（Stephen & Siebert，2005；彭超等，2017；李雁冰，2019），在马来西亚婆罗洲基纳巴卢山海拔3000m高山处有特有种 *Calamus gibbsianus* 分布（江泽慧，2002）。中国棕榈藤植物主要分布在海拔1000m以下地区，海南乐东地区棕榈藤分布的海拔上限为1100m（李意德，1987），但高海拔也有分布，如海拔2400m处分布的无量山省藤（王慷林，2015）。植物丰富度在物种组成中的变化随海拔变化显著（Siebert，1993；Watanabe & Suzuki，2008）。Stiegel等（2011）对棕榈藤在不同海拔间的分布研究发现，海拔1000m时棕榈藤的物种丰富度和密度最大。海拔升高气温降低，低温抑制幼苗的形成和发育，导致幼苗和幼树数量减少（康冰等，2011）。棕榈藤抗低温能力较差，多数棕榈藤不耐低温，限制了棕榈藤在高海拔区的分布与生长。

第3章 海南低地次生雨林棕榈藤群落生态学特征

3.1 种群年龄结构及动态变化

种群数量结构及动态是种群生态学的研究热点，通过量化种群数量时间和空间动态规律来预测种群发展及演化趋势，异质生境下种群结构差异能反映出种群结构对生境变化的响应机制。编制种群生命表和动态曲线是研究动态规律的有效手段。通过统计存活率、死亡率和生命期望等参数，结合生存函数可揭示和预测种群的变化特征及对环境的响应特征。在自然条件下由于植物世代重叠且周期长，很难直接获取完整的年龄数据，一般采用胸径或高度代替时间构建个体数量种群生命表。本节以海南省甘什岭自然保护区分布的主要棕榈藤——白藤、多果省藤、杖藤和黄藤种群为例，介绍棕榈藤种群年龄结构和动态变化特征。

分析方法如下：

生命表编制 与大多数双子叶藤本植物不同，由于自然条件下植物年龄确定受限，大量研究采用胸径作为年龄的换算指标，但棕榈藤缺乏次生分生组织，在抽茎后直径基本维持不变（Isnard et al.，2008a），因此藤条直径无法作为年龄代替指标。同时天然更新种群存在多世代重叠，无法判定年龄，故本研究采用长度或高度作为年龄分级标准。本研究以 2m 为龄级，采用上限排外法，由于高度 < 0.5m 藤数较多，将高度 < 0.5m 定为Ⅰ级，0.5~2.5m 为Ⅱ级，2.5~4.5m 为Ⅲ级，以此类推，并对数据进行匀滑处理，建立静态生命表：

$$l_x = \frac{\dot{p}}{p} \times 1000; d_x = l_x - l_{x+1}; q_x = \frac{d_x}{l_x} \times 100\%; L_x = \frac{(l_x + l_{x+1})}{2};$$

$$T_x = \sum L_x; e_x = \frac{T_x}{l_x}; K_x = \ln l_x - \ln l_{x+1}$$

式中：$\dot{p}$ 为 x 龄级藤个体数；p 为 x-1 龄级个体数；l_x 为 x 龄级存活数标准化；d_x 为 x 至 x+1 龄级种群标准化死亡数；q_x 为 x 至 x+1 龄级间隔期的种群个体死亡率；l_x 为相邻间隔期平均存活数；T_x 则为进入 x 龄级后所有个体存活总寿命；e_x 为 x 龄级种群个体生命期望；k_x 为 x 龄级个体消失率。

生存函数分析 采用生存率函数 S_i、累计死亡率函数 F_i、死亡密度函数 F_i 和危险率函数 λ_i 四个函数来阐述棕榈藤种群在自然条件下的生存规律，并绘制相关曲线。

$$S_i = \prod_{i=1}^{n} m_i$$

$$F_i = 1 - S_i$$

$$f_i = \frac{(S_{i-1} - S_i)}{h_i} = \frac{S_{i-1} q_i}{h_i}$$

$$\lambda_i = \frac{2 q_i}{[h_i(1 + m_i)]}$$

式中：n 为龄级总数；m_i 为存活率；q_i 为死亡率；h_i 为龄级宽度（区间长度）。

谱分析 谱分析用于反映种群数量周期性变动，揭示棕榈藤种群在天然更新中的波动规律，通过分解 Fourier 级数估计以下参数。

$$\omega_k = \frac{2\pi k}{T}$$

$$\theta_k = \arctan\left(\frac{a_k}{b_k}\right)$$

$$a_k = \frac{2}{n}\sum_{i=1}^{n} X_i \cos\frac{2\pi k(t-1)}{n}$$

$$b_k = \frac{2}{n}\sum_{i=1}^{n} X_i \sin\frac{2\pi k(t-1)}{n}$$

$$A_k^2 = a_k^2 + b_k^2$$

式中：ω_k 为谐波频率；θ_k 为谐波相角，各波形振幅 A_k 值（k=1，2，3，…，p；p=n/2），其中 A_1 为基波，A_2~A_5 为各个谐波（谐波周期是基本周期的 1/2，1/3，…，1/p），代表各周期作用的大小。

3.1.1 种群静态生命表

白藤、多果省藤、杖藤和黄藤种群静态生命表显示（表 3–1），4 种棕榈藤种群数量随龄级增加而迅速减少，幼苗种群数量大，Ⅰ和Ⅱ龄级藤种数量约占整体样本的 90.1%~97.7%，成年藤种数量比例极低。白藤、杖藤间隔期死亡率和平均存活数随年龄增加单调递减，多果省藤和黄藤则为先增大后减小，说明白藤和杖藤幼苗期存活率较低，多果省藤和黄藤幼苗期存活能力比白藤和杖藤更强。4 种棕榈藤的生命期望值（e_x）随龄级增加呈先上升后降低的趋势，白藤在Ⅲ ~ Ⅵ龄级 e_x 较大，为 3.0~3.4；

多果省藤Ⅳ ~ Ⅴ龄级 e_x 较大，为 4.3~4.5；杖藤在Ⅲ ~ Ⅶ龄级 e_x 较大，为 2.7~2.9；黄藤在Ⅳ ~ Ⅶ龄级 e_x 较大，为 3.2~4.3，棕榈藤具有旺盛的生命力，随后种群生命期望逐渐降低，进入生理衰退期。同时也说明了棕榈藤幼苗抽茎后，对环境的适应性以及对资源利用能力提高，生长迅速。

表 3-1　棕榈藤种群静态生命表

种群	参数	龄级									
		Ⅰ	Ⅱ	Ⅲ	Ⅳ	Ⅴ	Ⅵ	Ⅶ	Ⅷ	Ⅸ	Ⅹ
	p	342	14	4	1	1	2	2	1	1	1
	$\dot{p}$	342	14	5	4	3	2	2	1	1	1
	l_x	1000	41	15	12	9	6	6	3	3	3
	d_x	328	9	1	1	1	0	1	0	0	—
白藤	q_x	1.0	0.6	0.2	0.3	0.3	0.0	0.5	0.0	0.0	—
	L_x	178.0	9.5	4.5	3.5	2.5	2.0	1.5	1.0	1.0	1.0
	T_x	204.5	26.5	17.0	12.5	9.0	6.5	4.5	3.0	2.0	1.0
	e_x	0.6	1.9	3.4	3.1	3.0	3.3	2.3	3.0	2.0	1.0
	K_x	3.2	1.0	0.2	0.3	0.4	0.0	0.7	0.0	0.0	—
	p	456	282	44	4	5	6	2	3	3	5
	$\dot{p}$	456	282	44	6	5	5	4	4	3	2
	l_x	1000	618	96	13	11	11	9	9	7	4
	d_x	174	238	38	1	0	1	0	1	1	—
多果省藤	q_x	0.4	0.8	0.9	0.2	0.0	0.2	0.0	0.3	0.3	—
	L_x	369.0	163.0	25.0	6.0	5.0	5.0	4.0	4.0	3.0	2.0
	T_x	584.0	215.0	52.0	27.0	21.5	16.5	12.0	8.0	4.5	2.0
	e_x	1.3	0.8	1.2	4.5	4.3	3.3	3.0	2.0	1.5	1.0
	K_x	0.5	1.9	2.0	0.2	0.0	0.2	0.0	0.3	0.4	—
	p	864	83	12	2	2	0	3	2	0	2
	$\dot{p}$	864	83	13	9	6	4	3	3	2	1
	l_x	1000	96	15	10	7	5	3	3	2	1
	d_x	781	70	4	3	2	1	0	1	1	—
杖藤	q_x	0.9	0.8	0.3	0.3	0.3	0.3	0.0	0.3	0.5	—
	L_x	474.0	48.0	11.0	8.0	5.0	4.0	3.0	3.0	2.0	1.0
	T_x	556.5	83.0	35.0	24.0	16.5	11.5	8.0	5.0	2.5	1.0
	e_x	0.6	1.0	2.7	2.7	2.8	2.9	2.7	1.7	1.3	1.0
	K_x	2.3	1.9	0.4	0.4	0.4	0.3	0.0	0.4	0.7	—
	p	327	119	27	6	4	3	1	3	2	4
	$\dot{p}$	327	119	27	6	4	4	3	3	2	2
	l_x	1000	364	83	18	12	12	9	9	6	6
	d_x	208	92	21	2	0	1	0	1	0	—
黄藤	q_x	0.6	0.8	0.8	0.3	0.0	0.3	0.0	0.3	0.0	—
	L_x	223.0	73.0	17.0	5.0	4.0	4.0	3.0	3.0	2.0	2.0
	T_x	334.6	111.7	38.6	22.0	17.0	13.0	9.5	6.5	4.0	2.0
	e_x	1.0	0.9	1.4	3.7	4.3	3.3	3.2	2.2	2.0	1.0
	K_x	1.0	1.5	1.5	0.4	0.0	0.3	0.0	0.4	0.0	—

3.1.2 存活曲线及生存函数

采用龄级作为 x 轴，$\ln l_x$ 为 y 轴描述棕榈藤种群存活曲线（图 3-1），结果表明，多果省藤和黄藤种群数量在Ⅱ龄级前缓慢减少，此后种群数量迅速下降，至Ⅳ龄级后缓慢减少；白藤和杖藤种群在Ⅲ龄级之前迅速死亡，种群数量急剧减少，后逐步稳定，白藤在Ⅶ ~ Ⅷ龄级种群存活数量迅速减少，之后再次维持稳定，而杖藤则在Ⅷ龄级后种群存活数量迅速下降。4 种棕榈藤种群数量总体呈递减的变化趋势。

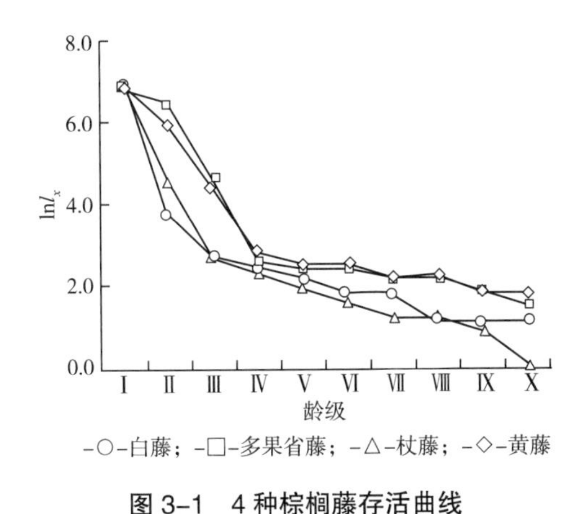

图 3-1　4 种棕榈藤存活曲线

图 3-1 中，存活曲线介于Ⅱ型和Ⅲ型之间，通过指数函数来描述 Deevey-Ⅱ型存活曲线，幂函数来描述 Deevey-Ⅲ型存活曲线，建立相应的模型，分别对 4 种棕榈藤存活曲线采用幂函数和指数函数进行对比。结果表明（表 3-2），杖藤存活曲线趋于指数函数（Deevey-Ⅱ型），其余三种藤存活曲线趋于幂函数（Deevey-Ⅲ型），4 个拟合方程均表现为极显著（P=0.000<0.01），曲线拟合度高。

表 3-2　棕榈藤存活曲线模型

藤种	方程式	曲线类型	R^2	R_{adj}	F	P
白藤	$Nx=6.942x^{-0.802}$	Deevey-Ⅲ	0.962	0.957	200.077	0.000**
多果省藤	$Nx=8.143x^{-0.688}$	Deevey-Ⅲ	0.920	0.910	92.504	0.000**
杖藤	$Nx=9.261e^{-0.319}x$	Deevey-Ⅱ	0.840	0.820	42.128	0.000**
黄藤	$Nx=7.783x^{-0.638}$	Deevey-Ⅲ	0.957	0.951	175.910	0.000**

4 种函数阐述棕榈藤种群在自然条件下的生存规律如图 3-2 所示，4 种棕榈藤生存率均表现为Ⅰ~Ⅲ龄级急剧减少，Ⅲ龄级后缓慢递减，多果省藤的存活数量在Ⅰ龄级时最大，黄藤最小；累计死亡率呈与生存率相反的趋势，Ⅲ龄级以后，累计死亡率为 0.90~0.99，死亡率高，这与早期幼苗死亡率高有关；死亡密度中，白藤、杖藤和黄藤

均呈单调递减，至Ⅳ龄级后趋于相对稳定的波动状态，多果省藤则先升高后急剧降低，Ⅳ龄级后与前3种相似，说明棕榈藤在早期的死亡密度高，至Ⅳ龄级后基本稳定，这与种群密度低有关；4种棕榈藤的危险率有明显差异，但均呈现明显的波动性，其中黄藤危险率在早期最高，随着生长危险率逐渐降低，Ⅶ龄级危险率升高；杖藤随年龄增长，危险率逐渐降低，Ⅶ龄级达到最低，其后逐渐升高；多果省藤和白藤随年龄增长先升高后降低，至Ⅲ龄级时达到最大，并维持相对较低危险率波动。甘什岭热带低地雨林环境对棕榈藤幼苗的生长有较强的抑制作用，但随着棕榈藤达到抽茎生长后，棕榈藤对周围环境适应力增强，生长迅速。

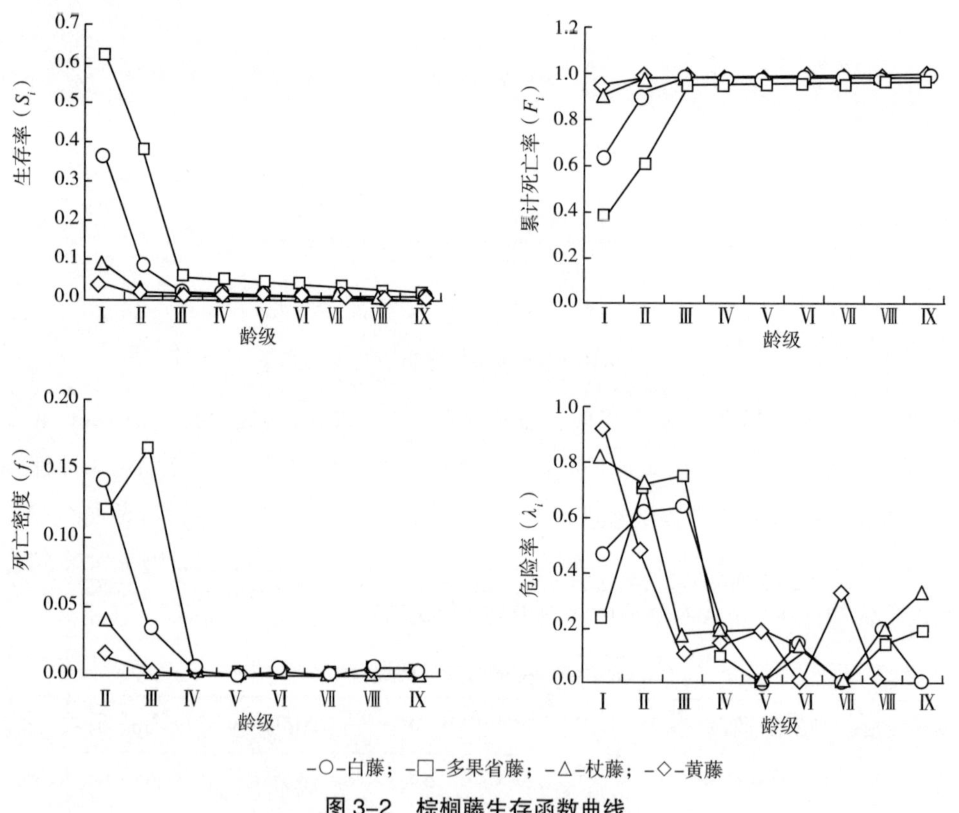

图3-2　棕榈藤生存函数曲线

3.1.3　天然种群的周期性波动

以4种棕榈藤生命表中的龄级作为波谱级差，将藤龄级划分为10级，总波K=10/2=5，分析其周期性波动振幅（表3-3）。结果表明，4种棕榈藤天然更新的基波差异不大，但4种棕榈藤在生命周期中种群波动差异较大。其中白藤的波动较其他3种棕榈藤振幅小，白藤的种群数量动态变化受环境的影响弱于其他3种棕榈藤，也可能与白藤种群的成年个体数量少有关。多果省藤在A_3时振幅达到峰值，为4.429，且

A_2 和 A_4 时波动振幅也明显大于 A_1 和 A_5。杖藤则表现为 A_1 时最小，A_3 时达到峰值，为3.906。黄藤为 A_2 时达到峰值，为3.118，A_4 时最小。除白藤外，其余3种棕榈藤均表现为与基波间有较大的差异，受生境因素影响大，多果省藤和杖藤在4.5~6.5m时受环境影响最大，黄藤则为2.5~4.5m受环境影响最大。4种棕榈藤种群中存在周期性波动，但由于所分周期较短，反映大小周期波动叠加的特征并不显著。

表3-3　棕榈藤天然种群的周期性波动

藤种	A_1	A_2	A_3	A_4	A_5
白藤	1.168	1.435	1.131	1.223	1.362
多果省藤	1.500	3.805	4.429	4.154	1.098
杖藤	1.829	3.538	3.906	2.161	2.662
黄藤	1.343	3.118	0.692	0.208	0.686

3.2　种群空间分布格局

植物群落在空间分布上具有自身的规律，是多种生态过程对群落中组分在不同空间和时间尺度上综合作用的结果，环境、植被类型、种类和数量、种间变异及外力干扰等都会对群落构建产生影响，且存在于整个群落生态过程。分析各组分在群落中的空间分布有利于揭示物种在群落动态存在过程中的作用和潜在规律，具有重要的生态学意义。

分析方法如下：

点格局分析以物种个体在空间样地中的二维坐标为基础来构建多尺度分布格局及种间的多尺度关联。现阶段的空间分布格局方法种类较多，其中二阶统计 Ripley's *K* 函数应用广泛，但混淆了尺度扩展过程中不同尺度效应信息的积累性，因此研究人员在基于 Mark 相关函数和 Ripley's *K* 函数上提出 Wiegand-Moloney's *O*-ring 函数，作为 Ripley's *K* 函数的补充，该函数通过计算以半径 r 和宽度 μ 圆环中物种株数和发生频率来分析空间关联尺度，克服了尺度的累积效应。本研究采用成对相关函数 $g(r)$ 分析不同藤种间以及生活史阶段在多尺度中的空间分布特征：

$$g(r) = (2\pi r)^{-1}\mathrm{d}K(r)/\mathrm{d}r$$

该指标用以计算制定宽度 r 的圆环内区域的分布状况。若 $g(r)$ 高于置信区间上限，则表示在 r 尺度范围内呈聚集性分布；低于置信区间下限，则呈均匀分布，在此区间之间，则呈随机分布。

采用双变量 *O*-ring 函数 $O_{12}(r)$ 来分析空间的关联性：

$$O_{12}(r) = (2\pi r)^{-1}\mathrm{d}K_{12}(r)/\mathrm{d}r$$

计算以每个物种 1 的个体为圆心，r 尺度为半径的圆环内物种 2 所存在的数量。当 $O(r)$ 大于置信区间上限，说明物种 1 和物种 2 在尺度 r 范围内具有空间正相关性，若处于置信区间下限，二者具有空间负相关性；若处于置信区间内，说明二者之间空间不关联或关联不显著。

采用 Monte-Carlo 拟合上下包迹线，确定置信区间，以完全随机分布种群为对象，拟合随机坐标点，同时所有空间格局最大分析尺度为 50m，以 1m 尺度单元，Monte-Carlo 共模拟 199 次，得到实际值和上下区间值，数据处理采用 Programita 2014 软件完成，SigmaPlot 10 进行绘图处理。

3.2.1 分布格局

不同棕榈藤种群具有相对独立的区域分布（图 3-3），白藤、多果省藤、杖藤的分布区域最明显，不同藤种在不同尺度上表现为不同的分布格局（图 3-4）。其中，白藤在 0~1.5m 尺度上高度聚集，随尺度增加逐渐处于随机分布和聚集分布交替出现的过渡区间，至 32.5m 后则维持随机分布；多果省藤在 0~8.5m 尺度表现为聚集分布，但于 2~3m 出现瞬态的随机分布，随后基本维持随机分布状态，仅少量尺度上为聚集分布；杖藤在 0~21.5m 尺度内呈聚集分布，随尺度增加逐渐维持随机分布，分布特征明显；黄藤在 0~7.5m 尺度内呈聚集状态，但后逐渐转为随机分布；小钩叶藤则在 4.5m 尺度范围内聚集，随尺度增加逐渐转为随机状态。

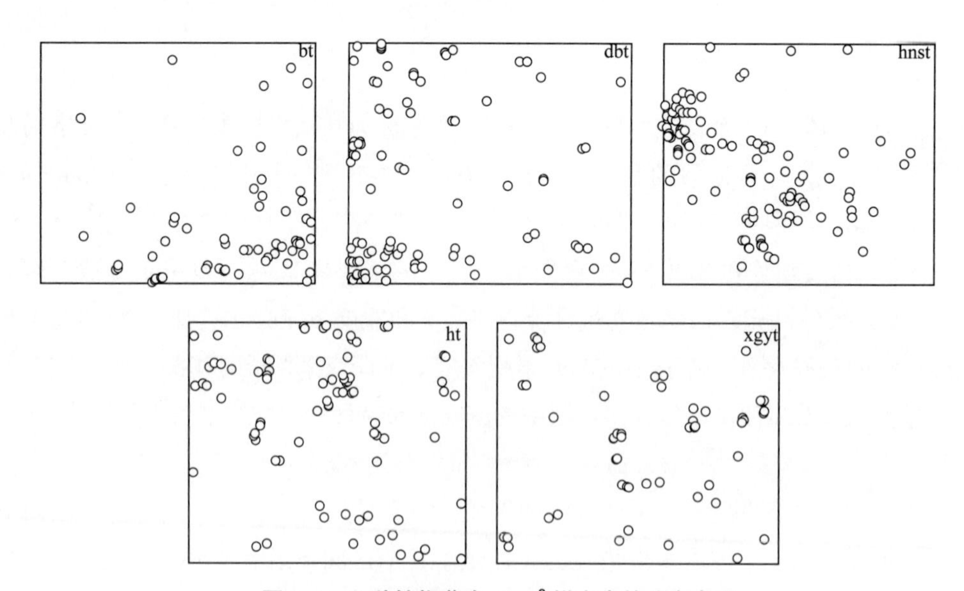

图 3-3　5 种棕榈藤在 1hm² 样方内的分布点图

注：bt 为白藤；dbt 为多果省藤；hnst 为杖藤；ht 为黄藤；xgyt 为小钩叶藤；下同。

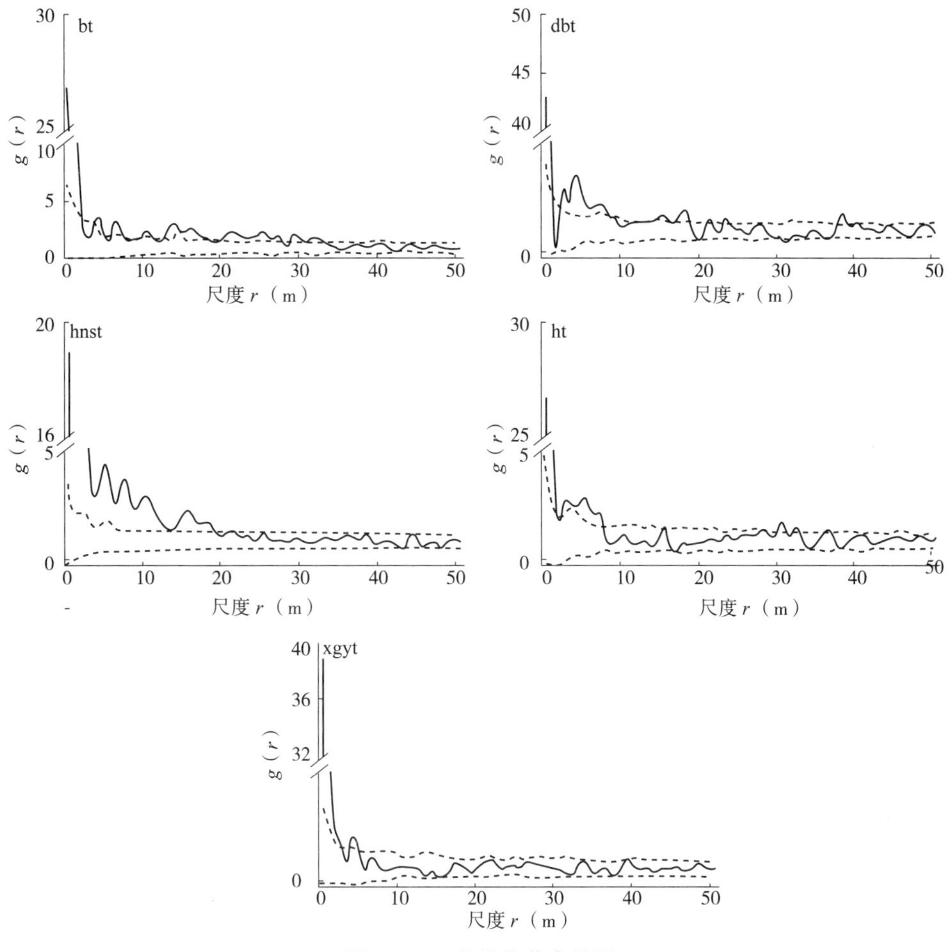

图 3-4　5 种棕榈藤点格局

3.2.2　不同藤种间空间关联性

棕榈藤种间的空间尺度分析表明（图 3-5），不同藤种间在不同尺度上关联性不同。其中，白藤和其他 3 个藤种间随尺度的增加，表现出在小尺度下的负相关，与多果省藤在 43~50m 尺度时呈负相关，在其他尺度上表现为不相关。多果省藤与杖藤随尺度的增加多呈正相关，且相关性随尺度增加交替出现，聚集尺度分别为 3~5m、8~11m、13~21m、24~25m、29m、32~34m、39~41m、44~45m。多果省藤与黄藤和小钩叶藤随尺度的增加多为不相关，与黄藤在 26~27m 尺度上呈负相关，与小钩叶藤在 25~28m 为负相关，在 37~38m、40~41m 呈负相关。杖藤和黄藤在 7~9m 上呈负相关，在 25~27m 尺度上呈正相关，在其他尺度上不相关。杖藤与小钩叶藤在 3~6m 呈正相关，在其他尺度上不相关。小钩叶藤和黄藤在 44~45m 尺度上呈正相关，其他尺度上不相关。

3.2.3 不同生活史阶段空间分布格局

同一种棕榈藤在不同生活史阶段的分布类型相同。棕榈藤幼苗阶段在 0~8m 尺度上为聚集分布，随尺度增大聚集程度减弱，至 8m 之后呈随机分布。幼藤阶段，棕榈藤在 0~6m 尺度上为聚集分布，但随后逐渐转为随机分布。成熟藤阶段 0~2m 尺度范围内为聚集分布，之后随尺度增大而转为随机分布。总体而言，棕榈藤随着不断生长聚集范围逐渐缩小，随机分布尺度逐渐增大（图 3–6、图 3–7）。

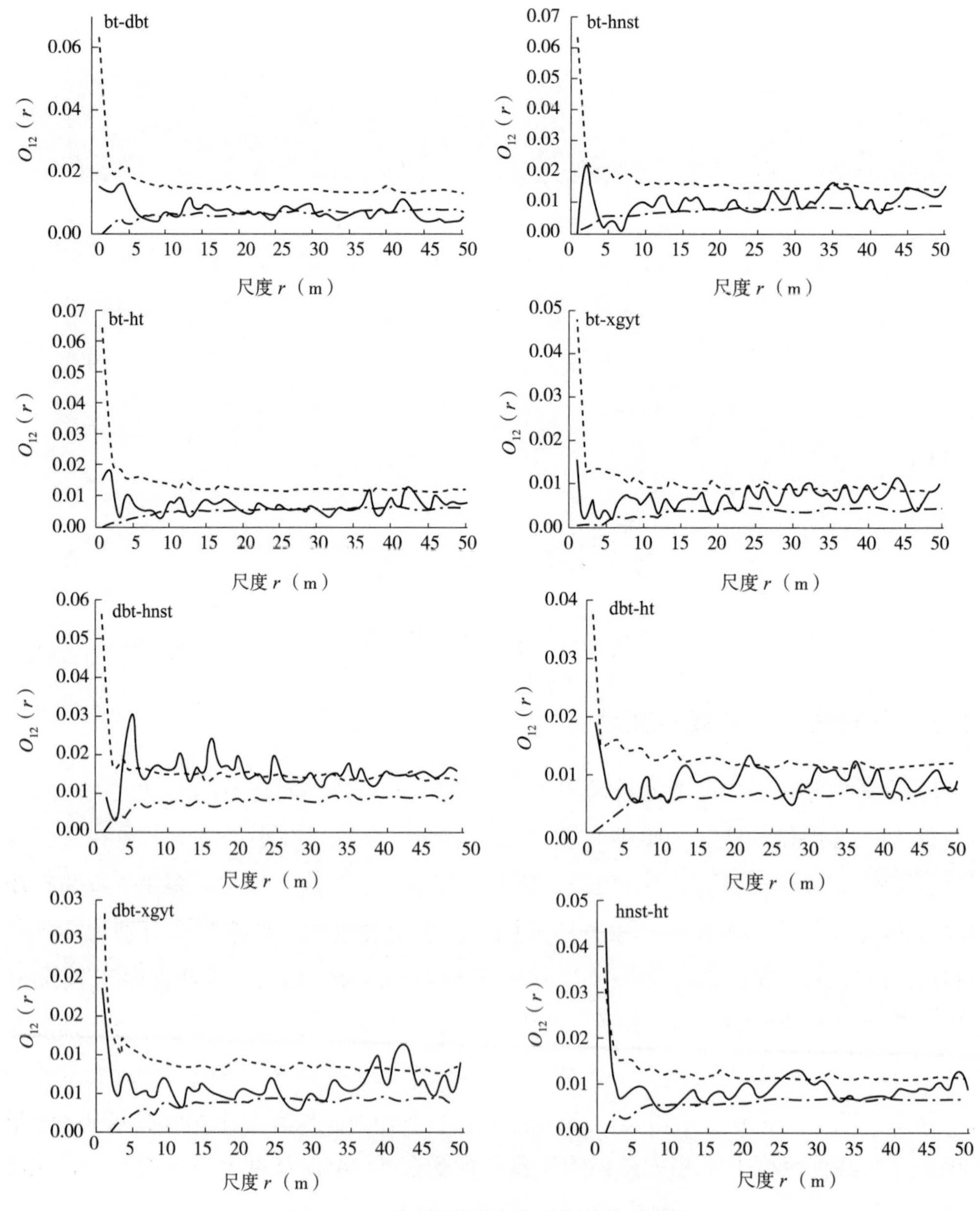

图 3–5　不同棕榈藤藤种间的空间关联性

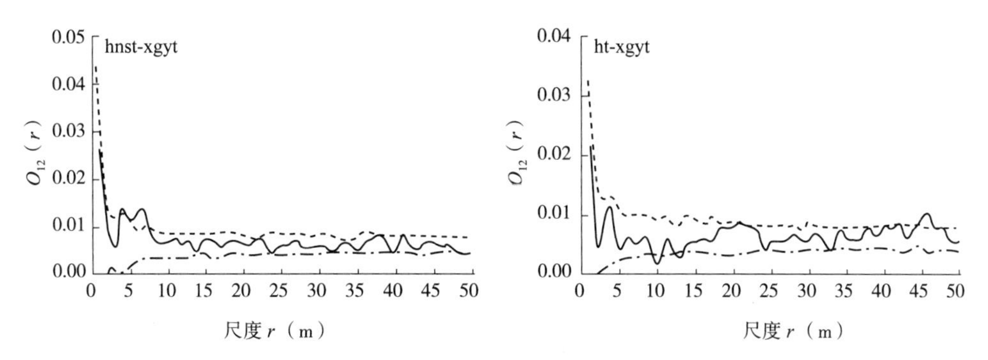

图 3-5　不同棕榈藤藤种间的空间关联性（续）

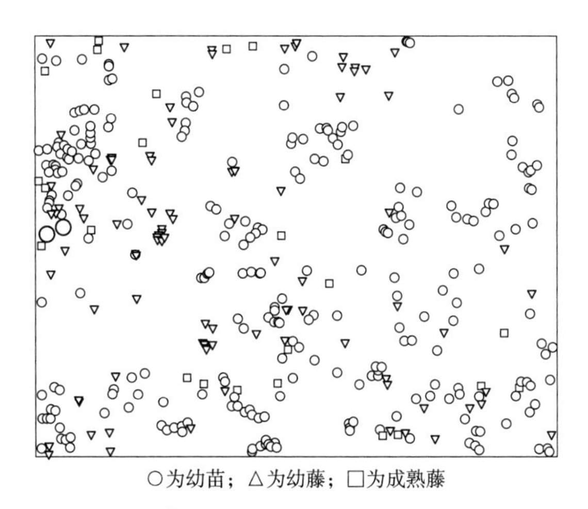

图 3-6　1hm² 样地中不同生活史棕榈藤的空间分布

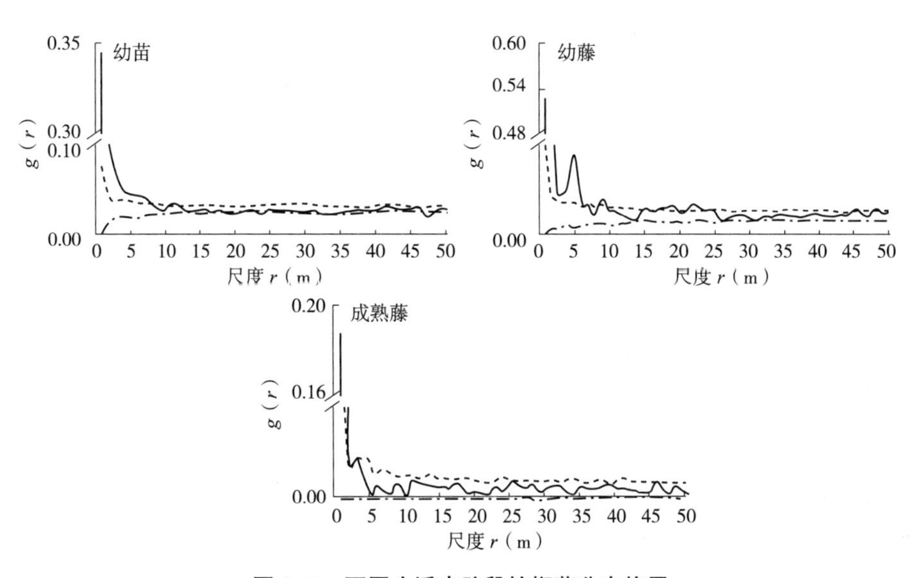

图 3-7　不同生活史阶段棕榈藤分布格局

3.2.4 不同生活史阶段空间尺度关联

同一种棕榈藤在不同生活史阶段的空间关联性表现出一定的规律性（图 3-8），幼苗和幼藤在 1~2m 间正相关，其余尺度上为不相关。幼苗和成熟藤则为明显不相关，而在 40m 尺度上出现负相关性，为 50m 研究尺度范围的瞬态，而幼藤与成熟藤间在 0~3m 尺度上表现出正相关性，随着尺度的减少相关性急剧增大。随尺度的增加维持不相关的分布状态，反映了不同生活史棕榈藤主要集中于小范围的正相关作用，基本维持不相关性，揭示了在不同生长阶段的棕榈藤个体随机混合生长。

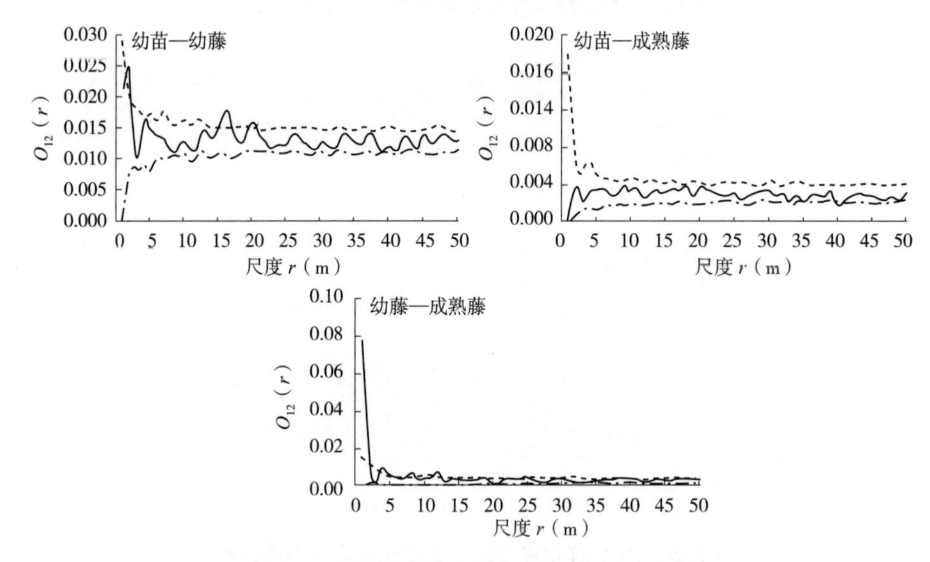

图 3-8 不同生活史阶段棕榈藤的空间关联性

3.3 棕榈藤在群落中的生态位

生态位是重要的生态学研究理论之一，用于揭示种群对所处生境的适应性及其对资源的利用能力，在群落结构及功能、种间关系以及群落动态演替研究等方面具有广泛的应用，能够反映种群对群落及其生境的适应性及其在种群间的相互作用。生态位和空间过程影响植物群落的物种组成，物种分类和传播限制影响物种的空间转移。生态位宽度、生态位重叠性及相似性是反映群落演替过程中的某一特定时期的生态位特征的重要指标，但相互之间无必然的相关关系。

分析方法如下：

为保证整个群落中物种间的可比性，重要值（*IV*）采用统一公式。整个群落按垂直结构分层，将胸径超过 1.0cm 的乔木树种划为乔木层，灌木、乔木幼苗和幼树归为灌木层，攀缘竹类和藤本为层间植物，草本植物归为草本层，棕榈藤作为主要研究对象单独划分出来。每个物种的相对密度、相对频度和相对显著度以全部物种相应值之和为基础，计算各物种在每个样方中的重要值，筛选出的各林层重要值最大的前5种优势种进行种间关联分析：

$$重要值（IV）=（相对密度+相对频度+相对显著度）/3$$

以每个样方作为独立的一维资源位，密度统一换算为 $1hm^2$ 样地密度值；某一物种相对频度为该种频度与样方总全部种频度总和之比；相对密度为物种在某一资源位的密度与所有种密度总和之比；相对显著度以物种断面积代替，为某一物种断面积占该资源位所有物种断面积之比。

生态位宽度 生态位宽度的测度方法很多，基于种群在资源中的分布状态，采用Shannon-Wiener 指数和 Hurlbert 指数来表示：

$$\text{Shannon-Wiener 指数：} B_i = -\sum_{j=1}^{r} P_{ij} \ln P_{ij}$$

$$\text{Hurlbert 指数：} B_a = (B_t - 1)/(r - 1)$$

两式中：$P_{ij} = n_{ij}/N_{i+}$，$N_{i+} = \sum_{j=1}^{r} n_{ij}$，$n_{ij}$代表种 i 在第 j 资源的优势度（即重要值），$B_t = 1/\sum_{j=1}^{r} P_{ij}^2$，$r$ 为资源位数。

生态位相似性比例

$$C_{ik} = 1 - 1/2\sum |p_{ij} - p_{kj}| = \sum \min(p_{ij},\ p_{kj})$$

式中：C_{ik} 为生态位相似性比例；p_{ij} 和 p_{kj} 为物种 i 和 k 在 j 资源位中的重要值百分比；$C_{ik}=C_{ki}$，该值域为［0，1］。

生态位重叠

$$L_{ik} = B_{(L)i}\sum_{j=1}^{r} P_{ij} \times P_{kj}$$

$$L_{ki} = B_{(L)k}\sum_{j=1}^{r} P_{ij} \times P_{kj}$$

$$B_{(L)i} = 1/(r\sum_{j=1}^{r} P_{ij}^2)$$

式中：L_{ik} 和 L_{ki} 分别为物种 i 重叠物种 k 和物种 k 重叠物种 i 的生态位重叠指数；P_{ij} 和 P_{kj} 分别为种 i 和种 k 在资源 j 中的资源利用状况，与生态位宽度中 P_{ij} 相同；r 为资源位总数，值域为［0，1］；$B_{(L)}$ 为 Levins 生态位宽度指数，值域为［$1/r$，1］。

3.3.1 优势种重要值

棕榈藤属于层间植物，海南甘什岭低地雨林棕榈藤重要值低于乔木和灌木层，高于草本层，25种优势种重要值和为0.4508。乔木层的铁凌重要值最大，为0.0896，其次为灌木层和乔木层青梅，分别为0.0638和0.0604。灌木层中除青梅外，海南合欢具最大重要值，二者占据林下主要资源位；层间植物中，无耳藤竹重要值最大，为0.0356；草本层中，益智最大，为0.0023。5种棕榈藤在该群落中的重要值相对较小，重要值排序为杖藤 > 多果省藤 > 黄藤 > 白藤 > 小钩叶藤（表 3–4），但在整个群落中的重要值顺序差异较大，反映了不同棕榈藤对资源的利用状况差异较大。同时杖藤在整个群落中的重要值较大，幼苗种群数量大和分布频度高，具有较高的地位和作用。

表 3–4　棕榈藤种群及各林层优势种在群落中的重要值

林层	编号	物种	平均重要值（%）	排序
	1	麦冬 *Ophiopogon japonicus*	0.040	210
	2	毛果珍珠茅 *Scleria levis*	0.088	162
草本层	3	岩生薹草 *Carex saxicola*	0.036	226
	4	益智 *Alpinia oxyphylla*	0.228	94
	5	蜘蛛抱蛋 *Aspidistra elatior*	0.100	156
	6	亮叶鸡血藤 *Millettia reticulata*	0.776	26
	7	清香藤 *Jasminum lanceolarium*	0.720	32
层间植物	8	紫玉盘 *Uvaria microcarpa*	0.816	23
	9	百足藤 *Pothos repens*	0.760	28
	10	无耳藤竹 *Dinochloa orenuda*	3.564	5
	11	尖叶紫金牛 *Ardisia oxyphylla*	1.668	7
	12	狗骨柴 *Diplospora dubia*	1.176	15
灌木层	13	海南合欢 *Albizia attopeuensis*	4.932	4
	14	青梅 *Vatica mangachapoi*	6.384	2
	15	铁凌 *Hopea reticulata*	1.680	6
	16	阿芳 *Alphonsea monogyna*	1.600	8
	17	木荷 *Schima superba*	1.300	11
乔木层	18	黄杞 *Engelhardtia Roxb*	1.428	9
	19	青梅 *Vatica mangachapoi*	6.044	3
	20	铁凌 *Hopea reticulata*	8.964	1
	R1	白藤 *Calamus tetradactylus*	0.416	63
	R2	多果省藤 *Calamus walkeri*	0.556	45
棕榈藤	R3	小钩叶藤 *Plectocomia microstachys*	0.212	104
	R4	杖藤 *Calamus rhabdocladus*	1.144	16
	R5	黄藤 *Daemonorops jenkinsiana*	0.444	57

3.3.2 优势种生态位宽度

对群落优势种和棕榈藤生态位宽度对比分析，Shannon–Wiener 和 Hurlbert 生态位宽度测度结果保持基本一致，部分种大小顺序有一定的颠倒，整体群落优势种群生态位宽度最大的前 3 位为乔木层青梅、阿芳和层间植物，B_i 和 B_a 测度的各林层最大优势种相同，依次为乔木层青梅、海南合欢、百足藤和益智。两种测度对棕榈藤的生态位宽度也基本一致，杖藤 > 多果省藤 > 黄藤 > 白藤 > 小钩叶藤，棕榈藤与除草本层外的各层优势种间生态位宽度相近，具有相对较高的生态位宽度，且 5 种棕榈藤间的生态位宽度差异不大（表 3–5）。

表 3–5　棕榈藤与各林层优势种的生态位宽度

林层	编号	B_i	B_a	B_i 排序	B_a 排序
草本层	1	0.677	0.039	209	199
	2	0.797	0.034	198	209
	3	0.000	0.000	251	251
	4	1.644	0.116	122	126
	5	1.107	0.063	176	176
层间植物	6	2.761	0.510	20	16
	7	2.876	0.506	9	17
	8	2.789	0.485	14	20
	9	3.041	0.726	2	2
	10	2.761	0.497	21	18
灌木层	11	2.375	0.317	58	60
	12	2.655	0.420	31	33
	13	2.927	0.590	5	8
	14	2.696	0.482	27	22
	15	2.373	0.368	59	43
乔木层	16	2.969	0.642	4	4
	17	2.460	0.327	51	57
	18	2.397	0.330	54	53
	19	3.091	0.798	1	1
	20	2.733	0.529	22	13
棕榈藤	R1	2.763	0.512	19	15
	R2	2.848	0.544	11	11
	R3	2.549	0.378	41	41
	R4	2.900	0.612	7	6
	R5	2.714	0.444	25	29

注：编号对应物种同表 3–4，下同。

3.3.3 优势种生态位相似性

棕榈藤与该群落各林层优势种相似性比例小（表 3–6）。其中，与白藤相似性比例最高的物种为灌木层铁凌、乔木层阿芳和青梅，分别为 0.2293、0.1041 和 0.1041，其他 4 种棕榈藤与优势种间的生态位相似性比例最高的前 3 种为乔木层的青梅和灌木层的铁凌和青梅。除黄藤外，与棕榈藤生态位相似性最高的层间植物与草本植物分别为百足藤和益智，黄藤与层间植物最高的为亮叶鸡血藤，为 0.0969，与百足藤的为 0.0940，二者差异不大。各林层与棕榈藤生态位相似性比例最高的物种基本一致，分别为益智、百足藤、青梅和铁凌。不同棕榈藤种生态位相似性具有一定的差异，其中杖藤与多果省藤生态位相似性比例最高，为 0.1165，其次是杖藤与黄藤，为 0.0972，小钩叶藤与其他藤间的相似性比例最小。总体来说，不同棕榈藤种生态位与林分不同层次优势种生态位相似性比例较低。

表 3–6 棕榈藤与各层优势种的生态位相似性比例

林层	编号	C_{ik}				
		R1	R2	R3	R4	R5
草本层	1	0.0087	0.0098	0.0041	0.0098	0.0087
	2	0.0104	0.0156	0.0086	0.0082	0.0093
	3	0.0038	0.0043	0.0023	0.0067	0.0024
	4	0.0224	0.0347	0.0108	0.0277	0.0325
	5	0.0123	0.0156	0.0094	0.0206	0.0127
层间植物	6	0.0797	0.0958	0.0475	0.1686	0.0969
	7	0.0851	0.1049	0.0488	0.1194	0.0886
	8	0.0788	0.0980	0.0497	0.1501	0.0895
	9	0.0959	0.1113	0.0530	0.1552	0.0940
	10	0.0348	0.0812	0.0280	0.1360	0.0591
灌木层	11	0.0929	0.1213	0.0535	0.2232	0.0953
	12	0.0677	0.0761	0.0300	0.1425	0.0631
	13	0.0895	0.1068	0.0459	0.1689	0.0813
	14	0.1036	0.1382	0.0535	0.2788	0.1079
	15	0.2293	0.2467	0.2212	0.3252	0.2414
乔木层	16	0.1041	0.1282	0.0532	0.2254	0.1062
	17	0.0708	0.0873	0.036	0.1338	0.0725
	18	0.0600	0.0776	0.0359	0.1290	0.0603
	19	0.1041	0.1388	0.0535	0.2764	0.1107
	20	0.0821	0.1175	0.0466	0.2685	0.0967
棕榈藤	R1	—	0.0823	0.0481	0.0855	0.0679
	R2	—	—	0.0493	0.1165	0.0849
	R3	—	—	—	0.0487	0.0492
	R4	—	—	—	—	0.0972

3.3.4 优势种生态位重叠

棕榈藤与各优势种间的生态位重叠程度较小，各林层优势种和棕榈藤的 L_{ik} 和 L_{ki} 值总体较低，均低于0.1，共200组，其中0~0.023的数量为139组，占总数的69.5%，0.023~0.046的数量为80组，占40.0%，大于0.046仅1组，占0.5%（表3–7）。结果表明，在群落林分各层物种中，重叠棕榈藤的生态位指数最高的物种为麦冬、亮叶鸡血藤、阿芳和铁凌。各层优势种与棕榈藤的生态位重叠与生态位宽度大小并不一致，如灌木层的青梅与棕榈藤具有最高的生态位相似性，但生态位重叠值并非最大，生态位相似程度越高并不代表生态重叠性越高。5种棕榈藤种重叠程度最大的优势种也非完全一致，如沿林层结构自下而上（草本层、灌木层、层间植物、乔木层），白藤重叠各林层生态位指数最高的物种分别为蜘蛛抱蛋、青梅、百足藤、青梅，多果省藤仅草本层与之不同，为麦冬和益智最高。而黄藤重叠各层生态位指数最高的物种分别为益智、青梅、亮叶鸡血藤、青梅，与前二者在草本层和层间植物间有明显区别。棕榈藤与其他物种间的生态位重叠程度相对较低，说明物种间的生态位分化明显，在一定程度上避免了资源的直接竞争，有利于群落资源的高效利用。

表3–7　棕榈藤与各林层优势种间的生态位重叠

林层	编号	L_{ik}					L_{ki}				
		R1	R2	R3	R4	R5	R1	R2	R3	R4	R5
草本层	1	0.003	0.006	0.004	0.009	0.004	0.020	0.045	0.019	0.069	0.022
	2	0.002	0.005	0.004	0.001	0.001	0.016	0.035	0.019	0.007	0.008
	3	0.002	0.001	0.001	0.001	0.000	0.025	0.020	0.008	0.019	0.003
	4	0.003	0.006	0.003	0.003	0.007	0.009	0.023	0.009	0.014	0.022
	5	0.005	0.003	0.005	0.005	0.001	0.027	0.018	0.019	0.029	0.006
层间植物	6	0.018	0.019	0.021	0.030	0.032	0.018	0.021	0.016	0.036	0.028
	7	0.019	0.023	0.018	0.018	0.018	0.019	0.024	0.014	0.021	0.016
	8	0.022	0.018	0.029	0.022	0.016	0.023	0.020	0.023	0.028	0.015
	9	0.032	0.032	0.031	0.034	0.031	0.023	0.025	0.017	0.029	0.020
	10	0.009	0.023	0.021	0.017	0.016	0.012	0.033	0.022	0.028	0.019
灌木层	11	0.009	0.004	0.007	0.006	0.012	0.023	0.012	0.013	0.017	0.027
	12	0.022	0.024	0.027	0.020	0.015	0.023	0.026	0.021	0.024	0.014
	13	0.018	0.011	0.016	0.011	0.018	0.028	0.018	0.019	0.020	0.024
	14	0.029	0.027	0.019	0.022	0.029	0.025	0.025	0.013	0.023	0.023
	15	0.018	0.021	0.022	0.025	0.026	0.019	0.023	0.017	0.032	0.024
乔木层	16	0.028	0.030	0.030	0.028	0.028	0.023	0.026	0.018	0.027	0.020
	17	0.012	0.016	0.014	0.011	0.009	0.018	0.025	0.016	0.020	0.012
	18	0.014	0.013	0.011	0.010	0.008	0.021	0.021	0.013	0.017	0.011

（续）

林层	编号	L_{ik}					L_{ki}				
		R1	R2	R3	R4	R5	R1	R2	R3	R4	R5
乔木层	19	0.036	0.041	0.026	0.030	0.034	0.024	0.029	0.013	0.024	0.020
	20	0.014	0.026	0.025	0.029	0.033	0.014	0.027	0.018	0.033	0.028
棕榈藤	R1	—	0.019	0.026	0.021	0.014	—	0.02	0.019	0.025	0.012
	R2	—	—	0.024	0.024	0.023	—	—	0.017	0.027	0.019
	R3	—	—	—	0.020	0.008	—	—	—	0.031	0.009
	R4	—	—	—	—	0.026	—	—	—	—	0.020

3.4 棕榈藤与群落物种的种间关系

植物群落是彼此作用的物种在空间和时间格局中形成的共同体，植物种间相互作用是群落演替和动态变化的重要驱动力，反映异质性生境或演替过程中物种协同进化所形成的联系，群落结构分化、生境异质性和扩散尺度影响种间关系格局形成。种间联结为探究种间关系的重要手段，对深入了解水平空间条件下群落演替、维持状态和机制具有重要的生态学意义。

分析方法如下：

总体关联检测 以优势种和群落所有物种为研究对象，统计物种在各样方中出现的频率，方差比率（VR）检测群落物种间的总体联结性。

$$t = \frac{\sum_{j=1}^{N} T_j}{N};\ P_i = \frac{n_i}{N};\ \delta_T^2 = \sum_{i=1}^{S} P_i(1 - P_i)$$

$$S_T^2 = \frac{1}{N}\sum_{i=1}^{S} (T_j - t)^2;\ VR = \frac{S_T^2}{\delta_T^2}$$

式中：N 为总样方数；T_j 为第 j 样方物种总和；P_i 为物种出现的样方频率；n_i 为第 i 物种出现样方数。VR 在独立零假设的条件下其期望值为 1，VR=1 表示种间无联结，$VR>1$ 表示种间正联结，$VR<1$ 则表示负联结。W（$W=VR \times N$）用于检验 VR 偏离 1 的显著程度，若 W 落入 χ^2 分布给出的界限内（$\chi^2_{0.95}$，$N<W<\chi^2_{0.05}$，N），则种间关联不显著，代表 W 在其中的概率为 90%。

物种间关联分析 基于 2×2 列联表的 χ^2 检验强调实测值与预期值间的偏差程度，采用定性数据分析种间联结性。基于 2×2 列联表的 χ^2 检验以二元数据为基础。由于非连续性取样易造成偏低估计，因此采用 Yates 的连续校正系数来校正，其公式为：

$$\chi^2 = \frac{N[\,|ad - bc| - 0.5N]^2}{(a + b)(a + c)(c + d)(b + d)}$$

式中：a 为 AB 两个物种均出现的样方数；b 为 A 物种存在 B 物种不出现的样方数；c 为 B 存在 A 不出现的样方数；d 为两个物种均不出现的样方数；N 为样方总数。通常当 $\chi^2>6.635$，即 $p<0.01$ 时，认为种间联结极显著；当 $3.841<\chi^2<6.635$ 代表种间联结显著（$0.01<p<0.05$）；当 $\chi^2<3.841$ 时代表种间联结不显著（$p>0.05$）。当 $ad<bc$ 即负联结，$ad>bc$ 即正联结。

种间关联程度 种间联结 χ^2 检验能够直观反映种间的关联性和影响程度，但该方法仅能对显著性进行分析，但不能检测不显著种对的关系，这不代表在该情况下，二者没有关联性，同时，χ^2 检验缺乏联结强度检验，使种间关联性差异不明显，因此，在此基础上，采用 *Ochiai* 指数（*OI*）来计算种间的联结程度。

$$OI = \frac{a}{(\sqrt{a+b} \times \sqrt{a+c})}$$

OI 表示种对的联结性程度和种间关系效果，为 0 与 1 之间变化的无中心指数，指数越大，种对同时出现几率越大，关联程度越高。a、b、c 与上面的表示一致。后 3 种指数值域为 0~1，理论最大关联为 1，理论无关联为 0。

3.4.1 种间整体关联性

甘什岭地区次生低地雨林优势种总体关联性的方差比率为 0.723<1，且统计量位于 χ^2 临界值之内，棕榈藤及各层优势种间表现出不显著负相关联结。在演替过程中，物种间未达到稳定共存程度，整体表现一定的不稳定，在生长进程中相互影响较小，这主要是由于棕榈藤及优势种间空间分异较大，对资源差异化利用造成的。而整体群落中物种的总体关联性方差比率为 9.140，远大于 1，统计量 W 也在 χ^2 分布临界值之外，说明整个群落处于相对稳定的状态，演替过程中物种间逐步趋于共存和稳定（表 3-8）。

表 3-8 棕榈藤及其所处群落优势种的总体联结性

类目	方差比率 VR	检验统计量 W	χ^2 临界值	结果
优势种（包括棕榈藤）	0.723	18.07	（14.61，37.65）	不显著负相关联结
群落总物种	9.140	228.50	（14.61，37.65）	极显著正相关联结

3.4.2 棕榈藤与优势种种间关联性

χ^2 统计检验对群落优势种和棕榈藤的种间关联进行分析，结果表明，168 对不显著负相关，占总体样本的 56.0%，其次为 38.0% 的不显著正相关，二者占总体的 94.0%，其中极显著相关对数最少，仅极显著负相关，约占 0.3%。以棕榈藤为分析对象，棕榈藤与优势种关联性中，不显著负相关对数最多，为 61.82%，不显著正相关种对数次之，为 32.73%，二者占总数的 94.55%，而显著正相关比例最低，占 1.82%，其中无极显著关联种对，这与群落优势种研究结果相似，该区域优势种间以及棕榈藤与优势种种间相互作用不明显，种间共同存在的概率较低（图 3-9、表 3-9）。5 种棕榈藤种与优势种间关联系，仅多果省藤与薹草显著正联结、与藤本三亚紫玉盘、灌木层青皮和乔木层阿芳有显著负联结，黄藤仅与益智有显著正联结影响，其余棕榈藤种间关联性不显著，反映了多果省藤和黄藤与薹草、三亚紫玉盘、青皮、阿芳等物种对资源和生境要求相似。不同棕榈藤种间关联性不显著，说明棕榈藤具有相对独立的生态适应性。

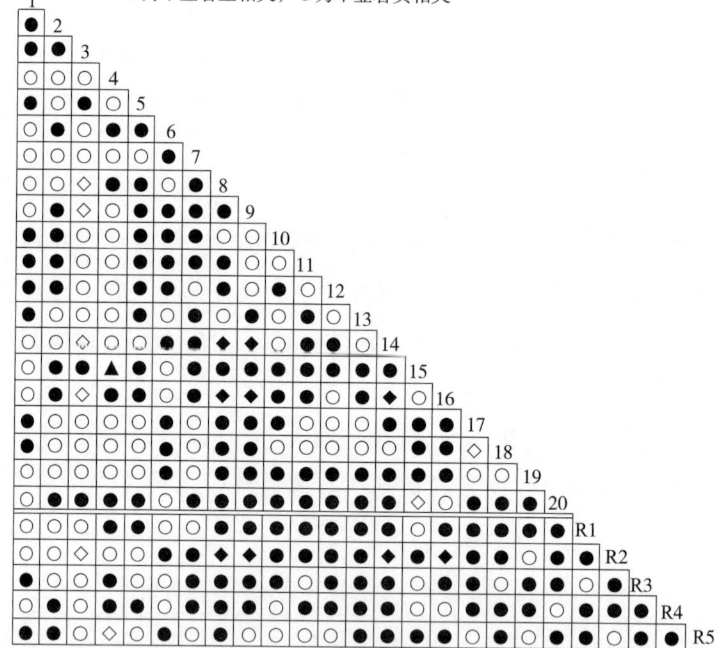

图 3-9　χ^2 统计检验半矩阵图

表 3-9　优势种及其与棕榈藤关联性检验

物种	类目	正联结			负联结		
		不显著	显著	极显著	不显著	显著	极显著
优势种（包括棕榈藤）	种对	114	8	0	168	9	1
	比例（%）	38.00	3	0.00	56.00	3.00	0.00
棕榈藤与优势种间	种对	36	2	0	68	4	0
	比例（%）	32.73	1.82	0.00	61.82	3.64	0.00

3.4.3 棕榈藤与优势种的关联程度

优势种间的两两关联程度较高，在群落中同时在同一样方中出现的几率较高，彼此相互促进。其中，*OI* 大于 0.6 对数的比例为 64.33%，大于 0.8 的对数比例为 36.33%，其次为 0.2~0.4 的对数占总数的 20.67%。棕榈藤与优势种间关联程度高，棕榈藤种间及其与优势种间关联度分析表明，*OI* 大于 0.6 的对数为 84 对，占 76.36%，大于 0.8 的对数为 41 对，占 37.27%，小于 0.2 的对数仅 2.73%（表 3–10）。

表 3–10　优势种与棕榈藤的种间关联程度

类目	项目	关联程度 *OI*				
		0 ≤ *OI*<0.2	0.2 ≤ *OI* <0.4	0.4 ≤ *OI* <0.6	0.6 ≤ *OI* <0.8	0.8 ≤ *OI* <1
优势种（包括棕榈藤）	对数	19	62	26	84	109
	比例（%）	6.33%	20.67%	8.67%	28.00%	36.33%
棕榈藤与优势种间	对数	3	16	7	43	41
	比例（%）	2.73%	14.55%	6.36%	39.09%	37.27%

第 4 章
海南低地次生雨林棕榈藤环境适应性研究

4.1 环境因子对棕榈藤分布的影响

4.1.1 棕榈藤丰富度与主要环境因子的相关性

海南低地次生雨林中，总体上棕榈藤丰富度与林地坡度、凋落物厚度、土壤容重、土壤最小持水量、土壤通气度、容重、排水能力、有机质、全氮和全钾含量均极显著相关，与坡位、林冠高度、岩石裸露度、体积含水量、毛管持水量显著相关（表 4–1）。其中影响最大的为坡度（r=–0.509），这与土壤固持和种子机械滚动传播有关，通常而言，坡度与土壤固持能力越差，加之种子凋落后在弹力作用下发生机械性翻滚，表现出坡度越大的地段棕榈藤丰富度越小。在幼苗期，棕榈藤丰富度与土壤有机质、全氮、全磷、全钾等多个环境因子有显著或极显著相关关系，其中幼苗丰富度与土壤全钾（r=0.586）和全氮（r=0.507）含量的相关关系最显著，说明该地区的棕榈藤幼苗的丰富度主要受土壤养分影响。但在分蘖期，棕榈藤丰富度与坡位、坡形、土壤最大持水量、pH 和有机质含量有显著或极显著相关性，其中对分蘖藤影响最大的因子为土壤 pH（r=0.446），由此表明，一定范围内的土壤 pH 增大可能能促进棕榈藤分蘖。而攀缘藤丰富度则仅与土壤全氮、土壤全磷以及有效磷有显著相关性，其中土壤有效磷含量对其丰富度影响最大（r=0.284）。综上表明，不同生长阶段棕榈藤丰富度的主要影响因子并不相同，但随着不断生长，所受外界环境因子的影响逐渐减小，表现出抗逆性增强。

表 4–1 棕榈藤丰富度与环境因子的相关性

环境因子	平均	幼苗期	分蘖期	攀缘期
GRD	–0.509**	–0.44**	–0.116	–0.042
ASP	–0.005	–0.036	–0.096	0.064

（续）

环境因子	平均	幼苗期	分蘖期	攀缘期
SLP	0.345*	0.327*	−0.219*	−0.142
SLF	−0.195	0.044	−0.317*	−0.198
CH	0.305*	0.345*	−0.081	−0.156
SD	0.053	0.161	−0.069	−0.069
LT	−0.414**	−0.41**	−0.164	−0.207
RC	−0.288*	−0.424**	0.011	−0.148
CD	0.09	0.17	−0.231	0.029
VW	−0.35**	−0.374**	−0.124	0.076
WC	−0.239	−0.347**	0.172	0.05
VWC	−0.293*	−0.395**	0.139	0.047
AWC	0.213	0.225	0.261*	0.091
CMC	0.28*	0.225	0.113	−0.024
IWC	0.428**	0.411**	0.015	−0.008
NCP	0.055	0.179	0.006	−0.011
CP	0.131	0.073	0.06	−0.024
TSP	0.207	0.298	0.072	−0.039
TVQ	0.363**	0.499**	−0.085	−0.061
DRA	−0.349**	−0.318*	0.167	0.074
PH	0.02	0.013	0.446**	0.23
ORM	0.366**	0.465**	−0.147	−0.219
TN	0.394**	0.507**	−0.179	−0.264*
TP	0.33	0.441**	−0.285*	−0.275*
TK	0.486**	0.586**	−0.066	−0.178
HN	0.127	0.129	−0.04	−0.223
AP	−0.086	−0.226	0.174	0.284*
AK	0.069	0.116	0.027	−0.209

注：*GRD* 为坡度、*ASP* 为坡向、*SLP* 为坡位、*SLF* 为坡形、*CH* 为林冠高度、*SD* 为林分密度、*LT* 为凋落物厚度、*RC* 为岩石裸露度、*CD* 为郁闭度、*VW* 为容重、*WC* 为含水量、*VWC* 为体积含水量、*AWC* 为最大持水量、*CMC* 为毛管持水量、*IWC* 为最小持水量、*NCP* 为非毛管孔隙、*CP* 为毛管孔隙、*TSP* 为总孔隙度、*TVQ* 为土壤通气度、*DRA* 为排水能力、*PH* 为土壤 pH、*ORM* 为有机质、*TN* 为全氮、*TP* 为全磷、*TK* 为全钾、*HN* 为水解氮、*AP* 为有效磷、*AK* 为速效钾，下同。

4.1.2 影响棕榈藤分布的主要环境因子筛选

棕榈藤种数丰富度与环境因子具有显著的相关性，可以用多元线性回归模型描述，回归模型方差分析结果为极显著（表 4-2、表 4-3）。棕榈藤不同生长阶段种数丰富度与坡度、土壤体积含水量和郁闭度负相关，与最大持水量正相关。棕榈藤幼苗期种数丰富度与全钾、最小持水量和水解氮正相关，与岩石裸露度和坡度负相关。

pH 和地形为分蘖植株模型构成因子，分蘖期丰富度与 pH 正相关，与坡形负相关，攀缘阶段丰富度回归分析结果未达到显著水平。不同生长期棕榈藤丰富度与环境因子回归分析中，剩余影响因子系数较高，反映出模型外的部分生境因子也对棕榈藤分布具有一定的影响。

表 4–2 环境因子与棕榈藤丰富度的回归方差分析

类型	模型	平方和	自由度	均方	*F* 值	*P* 值
平均	回归	0.875	4	0.219	14.786	0.000**
	残差	0.592	40	0.015		
	总计	1.467	44			
幼苗期	回归	0.917	5	0.183	13.803	0.000**
	残差	0.518	39	0.013		
	总计	1.435	44			
分蘖期	回归	0.453	2	0.226	10.407	0.000**
	残差	0.914	42	0.022		
	总计	1.367	44			

表 4–3 环境因子与棕榈藤丰富度的回归模型

类型	模型	R^2	R^2_{adj}	剩余因子 *e*
平均	Y_1=0.594–0.01×*GRD*+0.003×*AWC*–0.002×*VWC*–0.699×*CD*	0.597	0.556	0.635
幼苗期	Y_2=0.278+0.004×*TK*+0.002×*IWC*–0.003×*RC*–0.007×*GRD*+0.003×*AN*	0.639	0.593	0.601
分蘖期	Y_3=–2.483+0.588×*pH*–0.144×*SLF*	0.331	0.300	0.818

通径分析结果进一步表明自变量因子对不同生长阶段棕榈藤种类丰富度的直接作用极显著高于间接作用，但有些因子的间接作用影响较大。如不同生长阶段棕榈藤种类丰富度与郁闭度相关系数仅 0.09，直接作用系数为 –0.323，间接作用系数达 0.413，共线性作用明显。坡度、土壤体积含水量与郁闭度相关性很强，坡度越大，林分郁闭度越高，越不利于棕榈藤生长，棕榈藤种类较少。同时，棕榈藤幼苗期丰富度与全钾、最大持水量、岩石裸露度、坡度以水解氮相关性达到显著水平，其中全钾、最大持水量和水解氮对其有促进作用，岩石裸露度和坡度对其有抑制作用。坡度和岩石裸露度越大棕榈藤藤种丰富度越低，种子在扩散过程中通常通过滚动离开坡地，岩石裸露度大，土壤厚度薄，不利于种子萌发，幼苗丰富度低。全钾和水解氮含量对于幼苗生长和萌发具有较大作用，全钾和水解氮含量较高的土壤，幼苗丰富度高（表 4–4）。

表 4-4 棕榈藤丰富度主要影响因子间的通径分析

类型	自变量	简单相关系数	直接作用	间接作用					
				GRD	*IWC*	*VWC*	*CD*	—	合计
平均	*GRD*	−0.509	−0.442	—	0.018	−0.182	0.098	—	−0.066
	AWC	0.428	0.579	−0.014	—	−0.164	0.026	—	−0.152
	VWC	−0.293	−0.521	−0.155	0.182	—	0.202	—	0.229
	CD	0.09	−0.323	0.134	−0.046	0.325	—	—	0.413
幼苗期				*TK*	*IWC*	*RC*	*GRD*	*HN*	合计
	TK	0.586	0.34	—	0.063	0.087	0.138	−0.041	0.247
	AWC	0.411	0.318	0.067	—	−0.015	−0.01	0.05	0.092
	RC	−0.424	−0.329	−0.09	0.014	—	−0.051	0.031	−0.096
	GRD	−0.44	−0.314	−0.15	0.01	−0.054	—	0.067	−0.127
	HN	0.129	0.247	−0.057	0.065	−0.041	−0.085	—	−0.118
分蘖期				*PH*	*SLF*	—	—	—	合计
	PH	0.446	0.483	—	−0.037	—	—	—	−0.037
	SLF	−0.317	−0.366	0.049	—	—	—	—	0.049

棕榈藤分蘖阶段丰富度与土壤 pH 和坡形有关，直接作用的排列顺序为 pH> 坡形，直接作用系数为 0.483 和 −0.366（表 4–4）。随着 pH 的增加，分蘖阶段的棕榈藤种类增加，大多数棕榈藤更适合中性到偏酸性土壤中生长。坡形对棕榈藤的生长具有重要的影响，生长在凹地的分蘖阶段棕榈藤更多，在进行棕榈藤幼苗移植时，建议栽种在凹地或相对平坦的土地上。地形的影响对不同的棕榈藤影响不尽相同，白藤在直坡生长更为有利。

4.1.3 主要环境因子对棕榈藤丰富度的影响

棕榈藤多分布于郁闭度相对较低、土壤水分充足的平缓坡地，丰富度随坡度的增大而减小，随土壤最大含水量的增大而增大，郁闭度相对较低（<0.8）丰富度较大，体积含水量与丰富度成反比。坡度小于 10°，最大持水量为 280~320g/kg，且郁闭度小于 0.8，体积含水量 170~235g/kg 的环境条件下棕榈藤种类多，丰富度为 0.62。酸碱度和坡形对分蘖期丰富度有显著综合作用，随酸碱度的增大，分蘖阶段棕榈藤种数增多，凹地的丰富度高于直坡丰富度。土壤酸碱度为 5.25~5.5 的凹地条件下分蘖丛丰富度最大，为 0.52，这与凹地更易聚集水分、物种密度相对较低、透光性相对较好有关。幼苗期棕榈藤丰富度受坡度、全钾、最大持水量、岩石裸露度和水解氮的综合影响，随坡度、岩石裸露度的增加而减少，随土壤全钾浓度、最大持水量和水解氮浓度的增大

而增大。土壤全钾含量超过 42g/kg，最小持水量大于 140g/kg，水解氮含量超过 80mg/kg，岩石裸露度小于 40%，坡度处于 10°~20°的综合环境条件下有利于幼苗的分布，丰富度为 0.91，该环境条件适合大多数棕榈藤生长（图 4–1）。

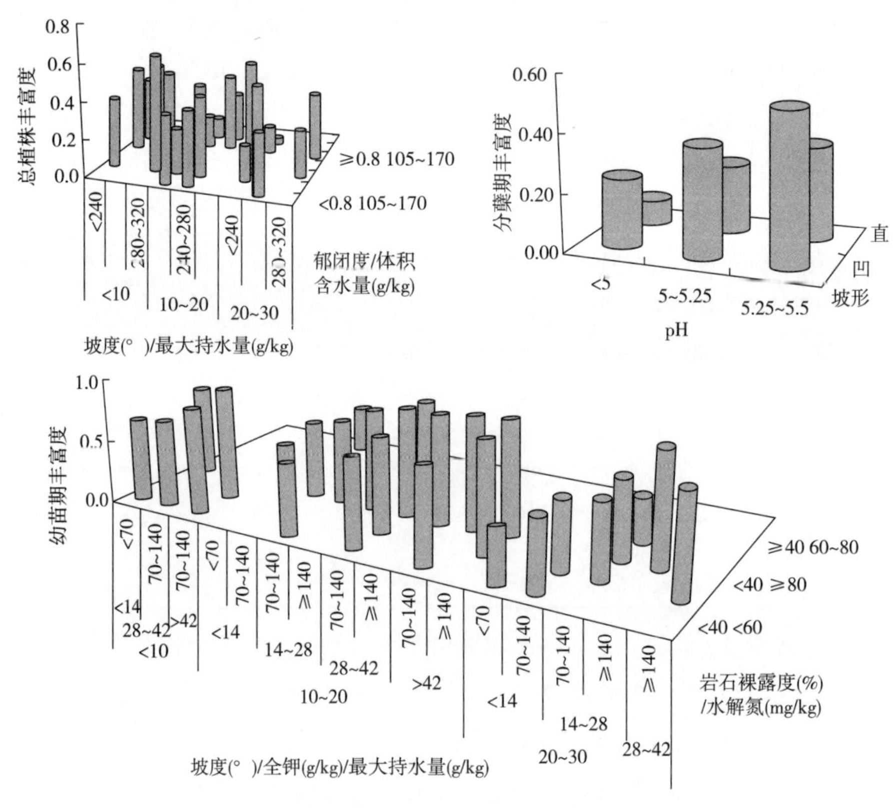

图 4–1 主要环境因子对棕榈藤各生长阶段丰富度的影响

注：图中无柱状图表示调查时无此数据。横坐标标题多个因子采用“/”间隔，表示按因子梯度由外到内排序，如图“总植株丰富度”中的坡度和最大持水量分别对应外层的 <10，10~20、20~30 的梯度和内层的 <240、240~280、280~320 梯度，下同。

4.2 环境因子对棕榈藤生长的影响

4.2.1 影响白藤的关键环境因子

白藤平均高度随凋落物厚度和土壤 pH 的增加而减小，当凋落物厚度和 pH 较小时（凋落物厚度小于 4cm，土壤 pH 小于 5）白藤平均株高相对较大，为 0.94m。幼苗高度随有效磷、凋落物厚度和 pH 的增加而减小，当土壤通气度为 20%~30%，有效磷含量低于 1mg/kg，土壤 pH 小于 5，凋落物厚度小于 4cm 时，幼苗高度达到最大值为 1.28m。总孔隙度和郁闭度对攀缘阶段藤条高生长具有抑制作用，当总孔隙度小于 35%，郁闭度小于 0.8 时，藤条高度最高为 19.5m。由此可知，白藤对土壤磷需求较低，更适合在土壤相对紧实、偏酸的区域生长。在进行白藤移植时，适当清理凋落物、疏冠和松土有利于白藤的高生长（图 4–2）。

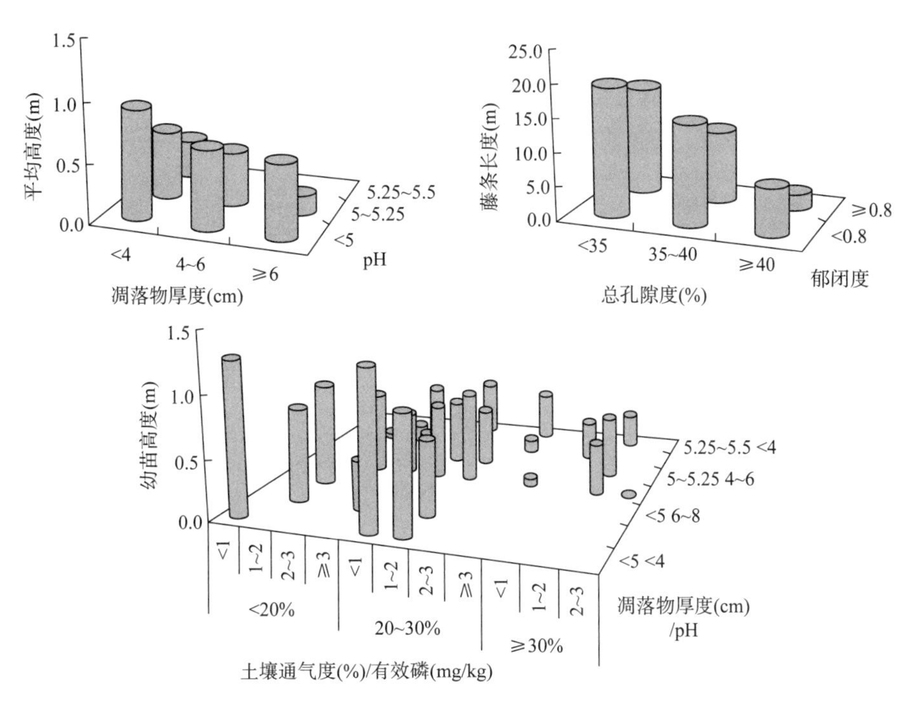

图 4–2 主要环境因子对各生长阶段白藤高度的影响

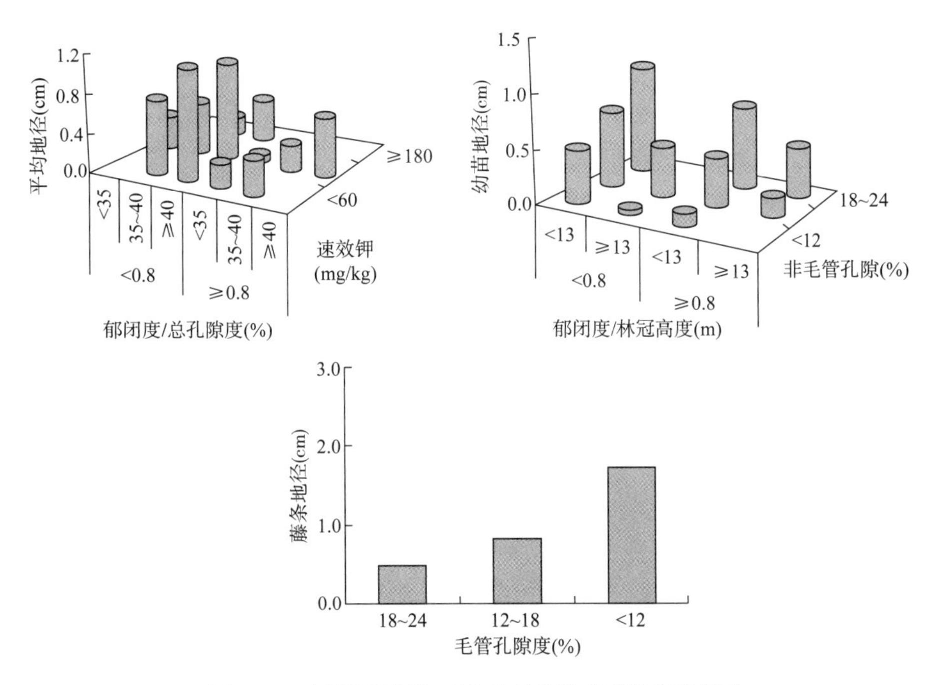

图 4–3 主要环境因子对各生长阶段白藤地径的影响

白藤平均地径随郁闭度和速效钾的增加而减小，随总孔隙度的增加而增大，当郁闭度小于0.8，总孔隙度大于40%，速效钾含量低于60mg/kg时，白藤平均地径最大，为1.11cm。非毛管孔隙度处于18%~24%，郁闭度小于0.8，冠层高度小于13m时，幼苗期白藤平均地径达到最大值，为1.04cm。在进行白藤移植时，适当疏冠和松土有利于白藤的径生长（图4–3）。

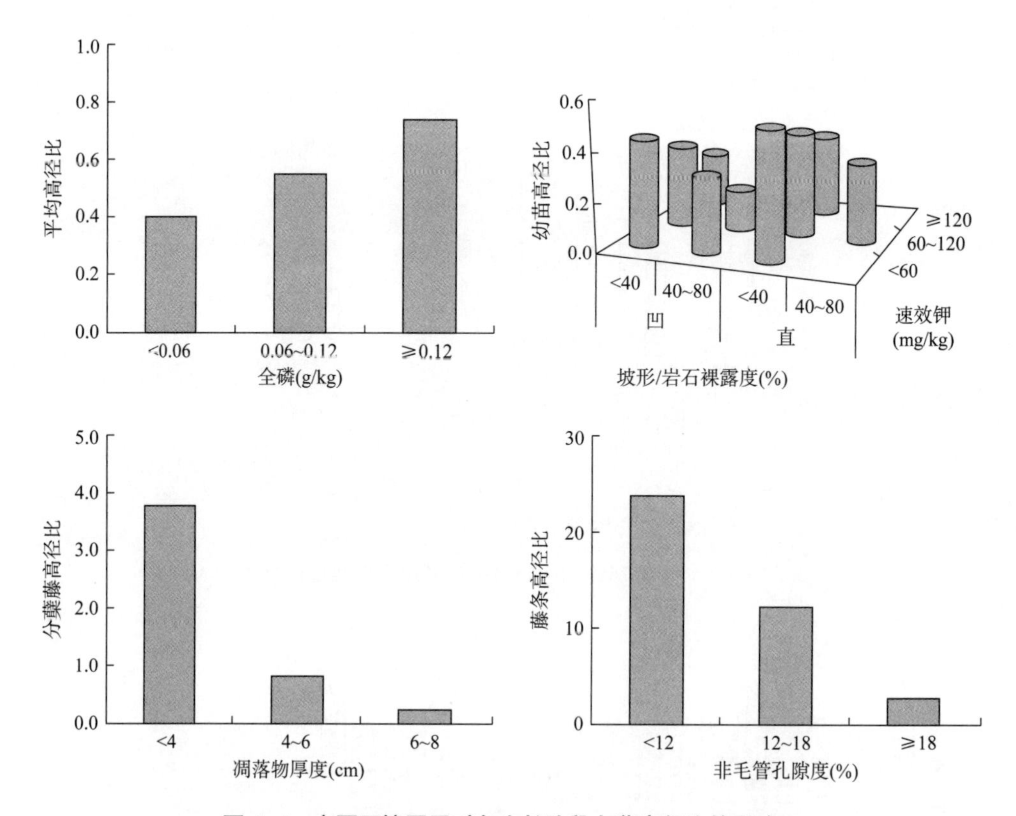

图4–4　主要环境因子对各生长阶段白藤高径比的影响

白藤高径比随全磷增大而增大，当全磷含量高于0.12g/kg时，白藤高径比最大为0.74。幼苗期高径比凹地小于直坡，与岩石裸露度和土壤速效钾呈负相关，在岩石裸露度小于40%的直坡上，速效钾含量低于60mg/kg时，白藤幼苗高径比最大，为0.51。分蘖期白藤高径比与凋落物厚度负相关，在凋落物厚度小于4cm时高径比最大为3.73，而攀缘期藤条在非毛管孔隙度小于12%时，白藤藤条生长倾向于高生长，高径比为23.64，当毛管孔隙度大于18%时，更倾向于径生长，高径比为2.56（图4–4）。

4.2.2　影响单叶省藤的关键环境因子

单叶省藤高生长与排水能力和最小持水量有关，在最小持水量较大，排水能力较弱的土壤上生长的单叶省藤高生长最快，反映了单叶省藤对水分的需求大，在低洼地段种植单叶省藤有利于单叶省藤的高生长。径生长主要受坡形和速效钾的影响，高径比与坡度、水解氮、速效钾的相关性达到显著或极显著水平，坡度、水解氮、速效钾越大，高径比越小，调节土壤氮钾含量可以促进棕榈藤的径生长（表 4–5~ 表 4–7）。

海南甘什岭自然保护区分布的单叶省藤以分蘖期为主，其他生长阶段的单叶省藤植株较少，平均高度与分蘖期植株高度与排水能力负相关，随排水能力的增加，平均高度逐渐减小，排水能力大于 12mm 时，单叶省藤高度最小为 0.57m，排水能力低于 8mm 时单叶省藤高度最大为 1.2m，单叶省藤在保水能力强的土壤上高生长最好（图 4–5）。

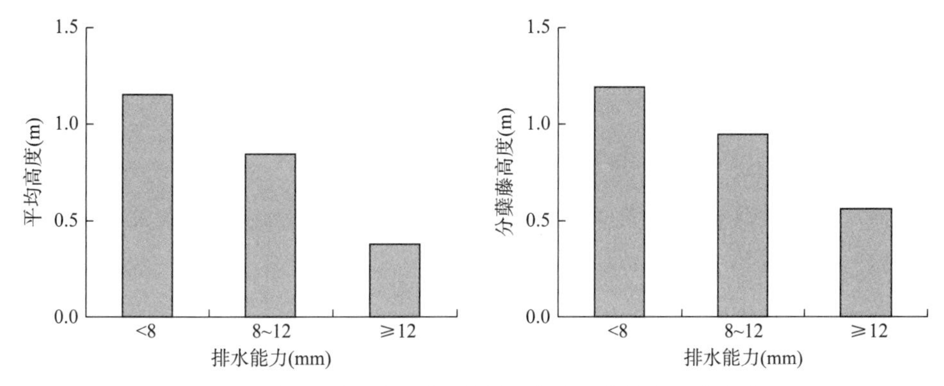

图 4–5　主要环境因子对各生长阶段单叶省藤高度的影响

单叶省藤平均高径比与最大持水量和水解氮负相关，随二者的增大而减小，在最大持水量≥ 280g/kg，水解氮≥ 80mg/kg 时单叶省藤高径比最小，平均和分蘖期高径比分别为 0.58 和 0.57。最大持水量 <240g/kg，水解氮 < 60g/kg 时单叶省藤的高径比最大，平均和分蘖期高径比分别为 1.03 和 0.99。高径比反映了单叶省藤在不同环境因子下高生长和径生长的权衡作用，最大持水量和水解氮增加时单叶省藤投入更多资源到径生长上，反之投入更多资源到高生长上（图 4–6）。

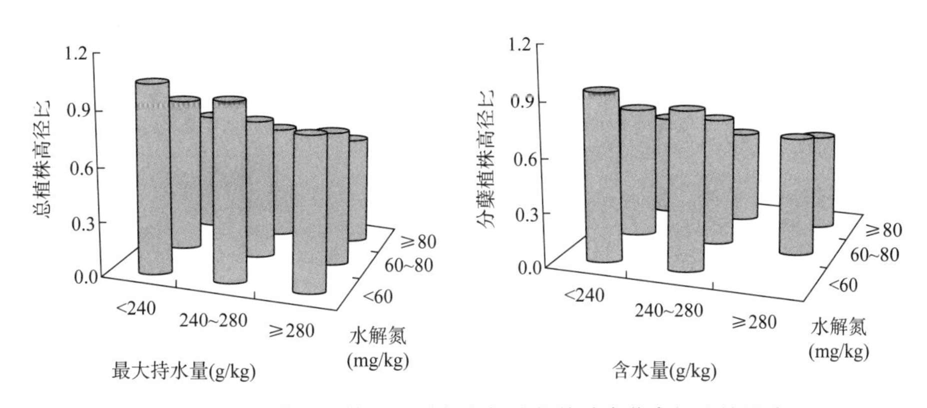

图 4–6　主要环境因子对各生长阶段单叶省藤高径比的影响

4.2.3 影响杖藤的关键环境因子

影响杖藤幼苗高生长的因子较多，其中与坡度、林分密度、最大持水量、非毛管孔隙度和总孔隙度均显著负相关，与土壤容重、速效磷含量显著正相关。径生长与最大持水量和总孔隙度显著正相关，影响杖藤高径比的因子有15种。综合考虑影响高生长和径生长的因子，林分密度较低的平缓环境对杖藤高生长有利，增大持水量和总孔隙度有利于杖藤径生长（表4–5~表4–7）。

杖藤高生长随着土壤最大持水量的增加而降低，当最大持水量<240g/kg时，杖藤平均高度最大为0.88m。攀缘期藤条高度与土壤全钾含量呈正比，全钾含量≥42g/kg时，藤条高度最大为22.14m，土壤钾含量对幼苗期和分蘖期杖藤高生长影响不显著。杖藤在不同生长阶段对环境的适应性有很大的差异，适当施用钾肥能促进藤条伸长生长（图4–7）。

杖藤地径与pH、最大持水量正相关，最大持水量大于280mg/kg，pH为5.25~5.5的环境条件下，杖藤平均地径最大为1.1cm；冠层高度与攀缘期杖藤地径呈反比，冠层高度高，杖藤地径小。在进行杖藤移植时，应选择林冠冠层相对低的区域以促进杖藤地径生长（图4–8）。

影响杖藤高径比的因子较多，生长在上坡位和中坡位的杖藤高径比要高于下坡位，容重≥1.55kg/m^{3}立地高径比要高于容重<1.55kg/m^{3}环境上的。杖藤高径比与全磷成反比，容重≥1.55kg/m^3，全磷<0.06g/kg的上坡位，藤高径比最大，环境因子对杖藤高生长促进作用显著。幼苗期杖藤高径比与凋落物厚度成正比，与毛管持水量、土壤氮含量成反比，当凋落物厚度6~8cm，毛管持水量小于150mg/kg，全氮含量小于0.6g/kg，幼苗高径比达到最大。当凋落物厚度小于4cm，毛管持水量高于200~250mg/kg，全氮含量大于1.2g/kg，幼苗高径比最小（图4–9）。

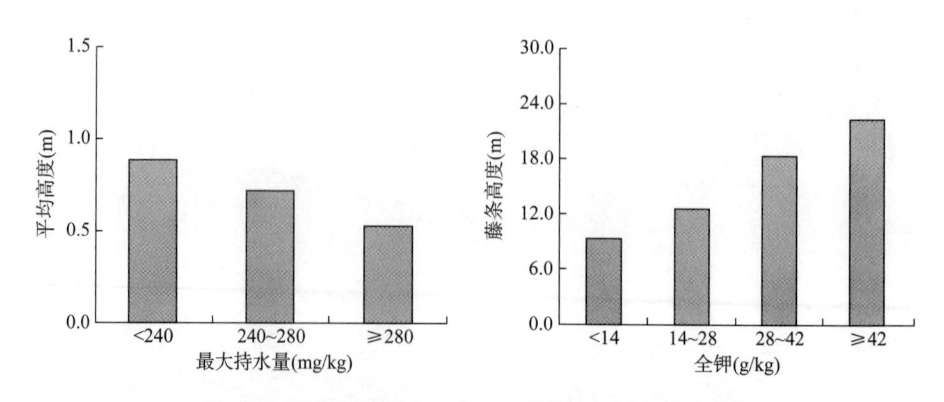

图4–7 主要环境因子对各生长阶段杖藤高度的影响

表 4–5　棕榈藤高度与环境因子间的相关性

因子	Ct_1	Ct_2	Ct_3	Ct_4	Cf_1	Cf_2	Cf_3	Cf_4	Cs_1	Cs_3	Cr_1	Cr_2	Cr_3	Cr_4	Dj_1	Dj_2	Dj_3	Dj_4	Pm
GRD	−0.066	0.013	−0.109	0.360	0.224	0.150	0.166	−0.293	−0.508	0.215	−0.165	−0.265*	−0.047	−0.340	−0.191	−0.206	−0.005	−0.062	0.115
ASP	−0.130	−0.097	—	—	0.109	−0.013	0.168	−0.380	0.391	0.010	−0.021	0.138	0.151	−0.336	0.006	−0.119	−0.062	−0.494	−0.205
SLP	0.178	−0.102	0.399	−0.291	−0.373**	−0.331*	−0.186	0.252	0.371	−0.042	−0.060	0.371	−0.322	0.420	0.027	0.241	−0.031	−0.449	−0.110
SLF	0.105	0.076	—	—	0.124	0.239	0.121	−0.099	−0.723	0.012	−0.177	−0.197	−0.364	0.047	−0.515**	−0.048	−0.547*	−0.003	−0.152
CH	−0.071	0.148	−0.124	−0.797*	−0.006	0.048	0.078	0.460	0.649	0.501	−0.004	0.165	−0.388*	0.722	−0.291*	0.170	−0.541*	−0.091	−0.211
SD	−0.047	−0.024	−0.619*	−0.441	0.013	0.323*	−0.121	−0.037	0.088	0.438	0.181	−0.285*	0.104	−0.629	−0.506**	−0.365*	−0.585*	−0.243	0.191
LT	−0.184	0.026	−0.559*	−0.344	0.131	0.029	−0.006	−0.187	0.099	0.662	−0.057	0.021	−0.188	−0.044	−0.231	0.031	−0.265	−0.104	0.138
RC	−0.281	−0.261	0.127	0.143	−0.146	−0.253	−0.337	−0.076	0.466	0.439	0.016	0.120	−0.227	0.110	0.312*	0.352*	0.243	−0.170	0.438*
CD	−0.151	−0.222	0.142	−0.399	0.220	0.269*	0.139	0.302	0.535	0.437	0.048	0.242	−0.235	0.627	−0.229	0.100	−0.091	0.157	−0.185
VW	−0.024	−0.075	0.454	0.312	−0.073	−0.332*	0.039	−0.230	−0.208	0.176	0.001	0.302*	0.000	−0.112	0.124	0.144	0.140	−0.112	0.333
WC	−0.065	0.071	0.075	0.332	−0.087	−0.199	−0.076	0.097	0.185	0.140	−0.075	−0.063	0.194	−0.397	0.278*	0.080	0.181	−0.078	0.247
VWC	−0.059	0.053	0.178	0.386	−0.118	−0.238	−0.103	0.034	0.112	0.116	−0.067	−0.008	0.173	−0.457	0.284*	0.090	0.205	−0.109	0.278
AWC	−0.098	0.017	−0.095	−0.208	0.083	0.299*	0.000	0.280	0.229	−0.043	−0.001	−0.422**	0.236	−0.109	−0.021	−0.071	−0.028	0.031	0.060
CMC	−0.064	−0.055	0.178	0.235	−0.242	−0.181	−0.088	0.277	0.468	0.454	−0.014	−0.161	0.278	−0.264	0.022	0.036	−0.098	−0.271	0.216
IWC	−0.163	−0.049	0.128	0.313	−0.075	0.010	0.075	0.434	0.793*	0.849*	−0.005	−0.174	0.191	0.140	−0.273	0.097	−0.264	−0.511	0.200
NCP	0.010	0.068	−0.598*	−0.892**	0.172	0.465**	0.021	−0.040	−0.380	−0.456	0.099	−0.265*	0.102	−0.066	−0.280*	−0.246	−0.257	0.157	−0.139
CP	−0.077	−0.064	0.468	0.501	−0.299*	−0.285*	−0.125	0.201	0.299	0.376	−0.004	−0.056	0.261	−0.395	0.060	0.076	−0.079	−0.317	0.317
TSP	−0.051	0.019	−0.456	−0.969**	−0.116	0.263*	−0.139	0.207	0.115	0.192	0.116	−0.387**	0.337	−0.290	−0.291*	−0.232	−0.508*	−0.168	0.234
TVQ	0.022	−0.035	−0.414	−0.846	0.046	0.346*	0.030	0.092	−0.110	−0.092	0.120	−0.188	0.074	0.127	−0.420**	−0.208	−0.388	0.037	−0.165
DRA	0.063	0.033	−0.105	−0.531	0.130	0.157	−0.072	−0.361	−0.820*	−0.907*	0.002	−0.107	0.012	−0.217	0.234	−0.142	0.201	0.201	−0.108
PH	−0.527**	−0.612**	0.135	0.396	0.112	0.271	−0.166	0.240	−0.476	−0.404	0.138	−0.203	0.273	−0.142	0.213	0.050	0.284	0.093	0.045
ORM	−0.021	0.105	−0.598*	−0.349	0.001	0.361**	−0.001	0.041	0.287	0.388	0.040	−0.253	0.000	0.041	−0.522**	−0.246	−0.403	0.239	−0.113
TN	−0.044	0.067	−0.606*	−0.424	−0.060	0.328**	−0.019	0.074	0.230	0.409	0.037	−0.242	−0.018	0.139	−0.553**	−0.214	−0.454	0.223	−0.141
TP	0.133	−0.140	0.572*	0.430	−0.205	0.060	0.023	0.171	0.297	0.413	−0.048	−0.063	−0.167	0.130	−0.438**	0.006	−0.557*	0.069	0.238
TK	−0.069	0.013	−0.481	−0.598	0.033	0.244	0.142	0.477	0.256	0.438	0.096	−0.033	−0.032	0.901*	−0.301*	0.062	−0.496	−0.134	−0.459*
HN	−0.206	−0.025	0.017	0.444	−0.285*	−0.143	−0.229	−0.441	−0.262	0.397	−0.142	−0.150	−0.128	−0.072	−0.121	−0.018	−0.086	0.570	0.168
AP	−0.235	−0.456*	0.490	0.095	−0.152	−0.251	−0.246	−0.268	0.135	−0.188	−0.068	0.300*	−0.004	−0.206	0.412	0.306*	0.475	−0.292	0.275
AK	−0.173	−0.012	−0.275	0.338	−0.069	0.071	−0.064	−0.049	−0.133	0.551	−0.018	−0.143	−0.141	−0.069	−0.187	0.035	−0.272	0.606	0.028

注：Ct 为白藤，Cf 为多果省藤，Cs 为单叶省藤，Cr 为杖藤，Dj 为黄藤，Pm 为小钩叶藤；1 为总植株，2 为幼苗，3 为分蘖丛，4 为分蘖植株，5 为藤条，下同。

表 4-6　棕榈藤地径与环境因子的相关性

因子	Ct_1	Ct_2	Ct_3	Ct_4	Cf_1	Cf_2	Cf_3	Cf_4	Cs_1	Cs_3	Cr_1	Cr_2	Cr_3	Cr_4	Dj_1	Dj_2	Dj_3	Dj_4	Pm
GRD	0.258	0.254	−0.05	−0.586	0.223	0.24	−0.114	0.255	−0.397	0.518	0.058	0.038	−0.274	−0.066	−0.193	−0.127	0.078	−0.557	0.187
ASP	−0.107	−0.064	—	—	0.072	−0.054	0.364*	−0.453	0.18	−0.364	−0.081	−0.149	0.267	0.195	0.112	0.003	0.079	0.48	−0.136
SLP	−0.381*	−0.398*	0.453	0.445	−0.354*	−0.373**	0.271	−0.783**	0.305	−0.167	−0.116	−0.019	0.039	0.362	0.079	0.263	−0.126	0.783**	−0.232
SLF	0.053	0.015	—	—	−0.076	0.047	−0.318	−0.122	−0.731*	—	−0.115	−0.022	−0.266	0.397	−0.549**	−0.057	−0.695**	−0.478	−0.055
CH	−0.325*	−0.339*	0.431	0.283	−0.077	−0.045	0.127	0.042	0.687	0.564	−0.085	0.107	−0.461*	−0.054	−0.345*	−0.045	−0.68**	−0.327	−0.185
SD	0.304	0.255	−0.522	0.678	−0.054	0.299*	−0.43*	0.23	0.076	0.429	0.098	0.064	−0.213	−0.262	−0.593**	−0.343*	−0.827**	−0.64*	0.350*
LT	−0.063	−0.051	0.291	0.381	0.151	0.08	−0.107	−0.081	0.088	0.658	−0.081	0.054	−0.239	0.149	−0.158	0.031	−0.01	−0.207	0.099
RC	−0.013	−0.022	0.331	−0.72	−0.043	−0.171	−0.375*	0.182	0.424	0.378	−0.076	−0.017	−0.158	−0.134	0.46**	0.416**	0.53*	0.026	0.159
CD	−0.447**	−0.473**	0.632*	0.663	0.104	0.116	0.025	−0.13	0.7	0.696	−0.21	0.016	−0.369	−0.082	−0.384**	−0.109	−0.474	−0.63	−0.094
VW	0−.091	0−.041	−0.379	0.101	−0.042	−0.258*	0.067	−0.325	−0.378	−0.093	−0.144	−0.189	−0.068	0.231	0.108	0.258	−0.105	−0.131	0.205
WC	0.209	0.221	−0.012	−0.89	−0.002	−0.086	0.027	−0.132	0.143	0.078	0.111	0.047	0.077	−0.482	0.421**	0.263	0.468	0.409	0.169
VWC	0.168	0.185	−0.14	−0.785*	−0.03	−0.121	0.012	−0.218	0.049	0.023	0.092	0.024	0.054	−0.418	0.419**	0.298*	0.453	0.348	0.184
AWC	0.357*	0.271	0.42	−0.701	0.065	0.285*	0.018	0.204	0.338	0.122	0.367**	0.302*	0.246	−0.335	0.071	−0.064	0.298	0.389	0.147
CMC	0.296	0.239	0.342	−0.840*	−0.226	−0.149	0.087	−0.185	0.363	0.3	0.15	0.143	0.225	−0.438	0.219	0.264	0.211	0.082	0.164
IWC	0.145	0.107	0.248	−0.804*	−0.166	−0.067	0.069	−0.287	0.669	0.663	0.01	0.027	−0.07	−0.32	−0.163	0.158	−0.104	−0.478	0.219
NCP	0.345*	0.287	0.211	0.715	0.128	0.416**	−0.096	0.42	−0.225	−0.233	0.215	0.187	0.075	−0.227	−0.382**	−0.367*	−0.404	0.16	−0.032
CP	0.242	0.217	0.133	−0.966**	−0.275*	−0.236	0.05	−0.34	0.168	0.188	0.089	0.063	0.172	−0.386	0.248	0.365	0.166	−0.05	0.224
TSP	0.552**	0.471**	0.438	0.207	−0.145	0.257*	−0.062	0.119	0.042	0.087	0.365**	0.3*	0.23	−0.428	−0.217	−0.073	−0.404	0.214	0.252
TVQ	0.157	0.098	0.375	0.641	−0.046	0.238	−0.043	0.293	−0.05	−0.005	0.099	0.13	0.099	−0.044	−0.509**	−0.322*	−0.57*	−0.226	−0.061
DRA	0.285	0.235	−0.018	0.548	0.22	0.244	−0.054	0.51	−0.68	−0.699	0.261	0.201	0.229	−0.298	0.226	−0.146	0.29	0.549	−0.087
PH	−0.149	−0.192	−0.351	−0.684	0.077	0.135	−0.185	0.423	−0.448	−0.362	0.341**	0.091	0.286	−0.123	0.195	0.147	0.128	0.502	0.114
ORM	0.109	0.076	0.037	−0.295	−0.068	0.234	−0.031	0.153	0.351	0.487	0.027	0.103	−0.148	−0.145	−0.593**	−0.292*	−0.52*	−0.481	0.088
TN	0.102	0.06	0.161	−0.282	−0.147	0.17	−0.039	0.12	0.299	0.517	0.046	0.143	−0.163	−0.062	−0.606**	−0.255	−0.541*	−0.458	0.037
TP	0.06	0.016	−0.27	−0.142	−0.277*	−0.013	−0.028	0.236	0.354	0.502	−0.044	0.142	−0.072	0.134	−0.371*	0.037	−0.495	−0.383*	0.245
TK	−0.191	−0.215	0.573*	0.387	−0.157	−0.026	0.027	−0.034	0.239	0.42	−0.006	0.08	0.034	0.127	−0.368*	−0.194	−0.598*	−0.297	−0.303
HN	−0.123	−0.141	−0.048	−0.860*	−0.249	−0.208	−0.021	−0.2	−0.149	0.631	0.022	0.051	−0.045	0.479	−0.003	0.227	0.049	−0.184	0.301
AP	−0.25	−0.261	−0.153	−0.256	−0.04	−0.206	0.086	0.036	0.023	−0.37	0.088	0.058	0.05	0.112	0.486**	0.462**	0.419	−0.165	0.107
AK	−0.119	−0.127	−0.441	−0.736*	−0.088	−0.022	−0.106	0.021	0.001	0.813*	0.009	0.11	−0.305	0.037	−0.039	0.286*	−0.111	−0.179	0.176

表 4-7　棕榈藤高径比与环境因子的相关性

因子	Ct$_1$	Ct$_2$	Ct$_3$	Ct$_4$	Cf$_1$	Cf$_2$	Cf$_3$	Cf$_4$	Cs$_1$	Cs$_3$	Cr$_1$	Cr$_2$	Cr$_3$	Cr$_4$	Dj$_1$	Dj$_2$	Dj$_3$	Dj$_4$	Pm
GRD	0.084	−0.032	−0.087	0.408	0.317*	0.223	0.355	−0.039	−0.904**	−0.959**	0.323*	0.315*	0.024	−0.295	−0.127	0.053	0.002	0.601	0.001
ASP	−0.267	−0.093	—	—	0.221	0.299*	0.039	0.524*	0.83*	0.762	−0.037	−0.016	0.117	−0.344	0.014	−0.025	−0.07	−0.749*	−0.075
SLP	0.064	0.022	0.344	−0.326	−0.276*	−0.045	−0.351	0.723**	0.724	0.61	−0.375**	−0.24	−0.189	0.385	−0.129	−0.282*	−0.062	−0.684*	0.045
SLF	0.319*	0.343*	—	—	0.11	0.104	0.168	0.197	−0.538	—	0.013	0.13	−0.202	−0.008	−0.537**	−0.242	−0.409	0.647	−0.254
CH	−0.174	−0.069	−0.181	−0.812*	−0.194	−0.327*	−0.045	−0.138	0.06	−0.266	−0.456**	−0.365**	−0.315	0.707	−0.298*	−0.098	−0.427	0.195	0.021
SD	0.151	0.064	−0.587*	−0.476	−0.168	−0.122	−0.088	−0.203	−0.409	−0.319	0.158	−0.128	0.159	−0.667	−0.358*	−0.015	−0.383	0.412	−0.149
LT	−0.309*	−0.136	−0.697*	−0.566	0.279*	0.305*	0.15	0.133	−0.719	−0.639	0.248	0.544**	−0.136	0.02	−0.256	−0.094	−0.209	−0.138	0.014
RC	−0.035	−0.281	0.144	0.256	−0.036	0.025	−0.213	−0.226	−0.095	−0.272	0.05	0.174	−0.241	0.01	0.237	−0.023	0.245	−0.523	0.122
CD	−0.013	−0.07	−0.016	−0.623	0.026	−0.163	0.122	−0.008	−0.254	−0.558	−0.266*	−0.175	0.01	0.613	−0.142	0.031	0.001	0.714*	−0.076
VW	−0.123	0.102	0.533	0.343	0.228	0.327*	0.08	0.244	0.351	0.775	0.373**	0.403**	0.38*	−0.156	0.074	−0.339*	0.348	−0.105	−0.174
WC	−0.032	−0.035	0.132	0.468	0.123	0.264*	−0.04	0.265	0.165	0.119	0.191	0.2	0.073	−0.308	0.185	−0.044	0.041	−0.657	0.098
VWC	−0.045	0.002	0.268	0.535	0.139	0.32*	−0.059	0.332	0.208	0.218	0.248	0.259*	0.151	−0.387	0.187	−0.111	0.109	−0.659	0.07
AWC	0.342*	−0.11	−0.09	−0.072	−0.097	−0.112	−0.039	−0.07	−0.289	−0.609	−0.183	−0.271*	−0.222	−0.036	−0.007	0.33*	−0.255	−0.145	0.037
CMC	0.304	−0.266	0.175	0.328	−0.212	−0.037	−0.138	0.289	0.034	−0.105	−0.204	−0.278*	−0.032	−0.173	−0.054	−0.032	−0.233	−0.486	0.194
IWC	0.214	−0.331*	0.097	0.336	−0.14	−0.068	0	0.332	0.09	−0.111	−0.241	−0.39**	0.129	0.227	−0.255	−0.044	−0.291	−0.123	0.076
NCP	0.065	0.118	−0.629*	−0.909**	−0.111	−0.221	−0.013	−0.39	−0.157	−0.128	−0.084	−0.153	−0.162	−0.025	−0.18	0.242	−0.282	0.451	−0.1
CP	0.199	−0.175	0.527	0.64	−0.145	0.107	−0.147	0.424	0.114	0.100	−0.053	−0.126	0.141	−0.337	−0.037	−0.19	−0.133	−0.518	0.143
TSP	0.227	−0.02	−0.449	−0.857*	−0.299*	−0.156	−0.214	0.031	0.019	0.038	−0.163	−0.331*	−0.073	−0.215	−0.269	0.103	−0.621	0.073	0.056
TVQ	0.162	−0.013	−0.476	−0.875*	−0.276*	−0.366**	−0.051	−0.317	−0.258	−0.266	−0.31*	−0.405**	−0.158	0.133	−0.317*	0.16	−0.347	0.588	−0.043
DRA	0.18	0.279	−0.035	−0.434	0.102	0.027	−0.017	−0.447	−0.136	0.038	0.182	0.302*	−0.269	−0.166	0.213	0.273	0.068	−0.096	−0.072
PH	0.219	−0.301	0.199	0.499	−0.052	−0.081	−0.137	−0.509	0.366	0.646	0.255	0.05	0.093	−0.239	0.287*	0.278	0.319	0.099	−0.22
ORM	0.008	−0.198	−0.618*	−0.331	−0.308*	−0.298*	−0.105	−0.168	−0.454	−0.555	−0.309*	−0.383**	−0.194	0.072	−0.333*	0.215	−0.298	0.57	−0.141
TN	0.026	−0.247	−0.629*	−0.39	−0.352*	−0.305*	−0.121	−0.124	−0.552	−0.61	−0.347*	−0.398**	−0.219	0.176	−0.382**	0.196	−0.358	0.536	−0.085
TP	0.419*	−0.108	0.676*	0.544	−0.414**	−0.369**	−0.103	−0.175	−0.547	−0.659	−0.501**	−0.412**	−0.42	0.133	−0.415**	0.069	−0.649	0.436	0.018
TK	−0.16	−0.235	−0.641*	−0.744*	−0.271*	−0.389**	0.022	−0.091	−0.356	−0.382	−0.387**	−0.39**	−0.239	0.88*	−0.231	0.215	−0.487	0.584	0.071
HN	0.04	−0.285	0.106	0.548	−0.139	0.145	−0.156	0.327	−0.973**	−0.973**	−0.14	−0.043	−0.157	0.008	−0.105	0.051	−0.086	0.153	−0.106
AP	0.132	−0.115	0.601*	0.271	0.027	0.173	−0.265	−0.178	0.294	0.131	0.14	0.137	0.362	−0.199	0.44	0.086	0.59	−0.337	−0.038
AK	−0.013	−0.401*	−0.157	0.579	0.006	0.197	−0.005	0.325	−0.876*	−0.821*	0.001	0.088	−0.141	−0.018	−0.154	0.212	−0.363	0.343	0.014

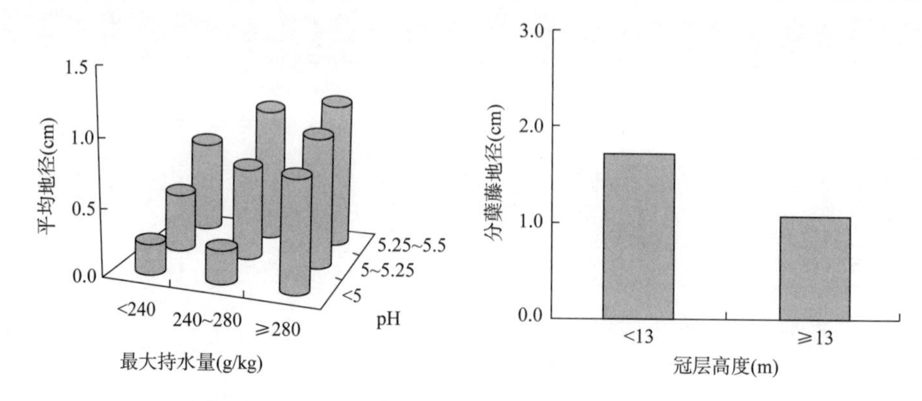

图 4-8　主要环境因子对各生长阶段杖藤地径的影响

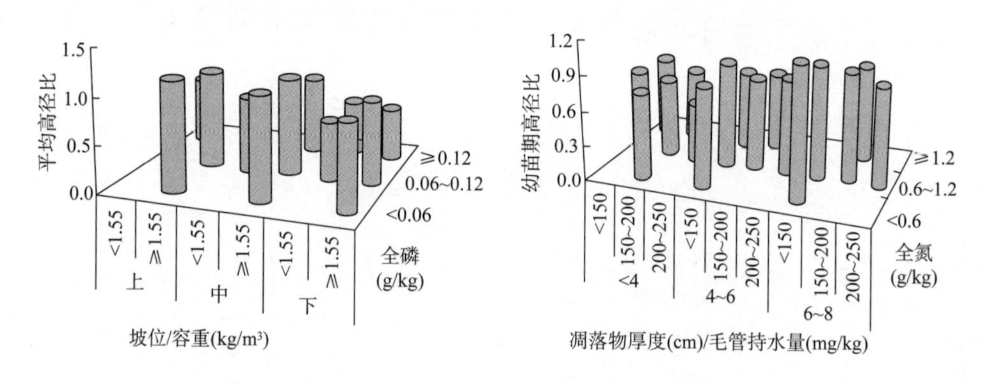

图 4-9　主要环境因子对各生长阶段杖藤高径比的影响

4.2.4　影响黄藤的关键环境因子

黄藤的高生长与坡形、林分密度、土壤通气度、非毛管孔隙度、总孔隙度、有机质、全氮、全磷和全钾有极显著负相关关系，与岩石裸露度、含水量和体积含水量显著正相关。林分密度对黄藤幼苗具有显著的负面影响，岩石裸露度和有效磷含量与黄藤幼苗高生长显著正相关，分蘖期黄藤高生长与坡形、林冠高度、林分密度、总孔隙度和全磷显著负相关，对攀缘期藤条的高生长影响不显著。棕榈藤幼苗地径的影响因子较多，其中林分密度、岩石裸露度、体积含水量、非毛管孔隙、通气度、有机质、有效磷与其显著或极显著负相关。分蘖阶段黄藤高生长的主导因子主要包括坡形、林冠高度、林分密度和土壤全磷含量。径生长与土壤有机碳、全氮、全钾显著负相关，与坡位极显著正相关（表 4–5~ 表 4–7）。

幼苗期和分蘖期黄藤的高生长随林分密度的增加而降低，在林分密度小于 7000 株 /hm^2 的环境中，二者的高度分别为 0.38m 和 2.78m。不同生长阶段黄藤平均高度分析表明，容重小于 1.55kg/m^3，最小持水量为 70~140g/kg，全磷含量低于 0.06g/kg

的凹地区域黄藤的高度最大为 3.3m，疏伐、松土对黄藤高生长具有明显的促进作用（图 4–10）。

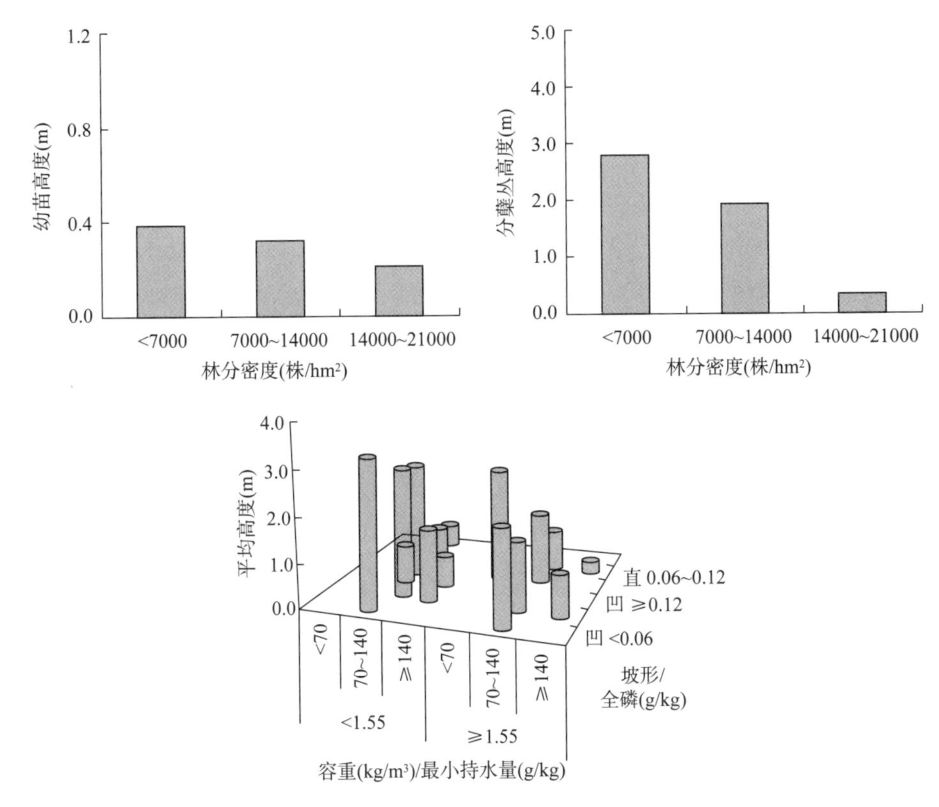

图 4–10 主要环境因子对各生长阶段黄藤高度的影响

黄藤平均地径与土壤容重、全磷呈反比，有效磷呈正比，容重小于 1.55kg/m^3，全氮含量低于 0.06g/kg，有效磷含量为 18~24mg/kg 时黄藤平均地径最大为 1.73cm；幼苗期黄藤地径与有效磷、速效钾呈正比，有效磷≥ 3mg/kg 和速效钾 60~120mg/kg 时幼苗地径达最大为 0.55cm。分蘖期黄藤地径随林分密度的增加而减小，林分密度小于 7000 株 /hm^2 时地径生长最大为 1.91cm。攀缘期黄藤藤条地径受坡位、林分密度和土壤全磷的影响较大，地径随坡位下降而增大，随林分密度增加而减小，随全磷增大而增大，在林分密度小于 7000 株 /hm^2，全磷含量大于 0.12g/kg 的下坡位生长的黄藤藤茎。适当增施磷肥和钾肥可有效促进黄藤幼苗地径生长，疏伐能促进分蘖期黄藤地径生长（图 4–11）。

生长在凹地的黄藤平均高径比大于生长在直坡的黄藤，黄藤平均高径比随最小持水量和全磷的增大而减小。在最小持水量小于 70g/kg，全磷含量小于 0.06g/kg 的凹地环境下生长的黄藤平均高径比最大，黄藤分配更多的资源用于高生长。在最小持水量大于 140g/kg，全磷含量超过 0.12g/kg 的直型坡生长的黄藤分配更多资源用于径生

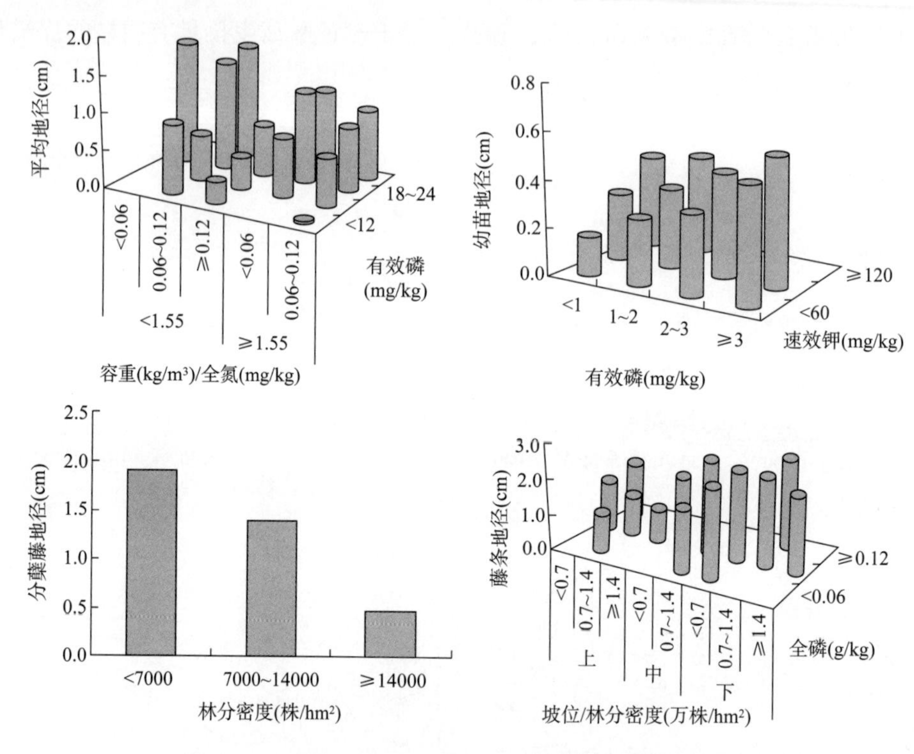

图 4-11 主要环境因子对各生长阶段黄藤地径的影响

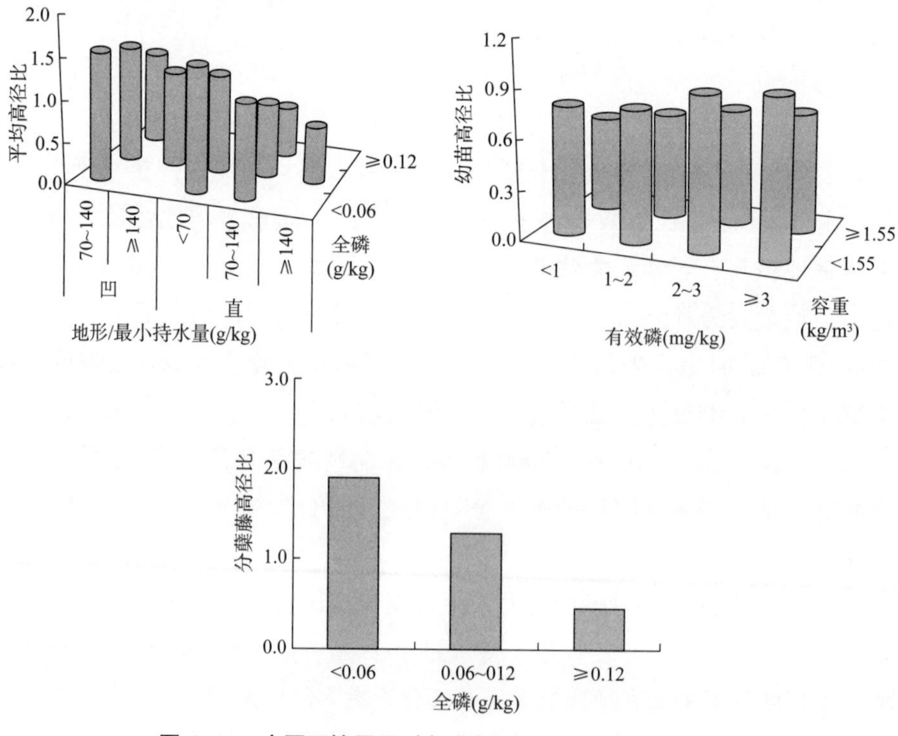

图 4-12 主要环境因子对各生长阶段黄藤高径比的影响

长。幼苗期高径比与土壤有效磷和容重有关，随有效磷的增加而增大，随容重的增加而减小，在有效磷含量大于 3.0mg/kg、容重大于 1.55kg/m^3 的环境中生长的黄藤幼苗地径生长更迅速。分蘖期黄藤地径与全磷有关，随全磷的增大而减小，在全磷含量小于 0.06g/kg 的环境中生长的黄藤地径最大为 1.88cm（图 4-12）。

4.2.5 影响多果省藤的关键环境因子

多果省藤幼苗高生长与林冠高度呈极显著负相关，与毛管孔隙和水解氮正相关，与多果省藤径生长相关性高的因子与高生长影响因子相似，高径比与坡度、凋落物厚度显著正相关，与坡形、土壤通气度和含水量、土壤有机质、全氮、全磷和全钾显著负相关。分蘖期多果省藤高生长受环境因子影响不显著，地径与坡向正相关、与岩石裸露度和林分密度显著负相关，分蘖期多果省藤对该区域生境的适应性能力较强，在生长上偏向于垂直空间伸展。攀缘期棕榈藤藤条与坡位极显著负相关、高径比与坡向和坡位显著正相关，多果省藤藤茎在高生长上受环境因子影响较小，地径生长受林分密度制约（表 4-5~ 表 4-7）。

上坡位生长的多果省藤平均高度大于中、下坡位生长的多果省藤，多果省藤平均高度随郁闭度的增加而增大，随水解氮的增大而减小。在郁闭度大于 0.8 的上坡位，水解氮含量小于 60mg/kg 的区域生长的多果省藤平均高度最大为 1.88m。幼苗期多果省藤高度随非毛管孔隙度的增加而增加，非毛管孔隙度大于 18% 的立地，幼苗高度最大为 0.64m。在种植多果省藤时可选择林分密度较高的上坡位，适当松土促进幼苗高生长（图 4-13）。

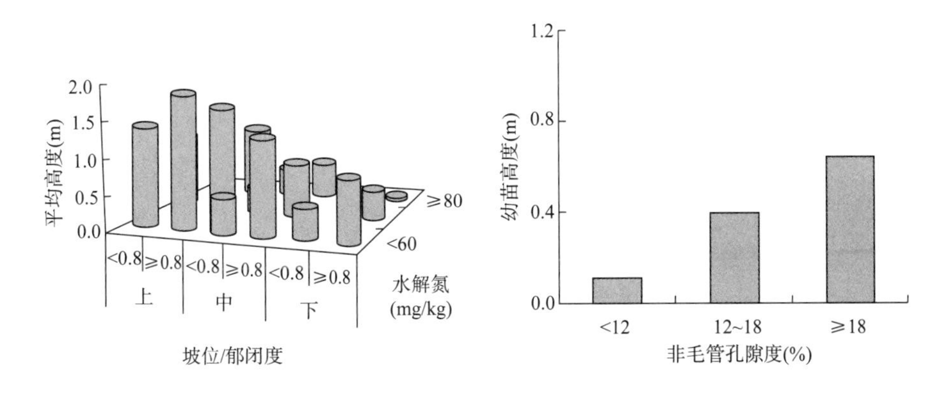

图 4-13 主要环境因子对各生长阶段多果省藤高度的影响

多果省藤平均地径随坡位下降、水解氮含量增加而减小，生长在上坡位、土壤水解氮含量小于 60mg/kg 区域的多果省藤的地径最大为 1.03cm。幼苗期多果省藤地径随环境因子的变化规律与平均地径的变化规律相似，生长在上坡位的多果省藤幼苗地径更大，且地径随非毛管孔隙度的增加而增大，土壤非毛管孔隙度大于18%幼苗地径最大为0.57cm。分蘖期多果省藤地径随林分密度和岩石裸露度的增加而减小，在岩石裸露度小于40%，林分密度小于7000株/hm^2区域生长的多果省藤有利于地径生长（图4-14）。

多果省藤平均高径比随全磷含量的增多而减小，在全磷小于0.06g/kg的环境中生长的多果省藤平均高径比最大为1.18。幼苗期高径比随着全钾含量的增多而减小，在全钾含量小于14g/kg区域生长的多果省藤幼苗高径比最大为0.96，多果省藤分配更多资源用于幼苗高生长，当全磷含量大于42g/kg时，多果省藤分配更多资源用于幼苗地径生长。攀缘期多果省藤藤条高径比在低岩石裸露度较大，在岩石裸露度小于40%，水解氮高于80mg/kg的下坡位生长的多果省藤，藤条的高径比最大为62.89（图4-15）。

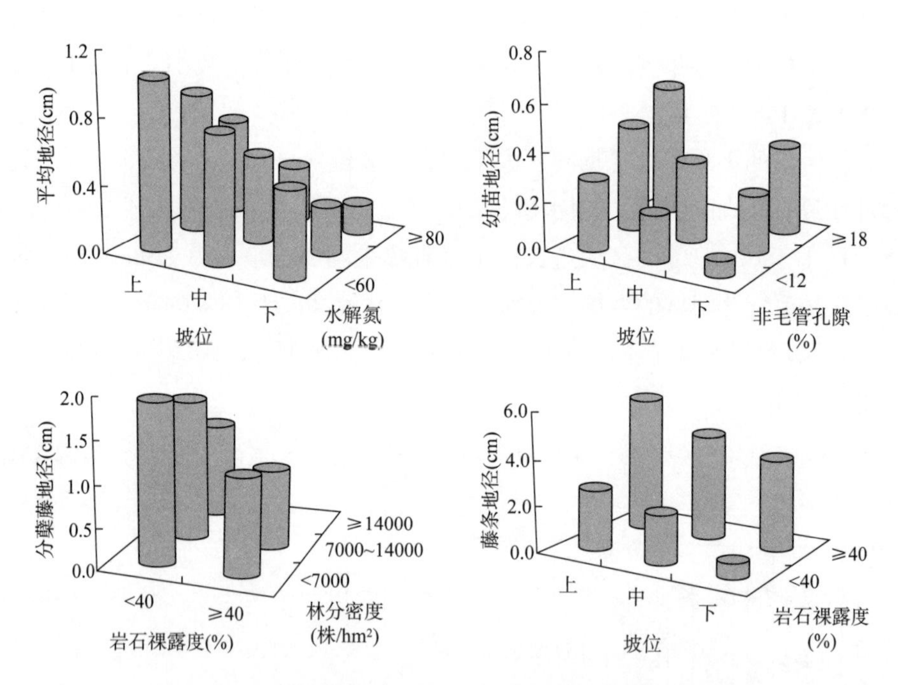

图4-14　主要环境因子对各生长阶段多果省藤地径的影响

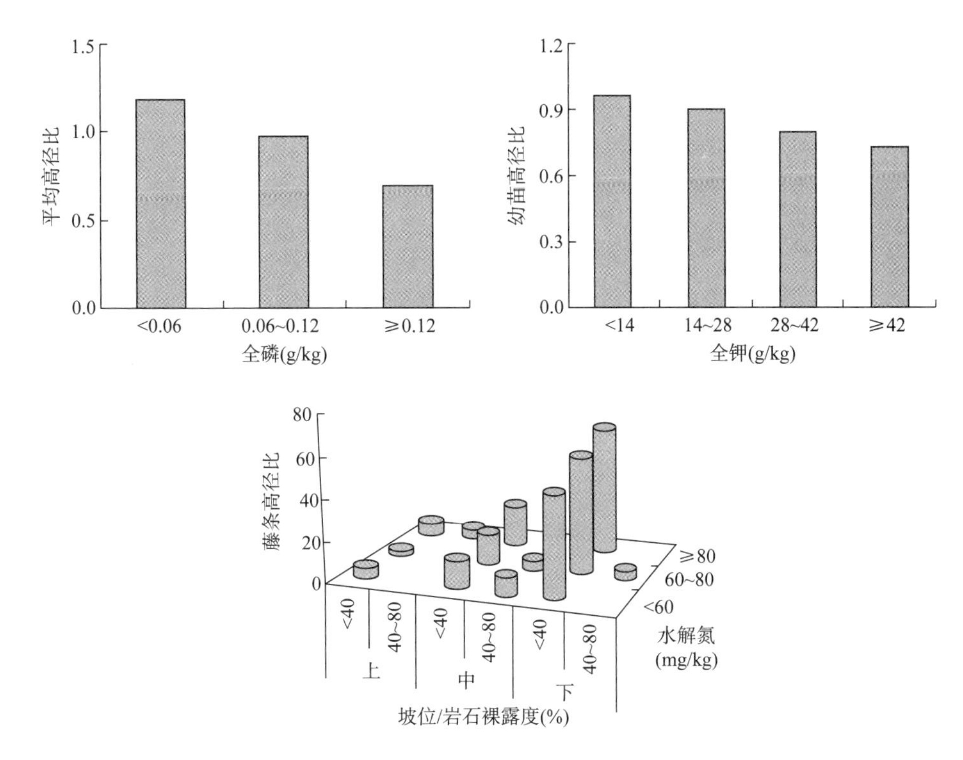

图 4-15　主要环境因子对各生长阶段多果省藤高径比的影响

4.3　环境因子对棕榈藤密度结构的影响

4.3.1　不同棕榈藤种群密度特征

6 种棕榈藤总植株密度大小排序为杖藤 > 多果省藤 > 黄藤 > 白藤 > 小钩叶藤 > 单叶省藤，植株密度分别为 974、915、398、375、53 和 24 株 /hm^2，不同棕榈藤种密度差异大。幼苗期棕榈藤密度与总植株密度排序相同，其中小钩叶藤仅发现幼苗期棕榈藤，单叶省藤幼苗极少，仅 1 株 /hm^2，其余棕榈藤以幼苗期为主。分蘖期棕榈藤多果省藤密度最大为 311 株 /hm^2，其次为黄藤 167 株 /hm^2，幼苗期杖藤最多，但分蘖期杖藤较少，仅 160 株 /hm^2，白藤为 43 株 /hm^2。分蘖期棕榈藤丛数分析表明，丛数以多果省藤最多，为 73 丛 /hm^2，其次为杖藤，为 57 丛 /hm^2，白藤和黄藤为 22.8 丛 /hm^2 和 30.6 丛 /hm^2，小钩叶藤分蘖丛在调查样地中并未出现，密度顺序为多果省藤 > 杖藤 > 黄藤 > 白藤 > 单叶省藤 > 小钩叶藤。攀缘期藤条密度以多果省藤和黄藤数量居多，分别为 33.3 条 /hm^2 和 20.6 条 /hm^2，杖藤仅 12.2 条 /hm^2，白藤和单叶省藤极少，仅 11.1 条 /hm^2 和 0.6 条 /hm^2，而小钩叶藤无藤条。不同棕榈藤种间分蘖能力具有一定的差异，多果省藤和杖藤密度最大，适应力最强，而小钩叶藤和单叶省藤对环境的适应能力最弱（图 4-16）。

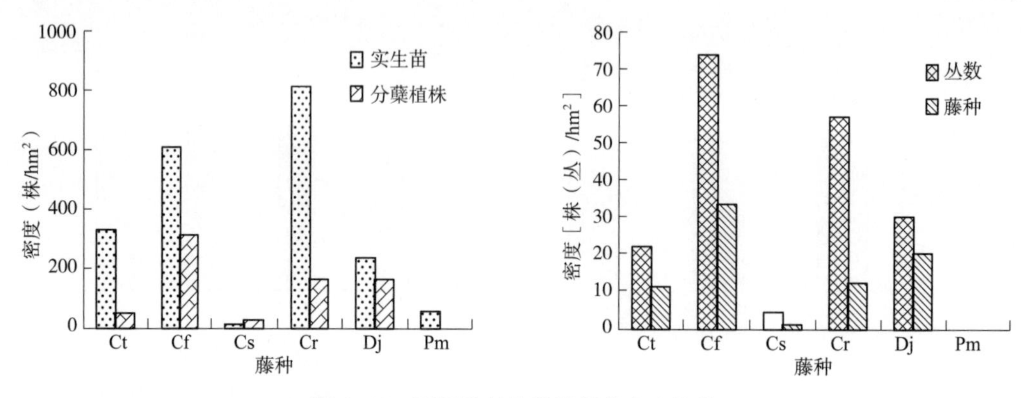

图 4-16　不同生长阶段棕榈藤密度结构

4.3.2　影响棕榈藤密度的主要环境因子

坡位、坡形、岩石裸露率、土壤全氮和土壤全磷对棕榈藤的分布和密度有重要的影响，对棕榈藤种群分布与 5 种生境因子排序作图（图 4-17），其中物种与环境间夹角的余弦值则对应二者间的相关性。结果表明，5 个环境因子中，沿 RDA 第一轴从左至右，全氮和全磷含量逐渐增大，坡位逐渐下降，坡形由凹地变为斜坡，沿 RDA 第二轴由下至上，由凹地转变为斜坡，全氮含量逐渐减少，而全磷和岩石裸露率逐步增加。岩石裸露率、全氮和全磷显著影响棕榈藤分布，全磷（*TP*）、坡位（*slp*）和坡形（*terri*）主要在第一轴影响棕榈藤密度分布，白藤和小钩叶藤主要受该三种因素的正向影响，其中全磷和坡位对白藤影响最显著，而对其他棕榈藤均为负向影响。岩石裸露率（*rock*）和全氮（*TN*）主要在第二轴影响几种棕榈藤密度。岩石裸露率对单叶省藤、黄藤幼苗和攀缘期藤长有正向影响，而对多果省藤和杖藤为负相关影响。全氮对小钩叶藤的幼苗和分蘖期丛数显著正相关。同时，幼苗期棕榈藤与分蘖期、攀缘期夹角相对较大，说明生境因子对棕榈藤幼苗的影响明显区别于对棕榈藤其他生长期的影响。

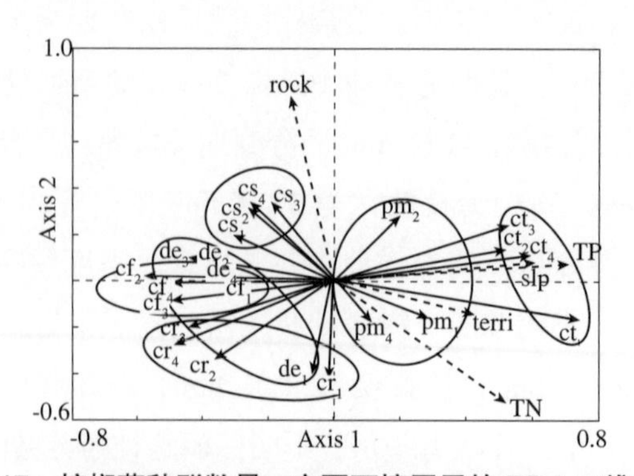

图 4-17　棕榈藤种群数量—主要环境因子的 RDA 二维轴排序

注：pm 为小钩叶藤，ct 为白藤，cr 为杖藤，cf 为多果省藤，cs 为单叶省藤，de 为黄藤；1 为幼苗，2 为幼藤，3 为成熟藤，4 为分蘖丛。

4.3.3 密度随主要生境因子梯度的变化趋势

6种棕榈藤在不同坡位种群分布特征具有一定的差异，白藤和杖藤主要分布于下坡位，多果省藤和单叶省藤多分布于中坡位，黄藤多分布于中坡位，小钩叶藤种群数量较少，多分布于上坡位。白藤和单叶省藤的分布具有明显地域性，白藤主要集中于平缓斜坡，单叶省藤集中于凹地，其余4种藤分布凹地种群密度大于坡地，小钩叶藤斜坡则大于凹地。随岩石裸露率的增加，白藤种群数量显著减少，多果省藤、杖藤和小钩叶藤幼苗种群数量呈先减少后增加的趋势，幼苗期棕榈藤、分蘖期棕榈藤和攀缘期棕榈藤种群数量随岩石裸露率增加呈下降的趋势。单叶省藤和黄藤种群分布数量在岩石裸露率在40%~60%时最大。多果省藤和单叶省藤随土壤全氮含量增加而逐渐减少，白藤、杖藤和黄藤种群在土壤全氮含量0.6~0.9g/kg浓度时最大，小钩叶藤幼苗种群数量在土壤全氮为1.2~1.5g/kg浓度时最大。白藤种群随土壤全磷含量增加而增加，在1.2~1.5g/kg后迅速增加，多果省藤、单叶省藤随土壤全磷浓度增加而减少（图4–18）。

不同棕榈藤种群及同一种棕榈藤不同生长阶段对环境因子的需求不同，表现出明显的需求差异性：白藤适宜在全磷含量相对较高、岩石裸露率低的下位斜坡生长；多果省藤适宜在土壤氮、磷含量低、岩石裸露率低的中上坡位生长；单叶省藤喜在土壤氮、磷含量偏低的中坡位凹地生长；杖藤则适宜在土壤磷含量、岩石裸露低的凹地生长；黄藤适宜在土壤全磷含量偏低、岩石裸露率偏高的中上位凹地生长；小钩叶藤幼苗喜在土壤氮、磷含量偏高的斜坡生长。

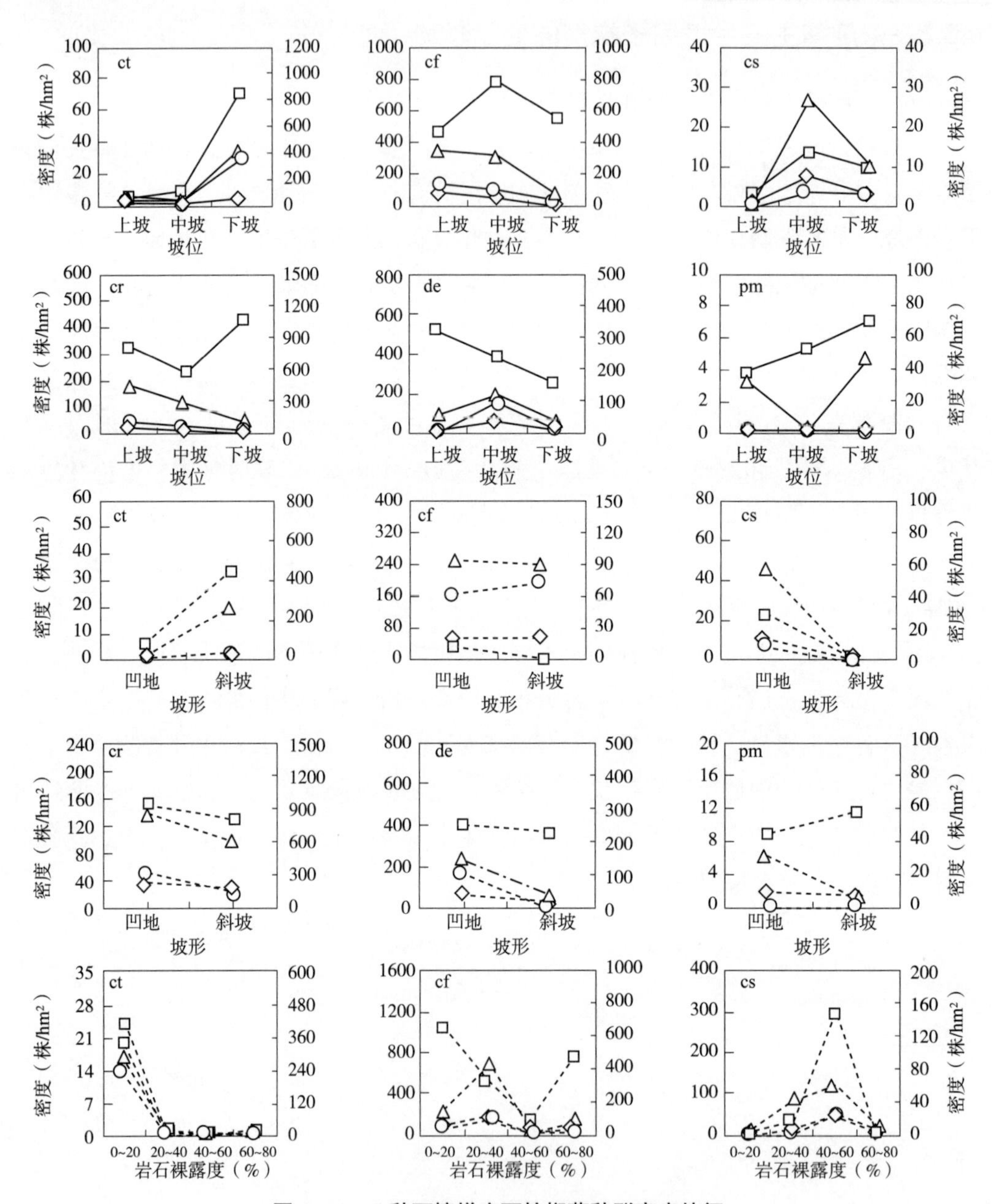

图 4-18　5 种环境梯度下棕榈藤种群密度特征

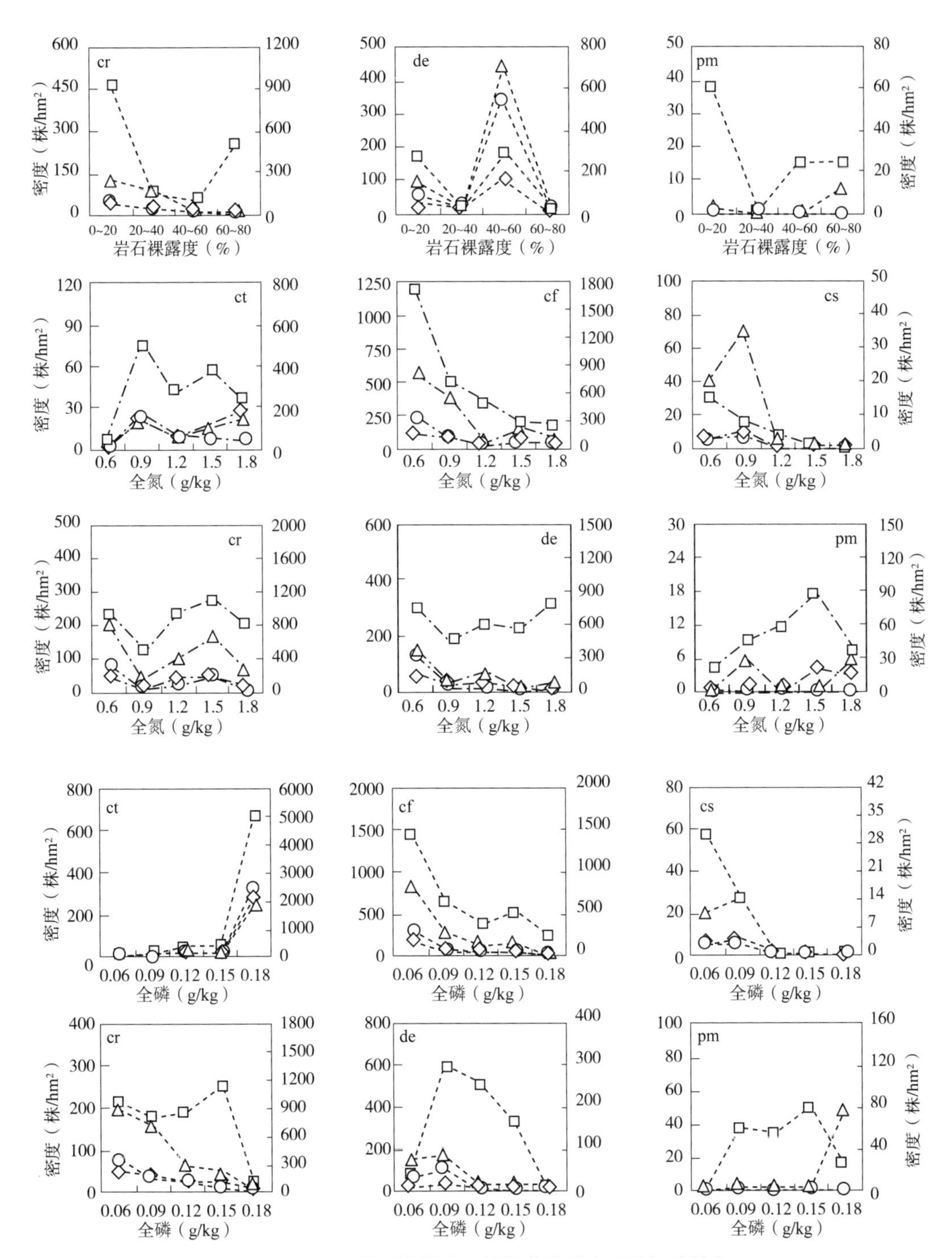

图 4-18　5 种环境梯度下棕榈藤种群密度特征（续）

注：pm 为小钩叶藤，ct 为白藤，cr 为杖藤，cf 为多果省藤，cs 为单叶省藤，de 为黄藤；-□-幼苗，-△-幼藤，-○-成熟藤，-◇-分蘖丛。

第5章
海南低地次生雨林棕榈藤生长促进技术

5.1 棕榈藤种子库

5.1.1 棕榈藤种子天然分布特征

立地环境因子与棕榈藤分布与生长关系密切（彭超，2017）。棕榈藤种子是顽拗种子（李荣生，2003），不耐贮藏，成熟后如果外部条件适合则萌发成苗，故不宜计入土壤种子库。热带雨林中，动物取食是种子死亡的主要原因（李宏俊等，2001）。棕榈藤的果实为浆果状核果，体积大、质量大，果肉富含糖分、蛋白质，储藏物质丰富，易被鸟兽取食。海南甘什岭地区，棕榈藤作为伴生种，土壤种子库种子数量相对较少但分布广泛，不同地点棕榈藤种子数量差异较大。土壤种子储量主要受林分郁闭度、凋落物厚度、林分密度和林冠高度等环境因子影响（图5-1）。林冠高度、郁闭度、林分密度中等，且岩石裸露度低、凋落物层良好的样地，种子分布数量较多。在林分密度高、郁闭度高和生物多样性低的样地（如无耳藤竹纯林）无棕榈藤种子。在岩石裸露度高、无高大乔木分布的草地等样地也很少发现棕榈藤种子（李雁冰，2019）。

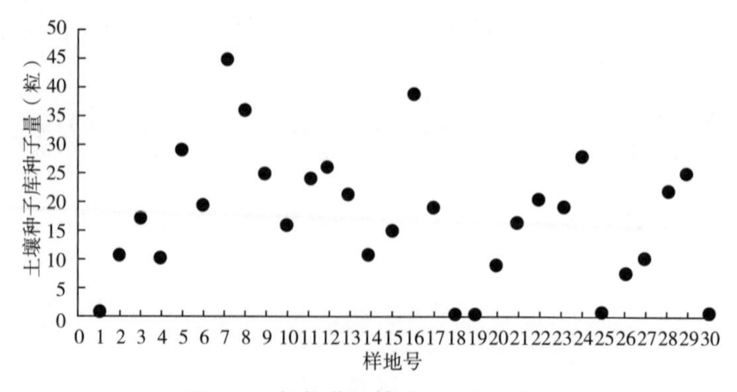

图5-1 棕榈藤土壤种子库种子数量

5.1.2 母藤对土壤种子库空间分布的影响

海南甘什岭地区，黄藤果实盛熟期为 11~12 月，白藤果实盛熟期为 5~6 月，果实成熟后一般经过 1~2 个月落种。调查发现，土壤种子库分布范围主要受母藤空间分布的影响，在以母藤为中心多呈聚集分布，在雨季和旱季种子分布特征差异明显，不同取样时间，土壤种子库种子数量不同。黄藤土壤种子库总数表现为旱季（2018 年 3~4 月）大于雨季（2017 年 8~9 月），白藤表现为雨季大于旱季，且枯落物层种子数量最多，完好种子率和活力种子率最高。黄藤、白藤种子库的分布主要集中在母树西侧、南侧和东侧，三个方向之间种子数量没有明显差异，可能与本身的生态习性、风向、攀爬方向有关。

土壤种子库水平分布中，黄藤土壤种子库主要分布在距离母藤 4~6m 范围内，以 4m 处分布最多，雨季和旱季储量平均值分别为 7 粒 /m^2 和 3 粒 /m^2，8m 以外的种子数量显著减少，完好种子数量 > 破损种子数量 > 霉烂种子数量，雨季完好种子与破损种子差异不显著（P > 0.05）。白藤土壤种子库主要集中在距离母藤 2~4m 范围内，以

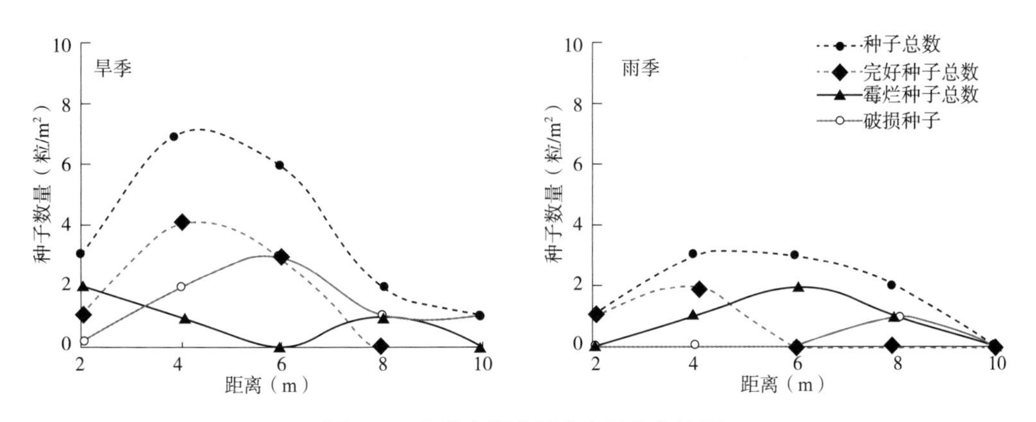

图 5-2　黄藤土壤种子库水平分布特征

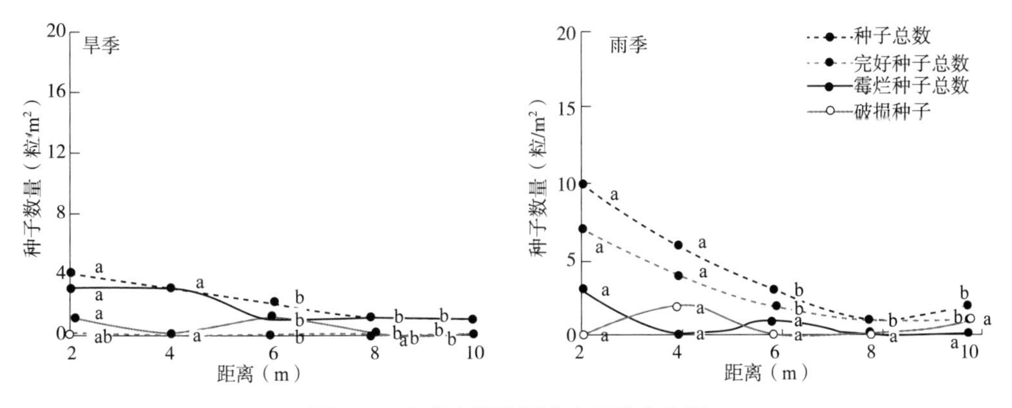

图 5-3　白藤土壤种子库水平分布特征

注：图中同一指标间不同小写字母表示差异显著（P < 0.05）；下同。

母藤 2m 范围内分布最多；雨季和旱季储量平均值分别为 10 粒 /m^2 和 4 粒 /m^2，完好种子数量 > 霉烂种子数量 > 破损种子数量，旱季完好种子与霉烂种子差异不显著（P > 0.05）。黄藤、白藤种子大多落在距离母藤 8m 的范围内，不排除地形、雨水、动物采食、搬运等随机因素的影响，母藤 8m 空间以外的地方零星分布少量种子（图 5–2、图 5–3）。

土壤种子库垂直分布中，枯落物层种子数量最多，完好种子率和活力种子率最高，随土层加深种子数量逐渐减少。黄藤枯落物层土壤种子库总数雨季为 7 粒 /m^2，旱季为 16 粒 /m^2，分别占种子库总数的 77.78% 和 84.21%。完好种子分别占总数的 33.33% 和 47.36%，活力种子比率高，旱季、雨季分别达到 86.65% 和 66.67%。白藤雨季枯落物层土壤种子库总数为 15 粒 /m^2，旱季为 7 粒 /m^2，分别占种子库总数的 68.18% 和 31.81%，完好种子分别占总数的 50.01% 和 4.54%，活力种子雨季比率高达 91.16%。白藤种子外被鳞片，黄藤种子个体较大，易被枯落物阻隔，研究地枯落物较多，层下土壤含沙量高，质地坚硬，种子较难穿过枯落物层进入土壤，这可能是白藤、黄藤土壤种子主要分布于枯落物层的原因（李雁冰，2019；陈本学，2020）。见表 5–1。

表 5–1　黄藤、白藤土壤种子库种子质量与垂直分布

藤种	土层（cm）	取样时间	种子库总数（粒 /m^2）	完好种子（粒 /m^2）	霉烂种子（粒 /m^2）	破损种子（粒 /m^2）	活力种子率（%）
黄藤	枯落物层	雨季	7 ± 0.55a	3 ± 0.09b	3 ± 0.24a	1 ± 0.24b	66.67
		旱季	16 ± 1.93a	9 ± 1.03b	3 ± 0.11c	4 ± 0.13b	86.65
	0~2cm	雨季	2 ± 0.14a	1 ± 0.09a	1 ± 0.01a	—	0
		旱季	3 ± 0.19a	1 ± 0.03b	1 ± 0.01b	1 ± 0.01b	50
	3~5cm	雨季	—	—	—	—	—
		旱季	—	—	—	—	—
白藤	枯落物层	雨季	15 ± 1.95a	11 ± 1.07a	1 ± 0.04b	3 ± 0.04b	91.16
		旱季	7 ± 0.61a	2 ± 0.01b	4 ± 0.06a	1 ± 0.04b	33.33
	0~2 cm	雨季	7 ± 0.12a	4 ± 0.03b	3 ± 0.02b	—	50.00
		旱季	3 ± 0.24a	—	3 ± 0.03a	—	0
	3~5cm	雨季	—	—	—	—	—
		旱季	1 ± 0.05a	—	1 ± 0.01a	—	—

注：表中同一指标间不同小写字母表示差异显著（P < 0.05）；下同。

土壤种子库方位分布规律不明显。黄藤土壤种子库雨季东侧分布最多，达 3.21 粒 /m^2，旱季西侧分布最多，达 7.22 粒 /m^2；白藤土壤种子库雨季和旱季南侧分布最多，分别达 8.03 粒 /m^2、4.12 粒 /m^2。黄藤、白藤分布较多的三个方位（东、西、南），雨季与旱季数量差异不显著。见表 5–2。

表 5-2　白藤、黄藤土壤种子库方位分布

藤种	季节	种子数量（粒 /m²）			
		东	南	西	北
黄藤	雨季	3.21 ± 0.05a	2.84 ± 0.03a	2.53 ± 0.03a	0.42 ± 0.02b
	旱季	5.87 ± 0.08a	5.13 ± 0.05a	7.22 ± 0.05a	0.78 ± 0.05b
白藤	雨季	6.52 ± 0.07a	8.03 ± 0.09a	7.51 ± 0.04a	0.94 ± 0.08b
	旱季	3.41 ± 0.04a	4.12 ± 0.01a	3.23 ± 0.05a	0.24 ± 0.01b

5.2　棕榈藤幼苗天然更新

5.2.1　幼苗天然分布特征

幼苗更新特征直接影响种群的稳定和群落的演替，幼苗的数量和生长状况是种群个体数量变化和更新速率的重要影响因素（陈芳清等，2008）。棕榈藤天然更新幼苗分布规律与土壤种子库分布规律相似，在种子库数量较多的样地，更新幼苗数量也较多（图 5-4）。对幼苗数量影响较大的环境因子为林冠高度、林分郁闭度、凋落物厚度和林分密度。林冠高度、郁闭度、林分密度中等，且岩石裸露度低、凋落物层良好的样地，幼苗分布数量较多；在林分密度高、郁闭度高和生物多样性低的样地无棕榈藤幼苗；在岩石裸露度高、无高大乔木分布的草地等样地也很少发现棕榈藤幼苗（李雁冰，2019）。

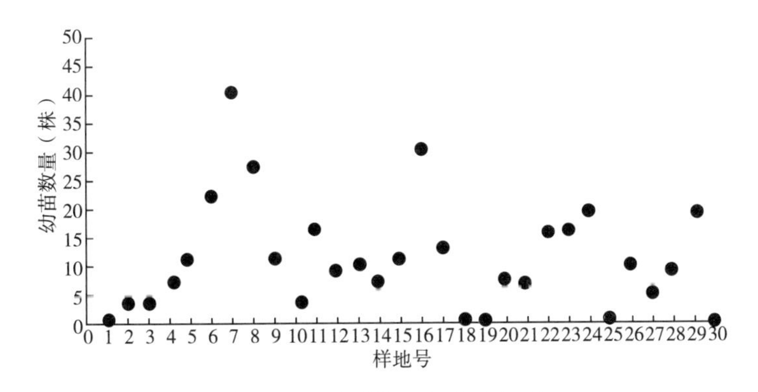

图 5-4　棕榈藤更新幼苗数量

5.2.2　母藤对幼苗空间分布的影响

棕榈藤幼苗分布与土壤种子库分布规律相似，母藤对幼苗的空间分布影响显著。幼苗多在母藤附近聚集分布，如黄藤果实被船形佛焰苞包裹，果实成熟时随佛焰苞一

起降落，种子密集分布利于萌发成幼苗。黄藤幼苗在母藤西、南两侧分布数量显著高于北侧，集中在距离母藤4~6m范围内。白藤天然更新幼苗在南侧分布数量最高，显著高于西、北两侧，集中在距离母藤2~4m范围内，距离母藤越远幼苗数量越少。不同的取样时间，黄藤和白藤天然更新幼苗数量不同，但均表现为雨季数量显著高于旱季（表5–3）。

棕榈藤没有垂直生长的主根，只有水平分布的须根，种子萌发后种苗密度过大，种内竞争加剧，幼苗保存率低。李林瑜等（2018）等研究发现黑果小檗Ⅱ级幼苗难以存活，幼苗Ⅱ级、Ⅲ级苗间的转化率明显低于Ⅰ级、Ⅱ级幼苗。海南甘什岭地区，黄藤幼苗转换率与黑果小檗规律相似，Ⅰ级、Ⅱ级幼苗间的转化率较高（131.31%），Ⅱ级、Ⅲ级幼苗间的转化率较低（18.51%），而白藤Ⅰ级苗、Ⅱ级幼苗间的转化率较低（39.18%），Ⅱ级、Ⅲ级幼苗间的转化率较高（58.88%）。彭超等（2017）研究认为，棕榈藤通过高繁殖来保证低存活种群的延续，提高棕榈藤早期存活率有利于种群保存。黄藤Ⅱ级幼苗期、白藤Ⅰ级苗期是更新的关键环节。种子的聚集分布，虽然为种子萌发创造条件，但也增加了种子被捕食死亡的概率和种内竞争。陈本学等（2020）研究发现海南甘什岭地区棕榈藤幼苗自然更新能力不足，需要在其更新抚育过程中，采用人工干预和调控措施促进其更新生长（陈本学等，2020）。因此，在幼苗更新的关键时期，对分布密集的幼苗适当间苗，减少种间竞争，清理枯落物，重点抚育，提高幼苗转化率和保存率，保证充足幼苗向幼藤转化，提高棕榈藤的更新能力。

表5–3　黄藤、白藤幼苗距离母藤的空间分布范围

藤种	方位				距离（m）					季节	
	东	南	西	北	2	4	6	8	10	雨季	旱季
黄藤	0.7 ± 0.07ab	1.1 ± 0.004a	0.9 ± 0.001a	0.3 ± 0.005b	0.6 ± 0.002b	1.4 ± 0.012a	1.3 ± 0.011a	0.4 ± 0.006b	0.1 ± 0.001c	1.1 ± 0.005a	0.6 ± 0.001b
白藤	1.1 ± 0.13ab	1.2 ± 0.009a	0.4 ± 0.004b	0.1 ± 0.001c	0.9 ± 0.009ab	1.2 ± 0.017a	0.5 ± 0.004b	0.2 ± 0.003b	0.2 ± 0.001b	0.8 ± 0.007a	0.4 ± 0.001b

5.3　棕榈藤生长人工促进技术

棕榈藤作为群落中伴生物种，幼苗生长对环境因子较敏感。适宜的林内环境有利于种子的萌发、生长，坡向、坡位、坡度等立地因子的变化间接影响林地的光、热、水等条件，进而影响更新的数量和质量（Von Lüpke，1998）。热带雨林高温、高湿、高郁闭的环境条件，有利于棕榈藤种子萌发成幼苗。但随着幼苗生长，种间竞争增加，林内光照、水分、养分无法满足棕榈藤生长需求，生长缓慢，幼苗期延长。同时幼苗的聚集分布增加种内竞争，幼苗保存率低。因此，采取适当的人工措施调整林下环境，对棕榈藤更新生长具有重要意义。本研究通过人工除杂和人工调控光照、水分和养分等措施，开展林下棕榈藤幼苗更新生长的影响研究。

5.3.1　光照调控技术

光照条件是植物在整个生活史过程中时空异质性最大的环境因子，对植物的生长发育具有重要影响。不同植物的苗期对光照有不同的需求，本研究中，低光照抑制 3 种棕榈藤幼苗生长，中等光照（相对光照 40%~55%）环境下黄藤、白藤苗高、地径生长较好，低光照环境与高光照环境差异不显著；柳条省藤在高光照环境下株高最大，柳条省藤叶片数在不同光照环境下变化不显著，这可能与观测时间短有关。

（1）黄藤光照调控模式

不同光照调控对黄藤天然更新幼苗株高、地径和叶片数影响不同。随光照强度降低，株高、地径和叶片数呈先增加后减少的趋势。中光照处理 180 天、270 天、360 天时，株高、地径、叶片数最高，显著高于低光照和高光照（$P < 0.05$）。中光照时，株高分别为 29.53cm、33.14cm、36.27cm，比高光照显著增加 64.91%、57.81% 和 57.69%（$P < 0.05$）。地径分别为 5.57mm、6.25mm、7.18mm，比高光照显著增加 88.18%、89.97% 和 68.159%（$P < 0.05$）。叶片数分别为 3.47 片、4.08 片、4.27 片，比高光照显著增加 32.69%、36.33% 和 22%（$P < 0.05$）。株高、地径、叶片数高光照与低光照间差异不显著（$P > 0.05$）。见图 5-5~ 图 5-7。

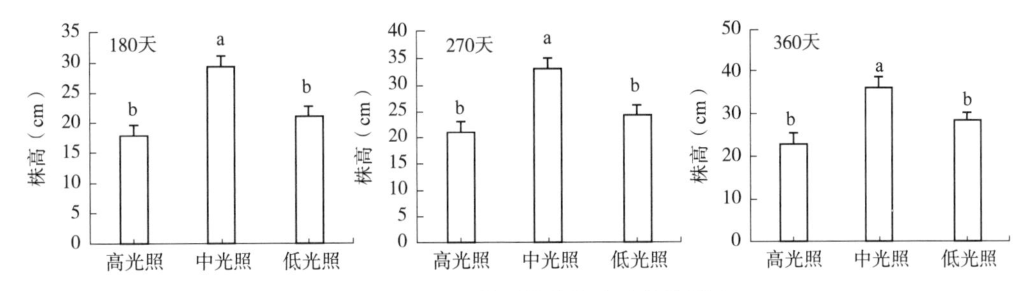

图 5-5　光照调控对黄藤株高生长的影响

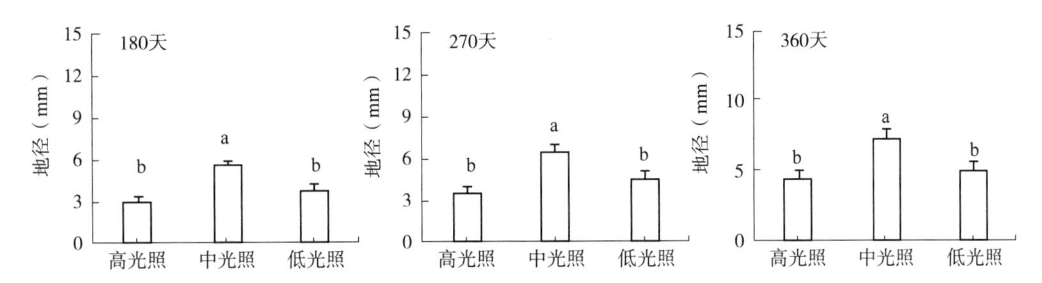

图 5-6　光照调控对黄藤地径的影响

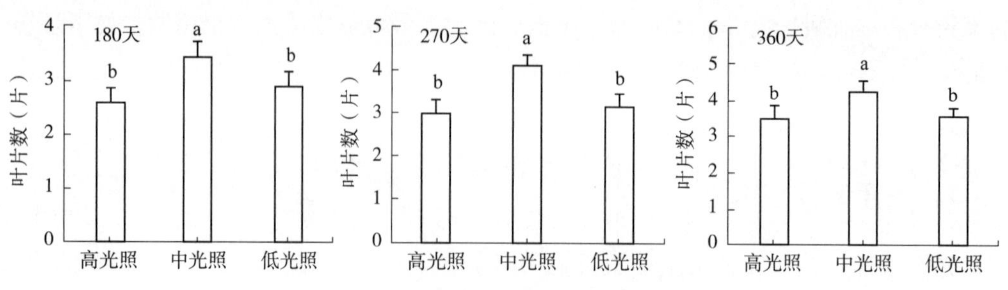

图 5-7　光照调控对黄藤叶片数的影响

调控模式：以黄藤为中心，利用照度计对藤苗受光强度进行测量。其中，对低光环境（相对光照低于自然光照 20% 以下）上部林木进行疏枝，以补充透光强度，增加林下受光量；中光环境不进行处理；高光环境（相对光照高于自然光照 70% 以上）进行遮阴处理，以达到适宜的光照强度，促进其生长。

（2）白藤光照调控模式

不同光照对白藤天然更新幼苗株高、地径和叶片数影响不同（图 5-8）。随光照强度降低，株高、地径呈先增加后减少的趋势。180 天、270 天、360 天中光照（相对光

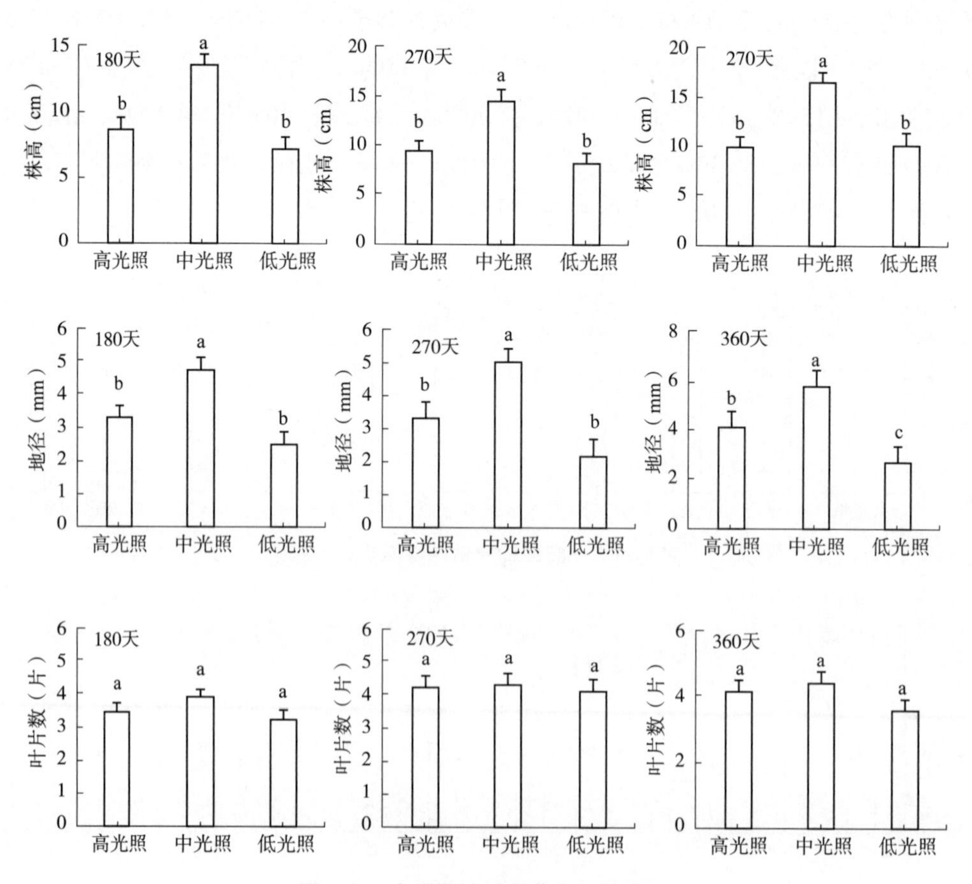

图 5-8　光照调控对白藤生长的影响

照40%~55%）时株高、地径最高，株高分别为13.71cm、14.53cm和16.4cm，比高光照显著增加37.56%、55.07%、65.82%（$P<0.05$）。地径分别为4.75mm、5.08mm和5.82mm，比高光照显著增加44.81%、51.35%、40.92%（$P<0.05$），低光照与高光照差异不显著（$P>0.05$）。光照对叶片数变化影响不显著（$P>0.05$）。

调控模式：以白藤为中心，利用照度计对藤苗受光强度进行测量，其中，对低光环境（相对光照低于自然光照20%以下）上部林木进行疏枝，以补充透光强度，增加林下受光量；中光环境不进行处理，相对光照40%~55%；高光环境（相对光照高于自然光照70%以上）进行遮阴处理，以达到适宜的光照强度，促进其生长。

（3）柳条省藤光照调控模式

不同光照对柳条省藤幼苗株高、地径和叶片数生长影响不同（图5-9）。180天时，不同光照强度对柳条省藤株高、地径、叶片数影响不显著（$P>0.05$）。柳条省藤株高在高光照（光照强度大于60%）环境下最高，180天、270天和360天时分别为24.58cm、34.17cm、38.25cm。随光照强度降低，270天、360天时株高显著下降（$P<0.05$），360天低光照时最低为26.13cm。地径在高光照时最高，180天、270天和360天时分别为

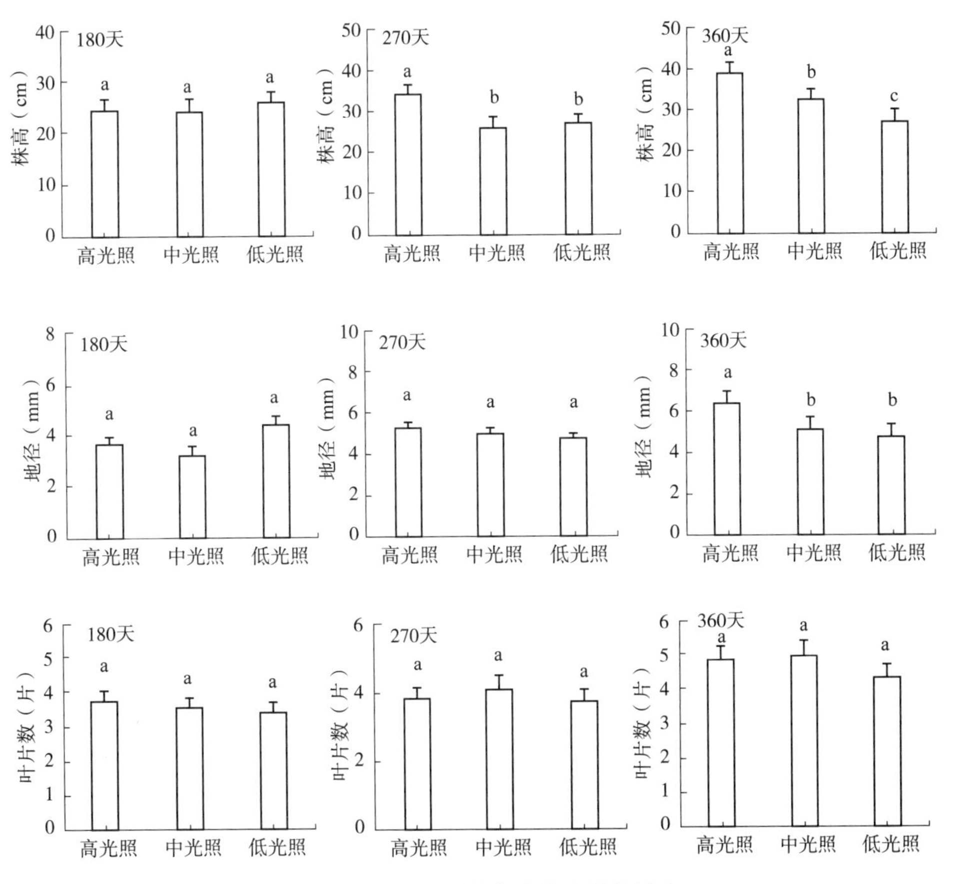

图5-9 光照对柳条省藤生长的影响

4.35mm、5.21mm、6.53mm，中光照与低光照间地径差异不显著（$P > 0.05$）。不同的生长阶段光照对叶片数影响均不显著（$P > 0.05$）。

调控模式：以柳条省藤为中心，利用照度计对藤苗受光强度进行测量，其中，对低光环境（相对光照低于自然光照 20% 以下）和中光环境（相对光照 40%~55%）上部林木进行疏枝，以补充透光强度，增加林下受光量，高光环境（相对光照高于自然光照 70% 以上）不作处理，促进其生长。

5.3.2 水分调控技术

土壤水分是植物生长和发育的一个重要因子，对植物的生长发育具有重要的作用。逆境胁迫会影响植株的生长，干旱胁迫对植株的影响最直观的表现是引起叶片、幼茎的失水萎蔫、抑制植株的生长，影响明显或降低最多的品种往往抗逆性最差（郑盛华和严昌荣，2006）。本研究中，随着土壤含水量降低，黄藤株高显著降低，地径变化不显著，叶片数显著降低；白藤株高、叶片数变化不显著，地径显著增加；柳条省藤株高显著降低，地径显著增加，叶片数变化不显著。表明干旱会抑制黄藤和柳条省藤株高生长，但干旱会促进白藤和柳条省藤地径的增长。

（1）黄藤水分调控模式

不同土壤含水量对黄藤天然更新幼苗株高、地径和叶片数影响不同（图 5-10~图 5-12）。随土壤含水量由高到低的变化，株高在 180 天时变化不显著（$P > 0.05$），270 大、360 天干旱环境比湿润环境显著降低 15.15%、15.68%（$P < 0.05$）。地径在 180 天、270 天干旱环境与湿润环境差异不显著（$P > 0.05$），360 天时干旱环境比湿润环境显著降低 16.55%（$P < 0.05$），干旱环境与半湿润环境差异不显著（$P > 0.05$）；叶片数在 180 天时随含水量降低而减少，干旱环境比湿润环境显著减少 50%（$P < 0.05$），270 天时干旱环境比湿润环境显著减少 22.22%（$P < 0.05$），湿润与半湿润环境差异不显著（$P > 0.05$），360 天时叶片数差异不显著（$P > 0.05$）。

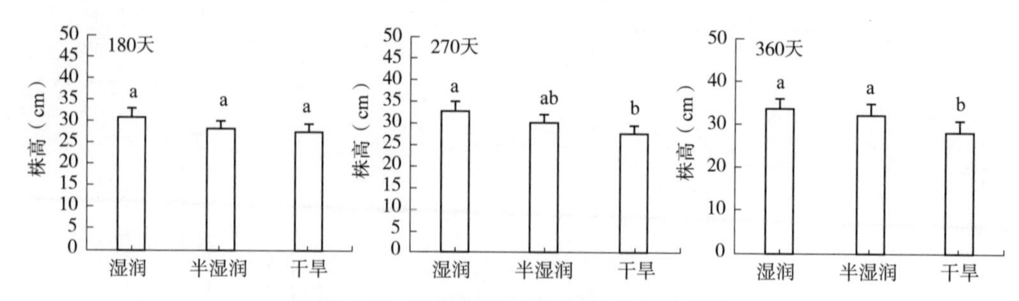

图 5-10　水分调控对黄藤株高生长的影响

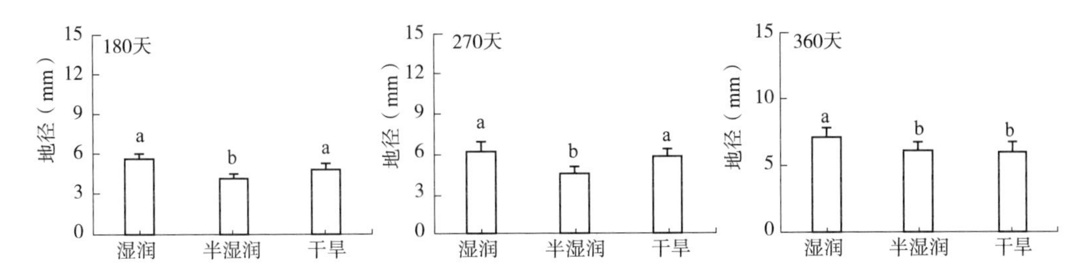

图 5-11　水分调控对黄藤地径生长的影响

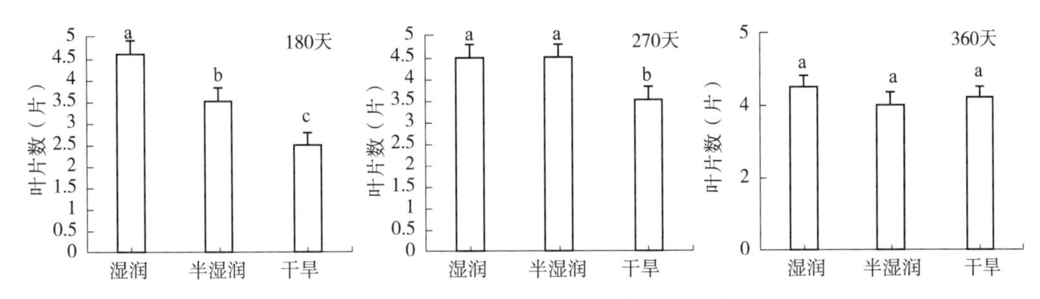

图 5-12　水分调控对黄藤叶片数的影响

水分调控建议：每天 17：00~18：00 用土壤水分测试仪测定土壤含水量，田间最大含水量 *RSCW* < 55% 时，通过喷灌等方式及时补充水分。

（2）白藤水分调控模式

不同土壤含水量对白藤天然更新幼苗株高、地径和叶片数生长影响不同（图 5-13）。180 天时，干旱环境下株高为 7.6cm，比半湿润环境显著降低 16.85%（$P < 0.05$）；270 天、360 天半湿润环境下株高值最大，分别为 11.09cm、12.25cm，比湿润环境显著增加 18.16% 和 23.86%（$P < 0.05$）。180 天时，地径差异不显著；270 天时，地径在干旱环境下最高，达到 4.05mm，比湿润环境显著增加 23.48%，半湿润与湿润环境差异不显著（$P > 0.05$）；360 天时半湿润和干旱环境比湿润环境条件下地径显著增加 27.67%、29.06%（$P < 0.05$）。180 天、270 天、360 天，水分对叶片数影响不显著（$P > 0.05$）。

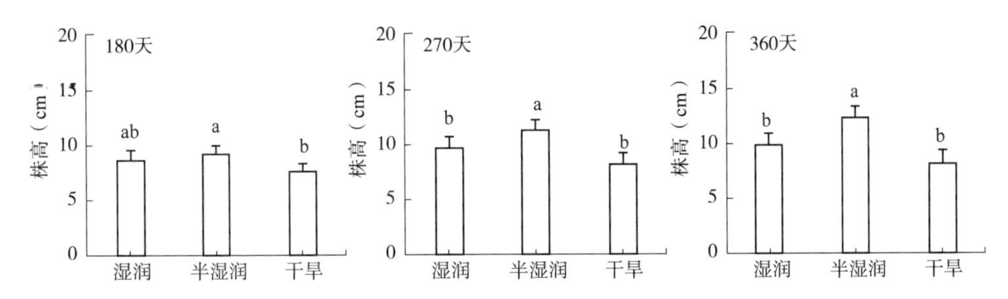

图 5-13　水分调控对白藤生长的影响

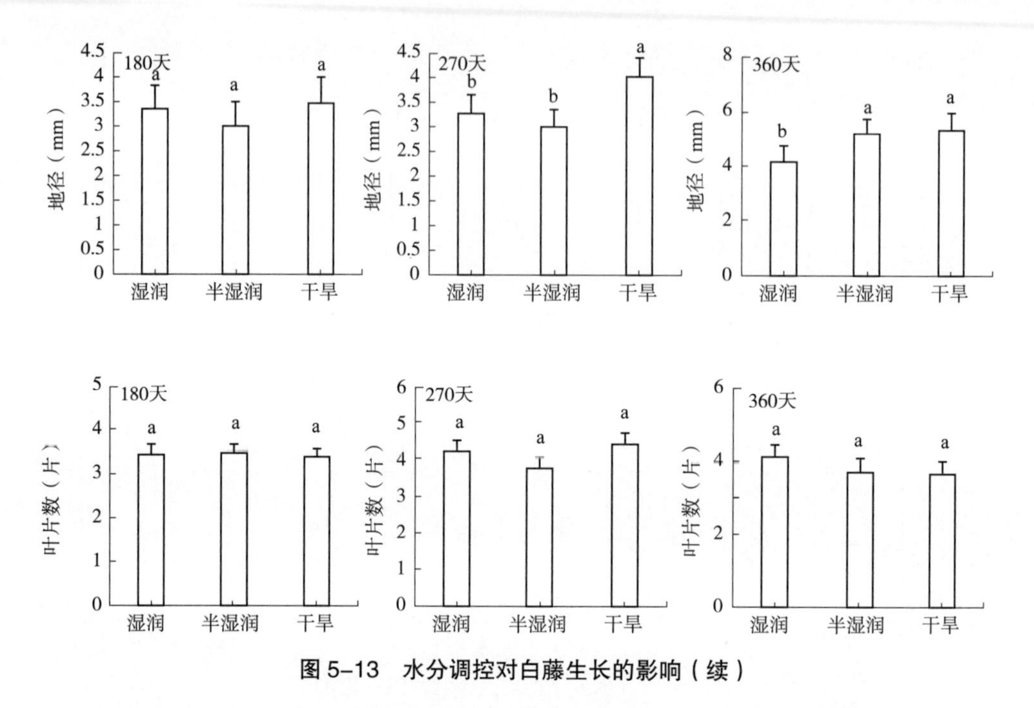

图 5-13 水分调控对白藤生长的影响（续）

水分调控建议：半湿润的土壤环境有利于白藤的高生长，干旱的环境有利于白藤的径向生长。当需要促进白藤高生长时，控制田间最大含水量 *RSCW*55% 左右；当需要促进白藤地径生长的时候，保持田间最大含水量 *RSCW* 小于 25%。

（3）柳条省藤水分调控模式

不同土壤含水量对柳条省藤幼苗株高、地径和叶片数生长影响不同（图 5-14）。随土壤含水量的降低，180 天时，株高、地径变化不显著（$P > 0.05$），270 天时半湿润和干旱环境下株高显著降低 17.67%、24.31%（$P < 0.05$），360 天时株高变化与 270 天的趋势相同。270 天时，干旱环境下柳条省藤地径显著增加 31.53%（$P < 0.05$），湿润与半湿润环境地径差异不显著（$P > 0.05$）；360 天时，干旱环境下柳条省藤地径比湿润环境显著增加 49.27%（$P < 0.05$），与半湿润环境差异不显著（$P > 0.05$）。180 天、270 天和 360 天，土壤水分含量对叶片数影响不显著。

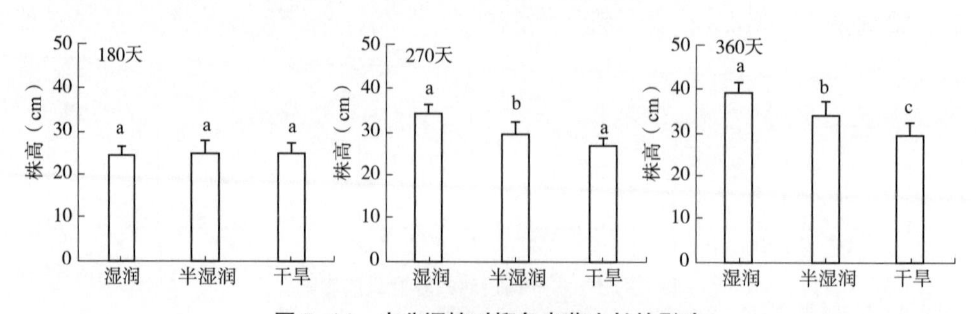

图 5-14 水分调控对柳条省藤生长的影响

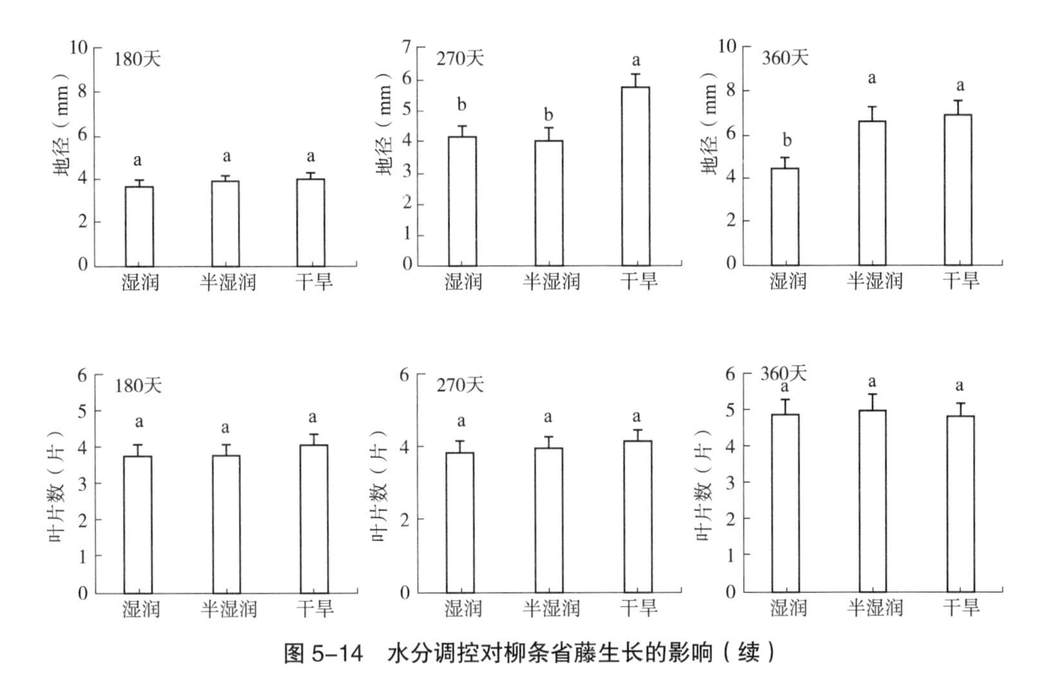

图 5-14　水分调控对柳条省藤生长的影响（续）

水分调控建议：湿润的土壤环境有利于柳条省藤的高生长，干旱的环境有利于柳条省藤的径向生长。当需要促进柳条省藤高生长时，及时对土壤进行补水，田间最大含水量 *RSCW* 大于 85% 以上。当需要促进柳条省藤地径生长的时候，保持田间最大含水量 *RSCW* 小于 25%。

5.3.3　养分调控技术

施肥可以促进苗木叶面积的增长，对苗高、地径的生长影响显著（Jaeobs et al., 2005；Timmer，1996）。本试验结果表明，在海南甘什岭地区，磷是限制棕榈藤生长的重要养分。在氮肥、钾肥施用量一致的前提下，不同藤种对磷的需求量不同。施肥对黄藤株高、地径和叶片数有显著的促进作用，当施磷肥 10g/ 株、氮肥 3g/ 株和钾肥 2g/ 株时，株高、地径和叶片数生长最好。施肥对白藤株高、地径有显著的促进作用，当施磷肥 15g/ 株、氮肥 3g/ 株和钾肥 2g/ 株时，株高、地径生长最好，对叶片数影响不显著。施肥对柳条省藤幼苗株高、地径有显著的促进作用，当施磷肥 15g/ 株、氮肥 3g/ 株和钾肥 2g/ 株时，株高、地径和叶片数生长最好。

（1）黄藤养分调控模式

不同磷处理对黄藤天然更新幼苗株高影响不同（图 5-15）。随着施肥量的增加，黄藤幼苗株高整体呈先增加后降低的趋势。施磷肥 5g/ 株时，180 天、270 天和 360 天株高比对照显著增加（$P < 0.05$）；施磷肥 10g/ 株时，3 个处理时间的株高均达到最大值，180 天时株高 26.63cm，比对照显著增高 68.51%，270 天时株高达最大值

29.68cm，比对照显著增高 60.61%，360 天时株高 33.39cm，比对照显著增高 63.99%（$P < 0.05$）。当施肥量大于 10g/ 株时，株高逐渐降低，施肥 20g/ 株时，株高与施肥 10g/ 株差异不显著（$P > 0.05$），施肥 25g/ 株时，180 天、270 天和 360 天株高虽然比对照增加但差异不显著（$P > 0.05$）。

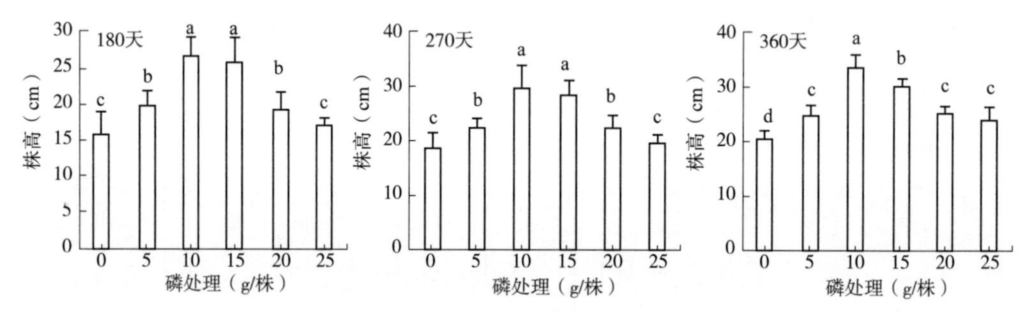

图 5-15　养分调控对黄藤株高的影响

不同磷处理对黄藤幼苗地径的影响不同（图 5-16）。随着施肥量的增加，黄藤幼苗株高整体呈先增加后降低的趋势。施磷肥 5g/ 株，180 天、270 天和 360 天地径比对照分别显著增加（$P < 0.05$）；施磷肥 10g/ 株，地径在 270 天和 360 天达到最大值 6.76mm 和 9.2mm，分别比对照显著增加 69.42% 和 81.46%（$P < 0.05$）；施磷肥 15g/ 株，地径在 180 天时达最大值 4.27mm，比对照显著增加 50.35%（$P < 0.05$）；施磷肥 20~25g/ 株，地径在 180 天、270 天比对照增加但差异不显著（$P > 0.05$），在 360 天时比对照增加但与施磷 5g/ 株差异不显著（$P > 0.05$）。

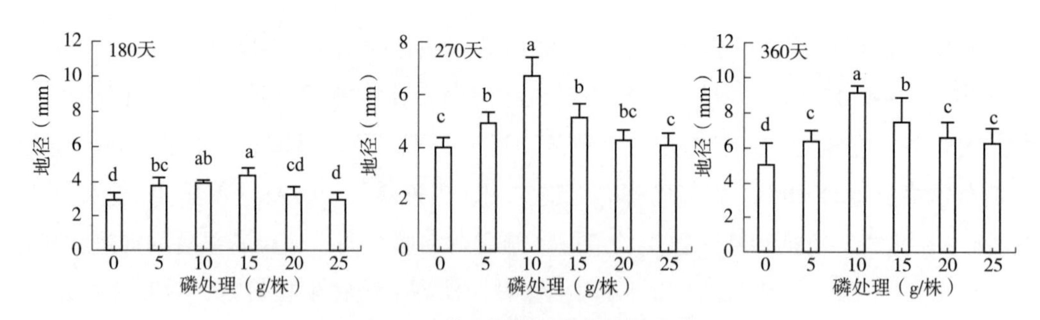

图 5-16　养分调控对黄藤地径的影响

不同磷处理对黄藤天然更新幼苗叶片数影响不同（图 5-17）。180 天、270 天时，施磷对黄藤幼苗叶片数影响不显著。360 天时随施肥量增加叶片数增加，施磷肥 5g/ 株时叶片数比对照增加差异不显著（$P > 0.05$）；施磷肥 10g/ 株时，幼苗叶片数达最大值 5.5 片，比对照显著增加 83.34%（$P < 0.05$）；施磷肥 15~20g/ 株时，叶片数比对照显著增加（$P < 0.05$），但与施磷 10g/ 株差异不显著（$P > 0.05$）；施磷肥 25g/ 株时，叶片数比对照增加但差异不显著（$P > 0.05$）。

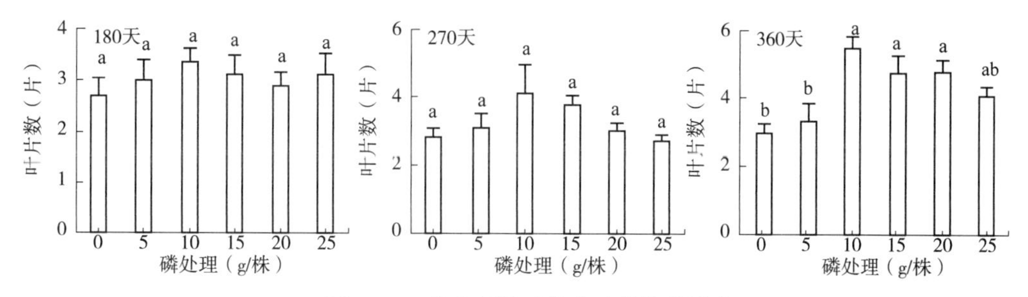

图 5-17　养分调控对黄藤叶片数的影响

施肥建议：黄藤穴施 10g/ 株的磷肥对黄藤株高、地径和羽叶生长的促进效果最为显著。

（2）白藤土壤养分调控模式

磷处理显著促进白藤幼苗株高（图 5-18）。施磷肥 5g/ 株时，180 天、270 天和 360 天株高比对照显著增加（$P < 0.05$）；施磷肥 15g/ 株时，3 个处理时间的株高均达到最大值，180 天时株高 12.67cm，比对照显著增高 112.22%，270 天时株高达最大值 13.92cm，比对照显著增高 94.96%，360 天时株高 16.42cm，比对照显著增高 118.93%（$P < 0.05$）；当施肥量大于 15g/ 株时，株高逐渐降低，但均显著高于对照（$P < 0.05$）；施肥 25g/ 株时，180 天、270 天和 360 天株高与施肥 20g/ 株差异不显著（$P > 0.05$）。

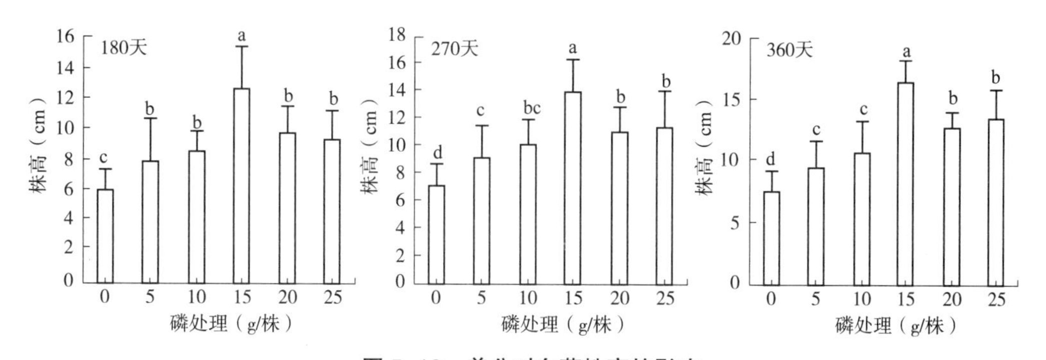

图 5-18　养分对白藤株高的影响

磷处理显著促进白藤幼苗地径生长（图 5-19）。施磷肥 5g/ 株时，180 天、270 天和 360 天地径比对照显著增加（$P < 0.05$）；180 天时，施磷肥 15g/ 株，地径达最大值 3.78mm，比对照显著增加 102.14%（$P < 0.05$），施磷肥 25g/ 株与施磷肥 20g/ 株地径差异不显著；270 天时，施磷肥 20g/ 株，地径达最大值 4.3mm，比对照显著增加 76.95%，施磷肥 25g/ 株与施磷肥 10~15g/ 株地径差异不显著；360 天时，施磷肥 20g/ 株，地径达最大值 5.9mm，比对照显著增加 93.13%，施磷肥 25g/ 株与施磷肥 10~15g/ 株地径差异不显著。磷处理对白藤幼苗叶片数影响不显著（$P > 0.05$）。

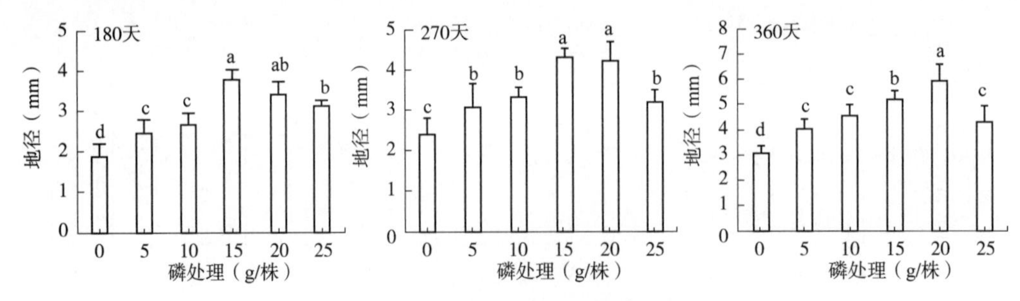

图 5-19　养分对白藤地径的影响

施肥建议：白藤施用磷肥 15g/ 株时，对白藤株高生长的促进效果最显著；施用磷肥 20g/ 株时，对白藤地径生长的促进效果最显著。

（3）柳条省藤土壤养分调控模式

磷处理促进柳条省藤幼苗株高生长（图 5-20）。随着施磷量的增加，株高整体呈先增加后降低趋势。180 天时，施磷肥 15g/ 株，株高达最大值为 27.12cm，比对照显著增加 47.86%；270 天时，施磷肥 15g/ 株时，株高达最大值为 34.59cm，比对照增加 58.34%；360 天时，施磷肥 15g/ 株时，株高达最大值，40.76cm，比对照高 51.19%。施磷肥 20g/ 株与 25g/ 株间差异不显著。

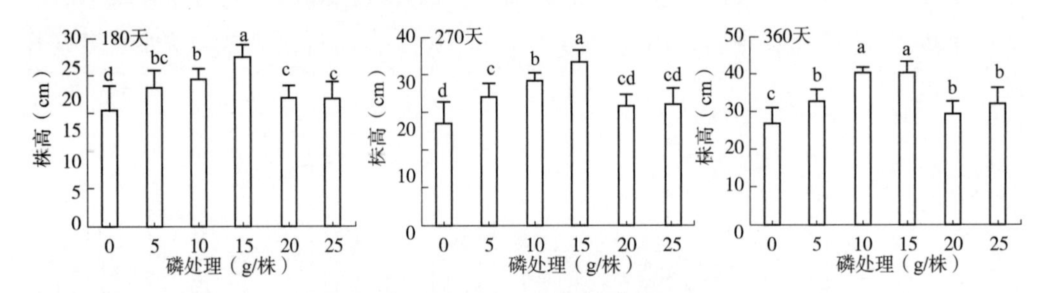

图 5-20　养分调控对柳条省藤株高的影响

磷处理促进柳条省藤幼苗地径生长（图 5-21）。随着施磷量的增加，地径整体呈先增加后降低趋势。在 180 天时，施磷肥 15g/ 株，地径达最大值为 4.26mm，比对照高 50.44%；在 270 天时，施磷水平达到 10g/ 株时，地径达最大值为 4.81mm，比对照高 31.95%；在 360 天时，施磷肥 10g/ 株时，地径达最大值为 7.796mm，比对照高 67.22%。

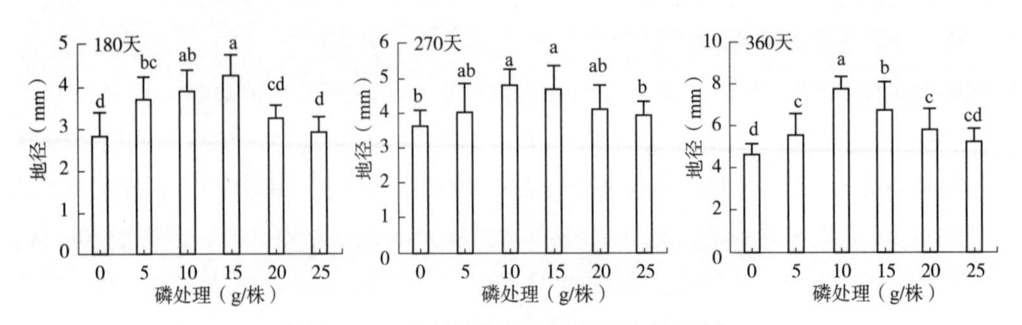

图 5-21　养分调控对柳条省藤地径的影响

施肥建议：柳条省藤施用磷肥 15g/ 株时，对株高生长的促进效果最显著；施用磷肥 10g/ 株时，对地径生长的促进效果最显著。

5.3.4 植被管理技术

人工除杂措施是森林经营的基本方法，不仅为林木创造良好的生存环境，还能实现森林生态功能的最大效益化（Frissell，2015）。热带雨林林下相对光照低，随着幼苗生长，低光照不利于幼苗发育。乔灌草密度对幼苗生长有重要影响，合理的乔灌草密度能降低土壤表面水分蒸发速度，防止幼苗发生日灼，对幼苗起到遮阴和防护作用。本研究中，通过人工调整幼苗周围小乔木、灌木、草本的密度，能促进幼苗生长，提高幼苗成活率。其中，中度除杂后黄藤、白藤株高、地径生长较好，成活率高。重度除杂后一定时期内促进幼苗生长，但效果显著低于中度除杂，对林地干扰大，土壤裸露后易被风、雨侵蚀，肥力降低。

2017 年 10 月，在甘什岭棕榈藤分布区，选择有天然更新的黄藤、白藤幼苗林分，设置 10m × 10m 样方，在不破坏林分生态系统结构和稳定性的前提下，以不除杂为对照，采取不同强度的人工除杂，研究不同除杂强度对白藤、黄藤幼苗更新生长的影响。在每个样方内选择生长健壮、株高基本一致的棕榈藤幼苗各 10 株，采用随机区组试验设计（表 5-4），重复 3 次。旱季每 3 个月（雨季每 2 个月）进行 1 次人工除杂。测定株高、地径、叶片数、存活率等指标。

表 5-4 人工除杂措施

处理	除杂强度	措施
CK	对照	不除杂
Ⅰ	轻度除杂	去除 1/3 小乔木（高度≤ 2 m）+1/3 灌木（地径或胸径≤ 1 cm）+1/3 草本
Ⅱ	中度除杂	去除 2/3（小乔木 + 灌木 + 草本）
Ⅲ	重度除杂	去除小乔木 + 灌木 + 草本

（1）黄藤植被管理技术

幼苗存活率 黄藤幼苗生长在林下，因环境的影响，很多幼苗在生长过程中自然死亡，人工除杂措施可显著提高幼苗存活率（图 5-22），与对照相比，轻度除杂 180 天、270 天和 360 天后，黄藤幼苗存活率分别提高 21.92%、31.75% 和 92.68%。对比不同除杂强度数据，发现黄藤成活率轻度除杂 > 中度除杂 > 重度除杂，反映了清除 1/3 小乔木（高度≤ 2m）+1/3 灌木（地径或胸径≤ 1cm）+1/3 草本的除杂方式对黄藤的成活率最为有利。

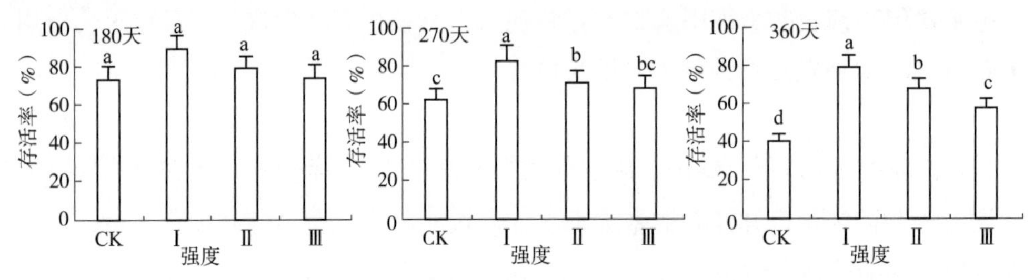

图 5-22　不同除杂强度对黄藤幼苗存活率的影响

高生长　人工除杂措施促进黄藤幼苗株高生长（图 5-23），且随着时间的推移，除杂对棕榈藤高生长的影响逐渐显现。人工除杂 180 天时，株高显著增加（$P < 0.05$），比对照增加 34.97%；270 天时，株高比对照增加 48.52%；360 天时，株高比对照显著增加 85.21%。对比不同除杂强度数据，发现轻度除杂棕榈藤株高 > 中度除杂 > 重度除杂，反映了清除 1/3 小乔木（高度≤ 2m）+1/3 灌木（地径或胸径≤ 1cm）+1/3 草本的除杂方式对棕榈藤的高生长最为有利。

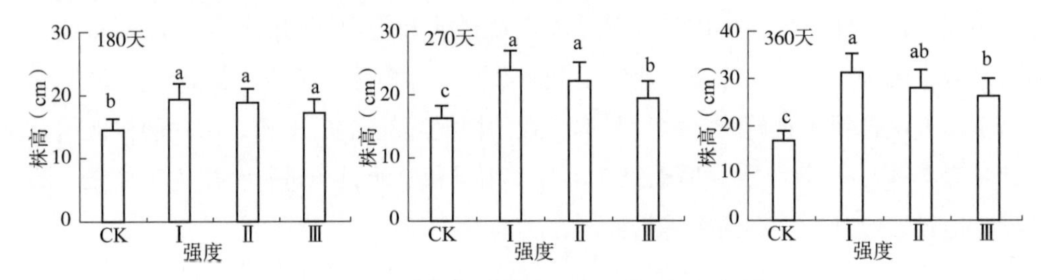

图 5-23　不同除杂强度对黄藤幼苗株高的影响

地径生长　人工除杂措施促进黄藤幼苗地径生长（图 5-24），变化规律与人工除杂对棕榈藤株高的生长影响规律相似。随着人工除杂作业后时间的延长，对黄藤地径生长效果愈发明显，对比 180 天、270 天和 360 天除杂样地棕榈藤地径比对照分别增加 37.84%、63.78% 和 101.64%。对比不同除杂强度数据，发现轻度除杂棕榈藤株高 > 中度除杂 > 重度除杂，反映了清除 1/3 小乔木（高度≤ 2m）+1/3 灌木（地径或胸径≤ 1cm）+1/3 草本的除杂方式对棕榈藤的地径生长最为有利。

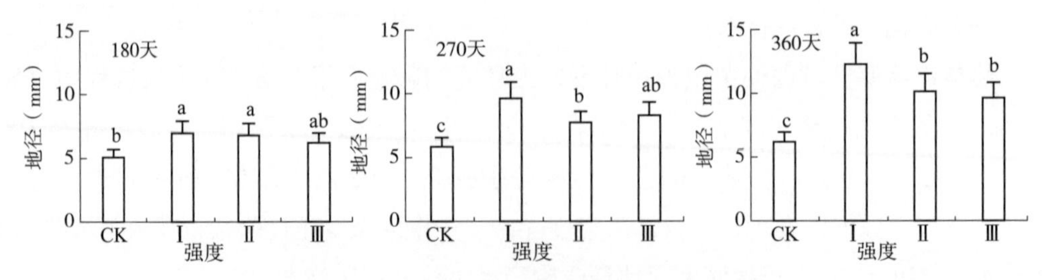

图 5-24　不同除杂强度对黄藤幼苗地径的影响

植被管理模式 用小样方法调查黄藤林地灌木和草本的郁闭度和盖度，进行人工除杂处理。除杂对象包括：林下草本层萌生植物（含杂草）+林下小灌木（地径或胸径≤1cm，高度3m以下）+林下小乔木（胸径≤1cm，高度≤3m）+藤类植物（地径≤1cm，高度2m以下）四类（国家保护树种除外）。除杂强度：清除白藤外其他藤类，清除1/3草本层、小灌木和小乔木。除杂方式：人工砍伐。除杂频率：2次/年。除杂时间：春季和秋季。

（2）白藤植被管理技术

幼苗存活率 人工除杂措施可显著提高幼苗存活率（图5–25），与对照相比，中度除杂180天、270天和360天后，白藤幼苗存活率分别提高16.44%、49.09%和186.21%。对比不同除杂强度数据，发现中度除杂白藤成活率最高，反映了清除2/3小乔木+2/3灌木+2/3草本的除杂方式对白藤的成活率最为有利。

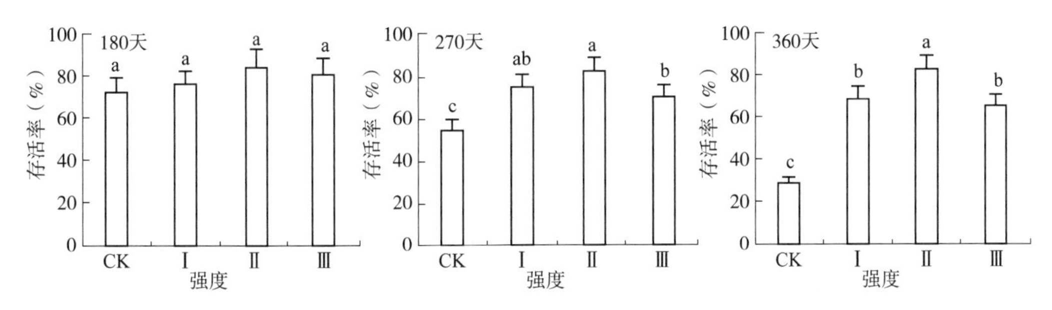

图5–25 不同除杂强度对白藤幼苗存活率的影响

高生长 人工除杂措施促进白藤幼苗株高生长（图5–26），随着人工除杂作业后时间的延长，对白藤株高生长效果愈发明显，对比180天、270天和360天除杂样地棕榈藤株高比对照分别增加40.96%、71.65%和144.53%。对比不同除杂强度数据，发现棕榈藤株高中度除杂>轻度除杂>重度除杂，反映了清除2/3小乔木+2/3灌木+2/3草本的除杂方式对白藤的株高生长最为有利，重度除杂并不是促进白藤株高生长的最佳选择。

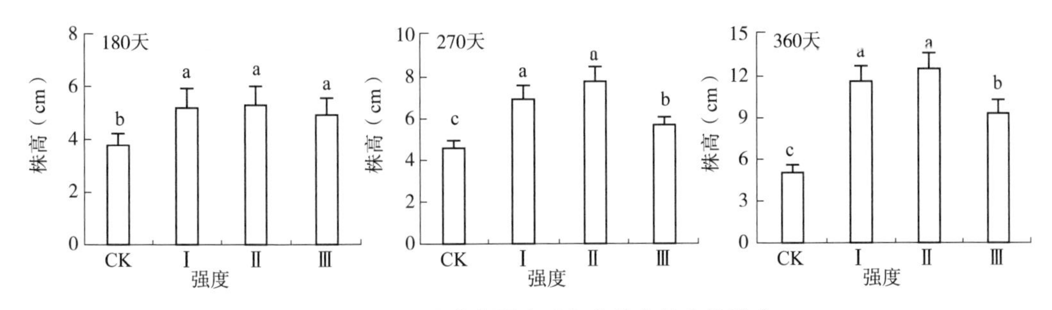

图5–26 不同除杂强度对白藤幼苗株高的影响

地径生长 人工除杂措施促进白藤幼苗地径生长（图 5–27），变化规律与人工除杂对棕榈藤株高的生长影响规律相似。随着人工除杂作业后时间的延长，对白藤地径生长效果愈发明显，对比 180 天、270 天和 360 天除杂样地棕榈藤地径比对照分别增加 48.08%、52.94% 和 84.00%。对比不同除杂强度数据，发现棕榈藤株高中度除杂 > 轻度除杂 > 重度除杂，反映了清除 2/3 小乔木 +2/3 灌木 +2/3 草本的除杂方式对白藤的地径生长最为有利。

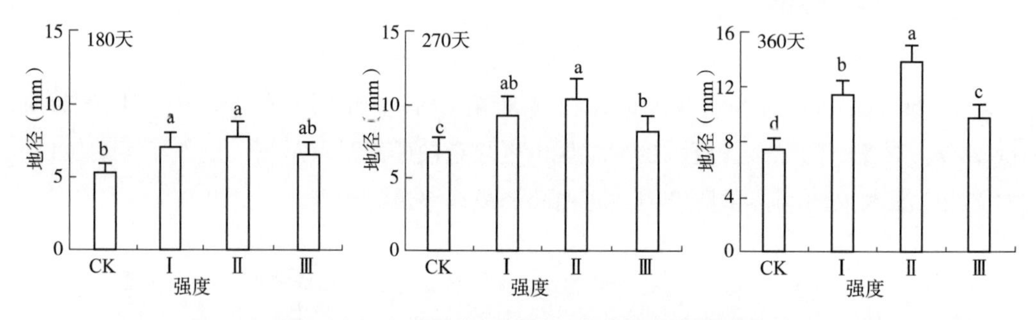

图 5–27　不同除杂强度对白藤幼苗地径的影响

植被管理模式 用小样方法调查白藤林地灌木和草本的郁闭度和盖度，进行人工除杂处理。除杂对象包括：林下草本层萌生植物（含杂草）+ 林下小灌木（地径或胸径≤ 1cm，高度 3m 以下）+ 林下小乔木（胸径≤ 1cm，高度≤ 3m）+ 藤类植物（地径≤ 1cm，高度 2m 以下）四类（国家保护树种除外）。除杂强度：清除黄藤外其他藤类，清除 2/3 草本层、小灌木和小乔木。除杂方式：人工砍伐。除杂频率：2 次 / 年。除杂时间：春季和秋季。

第 6 章
棕榈藤伴生林分养分调控

6.1 林冠氮肥喷施

冠层氮施用试验是模拟大气氮沉降的有效措施，地面氮施用是生产实践中常用抚育手段。本试验采用随机区组试验设计，以无施用林分为对照（CK），设置树冠氮施用：低氮 N50，氮添加量 50kg/（hm^2・a）；高氮 N100，氮添加量 100kg/（hm^2・a）。

氮施用的时间：根据海南年降水规律，试验分 5 次 / 年施用，以防止集中大量施用造成烧苗或养分流失，按试验设计的年总施用量，在 2018 年平均分配到 5、6、7、8、9 月各实施 1 次，其他月份不进行任何施用。

氮施用的实施方法：施肥当月选择降雨集中时间将所需喷施的氮（尿素 NH_4NO_3，含氮量≥ 46.1%，广东湛化集团有限公司生产）溶解在同量（50kg）自来水中，冠层施用通过架设在样圆中心的自制喷施装置（自主研发）实施，从林冠层上方往下均匀喷洒，地面氮施用采用地面喷施的方式进行。对照处理样圆喷洒同量的水，以减少处理间因外加水不同而造成的影响。

6.1.1 对伴生乔木生产力的影响

冠层氮施用改变了单位时间林分内乔木生产力（图 6–1）。施用 N50 样地乔木层生产力高达 24.863t/（hm^2・a），显著高于 N100 样地［10.197t/（hm^2・a）］和对照样地 7.947t/（hm^2・a）（F=6.287，P=0.034，R^2=0.677）；N100 处理与对照间差异不显著。对样地内全部林分生产力比较可知，冠层氮施用 N50 样地全林生产力高达 25.777t/（hm^2・a），显著高于 N100 样地［10.721t/（hm^2・a）］和对照样地 8.003t/（hm^2・a）（F=5.684，P=0.041，R^2=0.655）；N100 处理与对照间差异不显著。冠层 N50 施用对提高林分生产力作用明显，N100 施用作用不显著。

对调查样地内乔木占样地内全林的株数比例和生产力比例比较可知，冠层 N50 处理样地乔木株数占比 59.002%，生产力占比 96.874%，冠层 N100 处理样地乔木株数占比 48.548%，生产力占比 94.934%，均与对照间差异不显著，且呈现相似的变化规律，林分内乔木是生产力的主体。

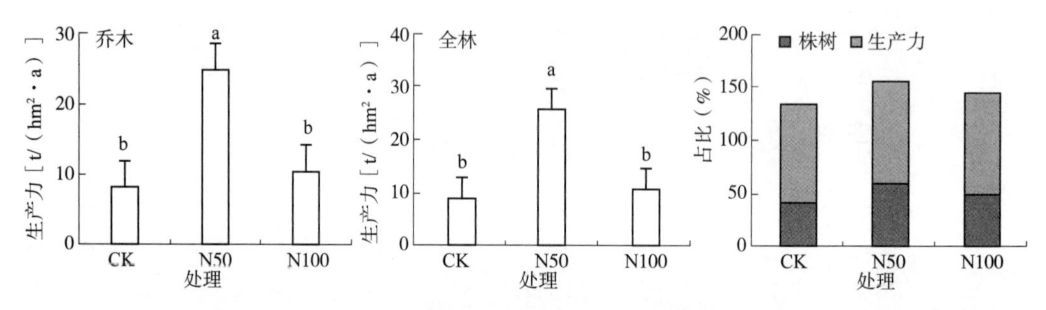

图 6-1　冠层氮施用对林分生产力的影响

注：图中同一指标间不同小写字母表示差异显著（$P < 0.05$）；下同。

6.1.2　对草本层植物生长的影响

冠层氮施用显著影响草本层植物萌生生长能力（图 6-2）。其中，施用 N50 处理草本层萌生植物苗高达 37.5cm/ 年，N100 处理达 32.9cm/ 年，均显著高于对照处理 23.3cm/ 年（F=8.761，P=0.024，R^2=0.879），冠层 N50 和 N100 处理间差异不显著；对当年草本层萌生植物幼苗绝对生物量比较可知，冠层 N50 处理达 12.5g/（m^2·a），冠层 N100 处理达 13.8g/（m^2·a），均显著高于对照 9.41g/（m^2·a）（F=19.518，P=0.031，R^2=0.788），冠层 N50 和 N100 处理间差异不显著。

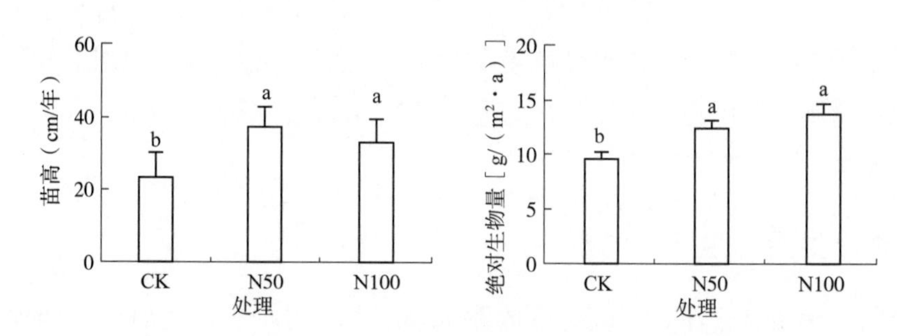

图 6-2　冠层氮施用对草本层植物萌生能力及生物量的影响

6.1.3　对林分凋落物的影响

热带低地次生雨林混合凋落物量季节变化明显，不同处理样地全年均出现 2 次高峰，表现为双峰型（图 6-3）。分别在年度的 2 月和 10 月出现高峰，最低值出现在 4 月和 8 月，冠层 N100 施用处理与对照样地间差异不显著。冠层 N50 施用处理在 2~8 月期间凋落物量均小于对照，10 月和 12 月大于对照；冠层 N100 施用处理在第一个高峰期小于对照，在第二个高峰期大于对照，其他时期与对照间差异不显著。根据生长季（4~8月）的比较可知，冠层N50施用促进林分植物的快速生长，造成凋落物量少于对照，而此期合成的大量物质在生长末期（10~12月）出现大量枯枝落叶，有利于林分内养分循环。

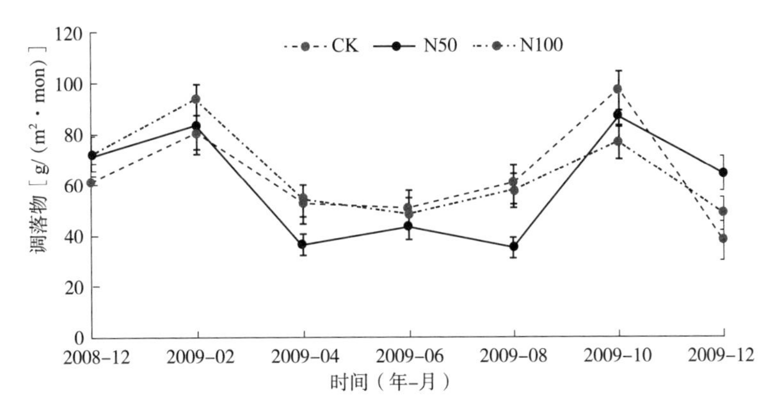

图6-3 冠层氮施用对林分凋落物量季节变化的影响

冠层氮施用处理下混合凋落物养分含量不同（图6-4）。根据冠层氮施用在6月和10月的凋落物养分含量比较，在6月，冠层N100施用后凋落物氮含量达最大值16.224g/kg，显著高于对照（F=7.434，P=0.024，R^2=0.721），N50对氮含量影响不显著；而N50和N100处理下凋落物磷含量均显著高于对照（F=8.554，P=0.018，R^2=0.764）。其中，N100处理磷含量值高达0.117g/kg，显著高于N50处理。在10月，冠层N50和N100处理下凋落物氮含量均显著高于对照（F=11.120，P=0.010，R^2=0.788）；N100处理凋落物磷含量显著高于对照（F=5.603，P=0.042，R^2=0.651），N50处理影响不显著。冠层氮施用处理在6月和10月凋落物的碳含量与对照差异均不显著。

同时，研究发现在冠层N50施用下，6月凋落物中氮含量小于10月，而在N100施用下，6月氮含量值大于10月；在不同处理中，6月凋落物中磷含量值均大于10月。

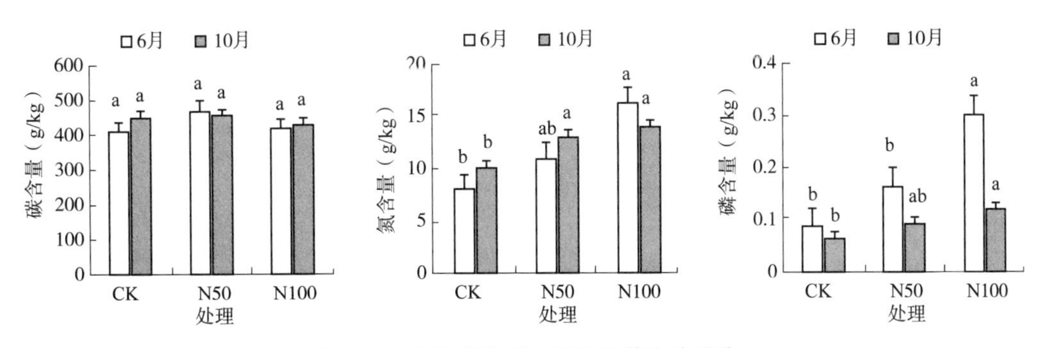

图6-4 冠层氮施用对凋落物养分的影响

6.1.4 对土壤养分的影响

树冠氮施用对林下表层土壤物理性质影响显著（表 6–1）。N50 处理下表层土壤容重、最小持水量和土壤通气度均显著高于对照，分别提高 26.77%、24.28% 和 43.22%，毛管持水量比对照显著减少 21.97%。N100 处理下，表层土壤含水量和毛管持水量分别比对照显著降低 17.59% 和 30.62%。冠层氮添加对林下底层（20~40cm）土壤物理性质影响不显著。可能是冠层施用氮处理时间较短或添加量不够等原因造成的。

表 6–1 冠层氮施用对土壤物理性质的影响

土层（cm）	处理	含水量（g/kg）	容重（kg/m^3）	最大持水量（g/kg）	毛管持水量（g/kg）	最小持水量（g/kg）	总孔隙度（%）	土壤通气度（%）
0~20	CK	117.81 ± 8.85a	1.27 ± 0.08b	279.47 ± 26.74a	236.99 ± 12.15a	117.23 ± 5.38b	43.11 ± 2.34a	14.69 ± 1.27b
	N50	133.33 ± 6.27a	1.61 ± 0.11a	244.81 ± 13.90a	184.93 ± 9.22b	145.69 ± 8.69a	39.51 ± 1.83a	21.04 ± 1.31a
	N100	97.08 ± 5.16b	1.46 ± 0.14a	258.72 ± 14.66a	164.43 ± 7.466b	138.65 ± 6.22a	37.74 ± 2.04a	18.67 ± 1.44ab
20~40	CK	114.82 ± 7.54a	1.53 ± 0.12a	206.23 ± 12.89a	145.57 ± 11.62a	91.852 ± 4.97a	38.31 ± 1.97a	17.62 ± 0.89a
	N50	123.69 ± 9.17a	1.79 ± 0.21a	196.23 ± 10.07a	138.84 ± 12.37a	126.03 ± 11.26a	29.76 ± 3.25a	13.64 ± 1.37a
	N100	93.94 ± 8.13a	1.79 ± 0.13a	178.85 ± 8.82a	126.65 ± 10.65a	116.67 ± 8.71a	31.98 ± 4.03a	15.01 ± 1.18a

注：表中同一指标间不同小写字母表示差异显著（$P < 0.05$）；下同。

冠层氮施用对林下土壤化学性质影响显著（表 6–2）。在低施用量时，N50 处理下表层土壤中铵态氮、硝态氮、有效磷和速效钾含量均显著高于对照，分别提高 35.52%、28.74%、19.61% 和 61.32%。在高施用量时，N100 处理下表层土壤中有机质、全氮、硝态氮和速效钾含量比 N50 处理显著降低 40.09%、45.35%、24.15% 和 26.22%，与对照差异不显著；但土壤有效磷含量比对照显著增加 11.27%。树冠氮施用对林下底层土壤化学性质的影响不显著。

表 6–2 氮添加方式对土壤化学性质的影响

土层（cm）	处理	pH	有机质（g/kg）	全氮（g/kg）	全磷（g/kg）	铵态氮（mg/kg）	硝态氮（mg/kg）	有效磷（mg/kg）	速效钾（mg/kg）
表层 0~20	CK	4.61 ± 0.21a	16.49 ± 2.55ab	0.81 ± 0.05ab	0.07 ± 0.01a	6.11 ± 0.42b	9.36 ± 0.59b	32.03 ± 3.02b	61.01 ± 4.33b
	N50	4.65 ± 0.17a	19.78 ± 0.71a	0.86 ± 0.02a	0.04 ± 0.00a	8.28 ± 0.39a	12.05 ± 0.53a	38.31 ± 1.86a	98.42 ± 2.14a
	N100	4.67 ± 0.09a	11.85 ± 1.74b	0.47 ± 0.05b	0.07 ± 0.01a	7.35 ± 0.44ab	9.14 ± 0.62b	35.64 ± 2.53a	72.61 ± 3.39b

（续）

土层（cm）	处理	pH	有机质（g/kg）	全氮（g/kg）	全磷（g/kg）	铵态氮（mg/kg）	硝态氮（mg/kg）	有效磷（mg/kg）	速效钾（mg/kg）
底层 20~40	CK	4.93 ± 0.31a	9.46 ± 0.29a	0.27 ± 0.01a	0.05 ± 0.00a	6.53 ± 0.28a	5.92 ± 0.23a	17.15 ± 4.21a	43.58 ± 1.86a
	N50	4.83 ± 0.24a	11.82 ± 0.18a	0.40 ± 0.02a	0.03 ± 0.00a	6.90 ± 0.41a	5.14 ± 0.29a	23.62 ± 1.76a	36.50 ± 2.67a
	N100	4.69 ± 0.18a	12.05 ± 0.37a	0.32 ± 0.02a	0.05 ± 0.00a	7.15 ± 0.52a	6.13 ± 0.31a	18.43 ± 2.28a	65.11 ± 3.35a

6.1.5 对棕榈藤更新幼苗生长的影响

冠层氮施用对黄藤更新幼苗株高生长影响显著（图 6–5）。N50 和 N100 处理下，株高年增长量分别达 2.53cm 和 2.55cm，显著高于对照 1.714cm（F=7.202，P=0.037，n=45），N100 与 N50 处理间差异不显著；更新幼苗地径年增长量分别为 1.23mm 和 1.16mm，与对照间差异不显著（F=1.313，P=0.144）；对藤苗叶片数和存活率影响不显著（$P > 0.05$）。

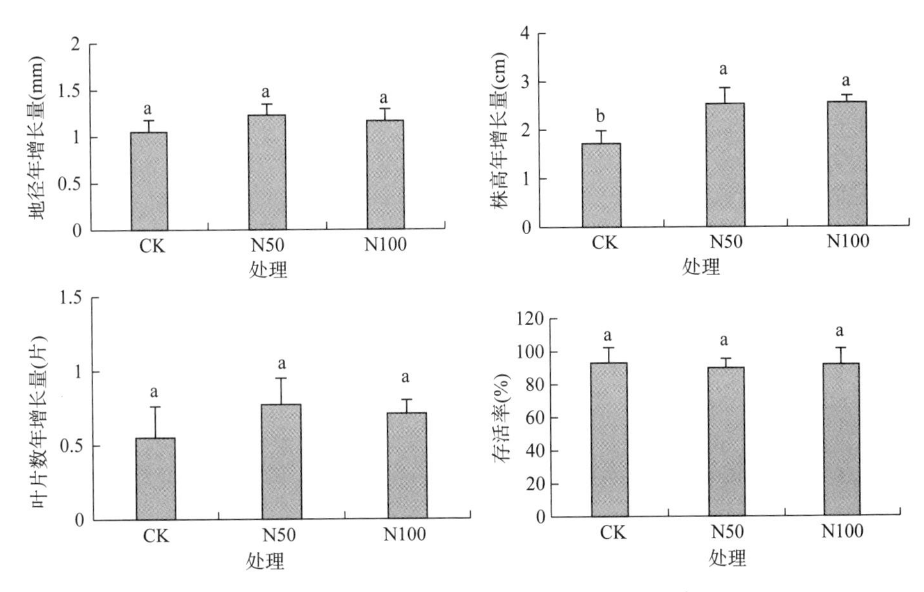

图 6–5 黄藤更新幼苗年增长量及存活率比较

冠层氮施用对白藤更新幼苗地径、株高、叶片数年增长量和存活率影响均不显著（$P > 0.05$）（图 6–6），这可能是冠层施用氮对林分下白藤更新幼苗影响较小，短时间内处理效果不明显所致。

冠层氮施用显著影响黄藤和白藤更新幼苗总根系生物量（图 6–7）。其中，黄藤幼苗在 N100 处理下根生物量最大 1.076g，比对照显著提高 22.60%；N50 处理下与对照差异不显著。白藤幼苗在 N100 处理下根生物量最大 1.714g，比对照提高 19.94%；N50

处理则比对照显著降低 38.07%。可见在冠层氮施用背景下，黄藤和白藤更新幼苗均在 N100 处理下，根系总生物量值较大。

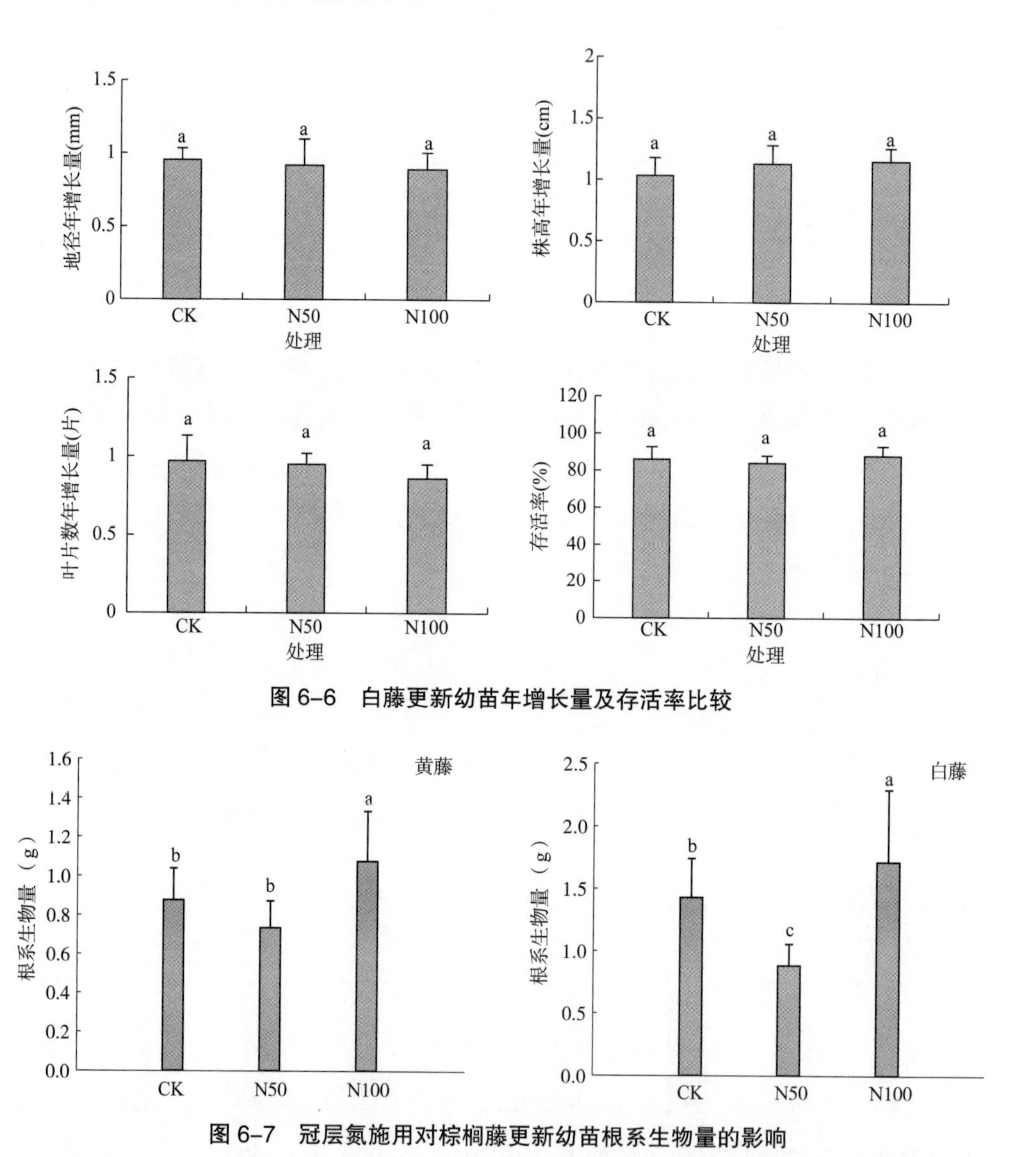

图 6-6　白藤更新幼苗年增长量及存活率比较

图 6-7　冠层氮施用对棕榈藤更新幼苗根系生物量的影响

冠层氮施用对黄藤和白藤更新幼苗各级根系比根长影响不同（图 6-8）。其中，黄藤幼苗一级根在 N50 处理下达最大值，为 74.052cm/g，比对照显著提高 35.72%。二级根在 N50 处理下比根长最小 48.229cm/g，显著低于对照 10.01%。三级根则在 N100 处理下达最高值 1429.566cm/g，比对照显著提高 30.96%。白藤幼苗各级根均在 N100 处理下达最大值，分别为 53.396cm/g、43.790cm/g 和 1648.279cm/g，比对照分别显著提高 43.89%、45.07% 和 79.17%。可见黄藤更新幼苗在 N50 施用下，一级根比根长值较大，在 N100 施用下，三级根比根长值较大；而白藤幼苗各级根比根长在 N100 施用下较大。

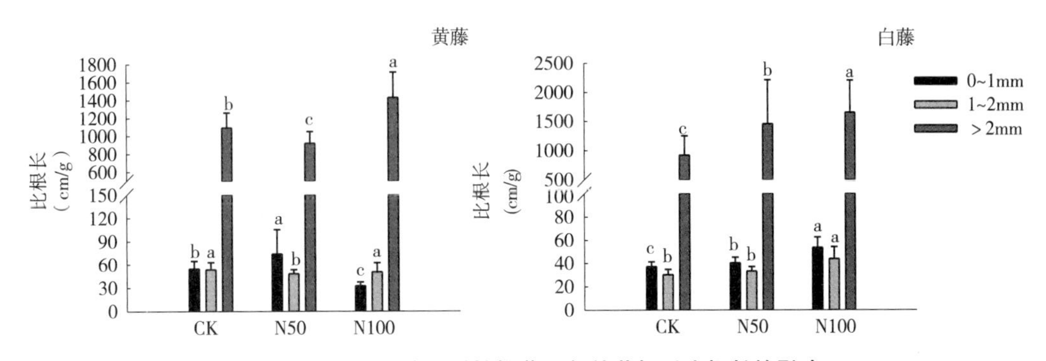

图 6-8　冠层氮施用对棕榈藤更新幼苗根系比根长的影响

6.2　林地氮磷肥喷施

本试验采用随机区组试验设计，以无施用林分为对照（CK），设置地面低氮施用［GN50，氮添加量 50kg/（hm^2·a）］、高氮施用［GN100，氮添加量 100kg/（hm^2·a）］、低磷施用［GP50，磷添加量 50kg/（hm^2·a）］、高磷施用［GP100，磷添加量 100kg/（hm^2·a）］、低氮低磷施用［GN50+P50，氮添加量 50kg/（hm^2·a）+ 磷添加量 50kg/（hm^2·a）］和高氮高磷施用［GN100+P100，氮添加量 100kg/（hm^2·a）+ 磷添加量 100kg/（hm^2·a）］共 6 个处理，每个处理 3 次重复，共 21 个样地，样地规格为半径 10m 的样圆。

氮磷施用的实施时间：5、6、7、8、9 月各实施 1 次，每个施肥月中旬将所需喷施的磷肥（过磷酸钙，有效 $P_2O_2 \geq 14\%$、水溶性 $P_2O_5 \geq 9\%$，广东湛化集团有限公司）溶解在同量（50kg）自来水中，均匀喷施到样地地面上，对照处理样地喷洒同量的水，以减少处理间因外加水不同而造成的影响。

6.2.1　对伴生乔木生产力的影响

地面氮磷施用改变了单位时间林分内乔木生产力。从图 6-9 可以看出，氮磷施用对林分生产力影响不同。不同施用处理间，低氮低磷施用（GN50+P50，下同）处理下林分内乔木及全林生产力均达最高值，分别比对照显著提高 228.59% 和 235.06%，显著高于其他处理（$P < 0.05$）。其中，对氮元素而言，GN100 样地乔木层生产力和全林生产力分别达 20.681t/（hm^2·a）和 21.164t/（hm^2·a），显著高于 GN50 样地［10.255t/（hm^2·a）和 10.869t/（hm^2·a）］和对照样地（$P < 0.05$），GN50 处理与对照间差异不显著；地面高氮施用对提高林分生产力作用明显，低氮施用作用不显著。对磷元素而言，GP50 处理样地内乔木层生产力和全林生产力分别达 13.537t/（hm^2·a）和 14.71t/（hm^2·a），均显著高于对照样地（$P < 0.05$），GP100 处理乔木生产力与对照间差异不显著；低磷施用对提高林分生产力作用效果显著。低氮低磷共同施用处理下，样地乔木

层生产力和全林生产力均达最大值，且显著高于高氮高磷施用（GN100+P100，下同）（$P < 0.05$），氮磷共同施用大于单一元素施用对林分生产力的提高能力，各处理间GN50+P50作用效果最大。

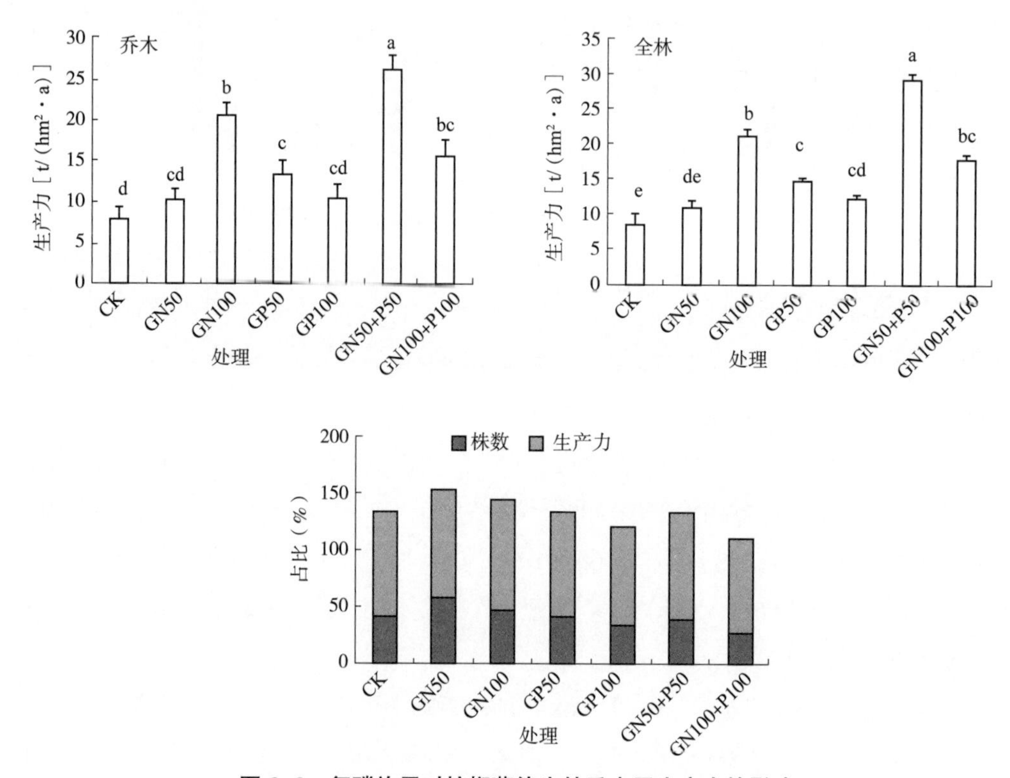

图 6-9　氮磷施用对棕榈藤伴生林乔木层生产力的影响

对同一施用量比较可知，在低施用量时，GN50+P50 处理下林分内乔木及全林生产力均达最高值；在高施用量时，GN100 处理下林分内乔木及全林生产力均达最高值，分别比对照显著提高 160.24% 和 144.11%。

对调查样地内乔木株数占全林株数和生产力的比例比较可知，各种处理样地内乔木株数占比在 28%~59% 之间，而生产力占比在 82%~98% 之间，其中生产力最大的 GN50+P50 处理样地内乔木株数占比 39.102%，生产力占比 93.867%。GN100 样地内生产力占比最高，达 97.329%，GN100+P100 处理样地占比最小，乔木株数占比 28.043%，生产力占比 82%，各处理样地间差异不显著，且呈现相似的变化规律，林分内乔木是生产力的主体。

6.2.2　对草本层植物生长的影响

地面氮磷施用显著提升了草本层萌生植物更新生长能力。从图 6-10 可以看出，不同施用处理比较，GN50+P50 处理下棕榈藤伴生林内草本层植物萌生苗高和生物量均达最高值，分别比对照显著提高 143.29% 和 157.60%，显著高于其他处理（$P < 0.05$）。其中对氮元素而言，GN50 处理草本层萌生植物苗高和生物量分别达 45.9cm/ 年和 14.17g/（$m^2 \cdot a$），比对照显著提高 98.70% 和 50.58%（$P < 0.05$），和 GN100 处理间差异不显著。GN100 处理显著提高了草本层萌生植物苗高的生长，但对其绝对生物量影响不显著。对磷元素而言，GP50 处理草本层萌生植物苗高和幼苗生物量分别达 34.6cm/ 年和 16.5g/（$m^2 \cdot a$），分别比对照显著提高 49.78% 和 75.34%（$P < 0.05$）；对当年萌生植物幼苗绝对生物量比较可知，GP50 施用处理下比 GP100 施用处理显著提高 25.95%（$P < 0.05$）。不同磷施用量之间草本层萌生植物苗高差异不显著，但高磷施用幼苗生物量显著降低，可见过量磷施用对植物茎的生长和器官组织发育促进作用不明显，造成磷浪费。低氮低磷共同施用处理下，样地草本层植物萌生苗高和生物量均达最大值，且显著高于 GN100+P100 处理（$P < 0.05$）。

对同一施用量比较可知，在低施用量时，GN50+P50 处理下草本层植物萌生苗高及生物量均达最高值；在高施用量时，GN100+P100 处理下草本层植物萌生苗高及生物量达最高值，分别比对照显著提高 106.49% 和 85.97%。可见地面氮磷共同施用具有较强的交互作用，大于单一元素施用的效果，对草本层萌生幼苗高生长和物质合成与积累具有明显的促进作用。

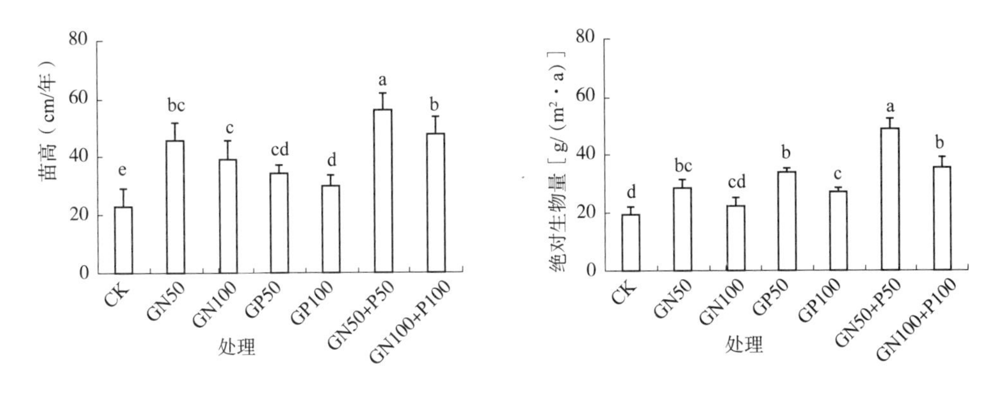

图 6-10　氮磷施用对棕榈藤伴生林草本层植物生长的影响

6.2.3　对林分凋落物的影响

热带棕榈藤伴生林混合凋落物量季节变化明显，不同处理样地全年均出现 2 次高峰，表现为双峰型（图 6-11），分别在年度的 2 月和 10 月出现高峰值，最低值出现时间在不同处理间表现不同。对氮元素而言，GN50 处理在第一个高峰期比对照增加 27.28%，可能是短期氮施用促进了林分植物的萌发和生长，大量新生枝和叶生长加速了老枝和老叶的代谢和更新，导致第一个高峰期凋落物量较大，在生长季（4~8 月）凋落物量小于对照，第二个高峰期大于对照样地的现象，且全年最小值较为集中，出现在4月和6月。GN100施用处理在第一个高峰期与对照差异不明显，全年生物量在第二个高峰期之前变化较小，在生长季和生长季末凋落物量均大于对照，可能是地面氮的大量施用造成林分内植物生长量快速增加，凋落物量增大，养分循环速度加快的缘故。

对磷元素而言，GP50处理在第一个高峰期比对照减少12.91%，而在生长季（4~10月）凋落物量高于对照。GP100处理在生长季和非生长季凋落物量均高于对照，尤其在第二个高峰期比对照显著提高55.02%，可能是地面磷的大量施用促进林分内植物器官的合成与物质积累，加快了养分循环速度。磷施用样地凋落物最低值出现在6月和12月，与对照样地一致。氮磷共同施用处理样地内凋落物量在生长季（4~8月）和生长季末期（10月）均大于对照样地，其中在生长季末期（10月）分别比对照显著提高42.67%和43.09%，且全年凋落物量第一次最低值出现时间提前到4月。GN100+P100处理下，双峰型表现不明显，尤其是第一个高峰期消失，全年凋落物量保持在较高的水平。氮磷共同施用显著促进了林分内植物生长和养分循环速度。

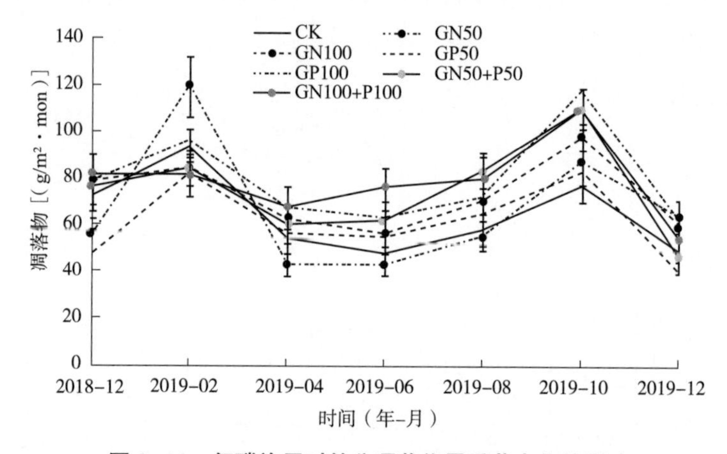

图6-11　氮磷施用对林分凋落物量季节变化的影响

氮磷共同施用处理下凋落物养分含量不同（图6-12）。不同处理间，混合凋落物中碳含量，6月GN100处理样地达最大值，比最小值GP50样地显著高出44.85%，10月显著高出37.04%，但与对照样地间差异不显著。氮含量6月份在GN50+P50处理样地内出现最大值，比最小值对照样地显著高出48.55%，10月显著高出45.12%。磷含量6月在GN50+P50处理样地内出现最大值，比最小值对照样地显著高出166.67%，10月显著高出162.50%。

对氮元素施用而言，在6月和10月，不同的氮施用处理后凋落物碳含量与对照差异不显著（$P>0.05$）；氮含量在6月和10月，GN50处理均比对照显著提高36.32%和30.15%（$P<0.05$），GN100与对照差异不显著。磷含量在6月和10月，GN50处

理均比对照显著提高 88.89% 和 125.00%（$P < 0.05$），GN100 与对照差异不显著。

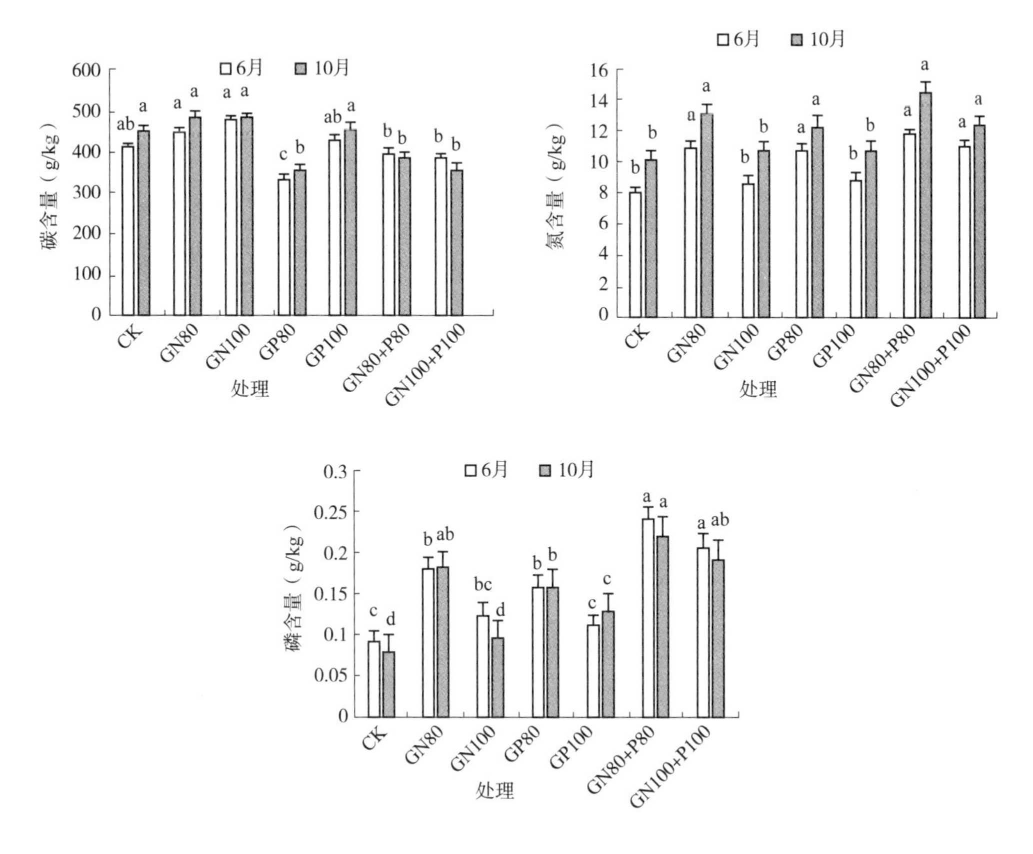

图 6-12　氮磷施用对林分凋落物养分含量的影响

对磷元素施用而言，6 月和 10 月凋落物中碳含量 GP100 处理均比 GP50 处理显著提高 29.39% 和 28.48%（$P < 0.05$），而与对照间差异不显著。6 月和 10 月凋落物中氮含量在 GP50 样地中分别比对照提高 35.06% 和 21.81%（$P < 0.05$），并显著高于 GP100 处理样地。6 月和 10 月凋落物中磷含量在 GP50 样地中分别比对照提高 66.67% 和 87.5%（$P < 0.05$），并显著高于 GP100 处理样地。

氮磷共同施用处理下，10 月凋落物碳含量显著低于对照，其中 GN100+P100 比对照显著降低 20.81%。6 月和 10 月凋落物中 N 含量在 GN50+P50 样地中分别比对照提高 48.55% 和 38.76%（$P < 0.05$），与 GN100+P100 处理样地间差异不显著。6 月和 10 月凋落物中磷含量在 GN100+P100 样地中分别比对照提高 166.67% 和 162.50%（$P < 0.05$），与 GN100+P100 处理样地间差异不显著。

同时，研究发现不同氮磷施用处理间，混合凋落物中 6 月氮含量均小于 10 月。随着地面氮磷单一元素施用量的增加，凋落物中碳含量呈现递增的趋势，而共同施用时，呈递减趋势。混合凋落物中磷含量变化趋势复杂，氮磷共同施用处理磷含量大于单一元素施用。由此，在热带雨林中氮磷共同施用对促进林分养分循环的机理，值得我们进一步开展研究进行探讨。

6.2.4 对土壤养分的影响

氮磷施用显著影响土壤有效养分含量（表 6–3）。其中，不同氮磷施用处理间，表层土壤中铵态氮、硝态氮、有效磷含量在 GN50+P50 处理下达到最高值，比对照显著提高 44.35%、72.33% 和 39.02%。而速效钾含量在 GP50 样地中达最高值，比对照提高 91.87%；底层土壤中有效磷含量，在 GN100 处理下达最小值，比对照显著降低 39.30%。其他化学性质变化不明显。

单一氮元素施用时，表层土壤中铵态氮、硝态氮、速效钾含量随施用量的增加，逐渐递增。在 GN100 处理下达最大值，分别比对照显著提高 39.09%、34.83% 和 44.89%，与 GN50 处理间差异不显著；而底层土壤中有效磷含量呈递减趋势。

单一磷元素施用时，GP50 处理下表层土壤中铵态氮、有效磷和速效钾含量分别比对照提高 38.79%、29.75% 和 97.88%；GP100 处理下土壤硝态氮含量比对照显著提高 41.35%；对其他土壤化学性质影响不明显。氮磷共同施用对表层土壤中有效养分的影响作用大于单一元素施用，且不同的氮磷施用处理短期内对土壤中全量养分（全氮、全磷）的含量影响不明显。

表 6–3　氮磷施用对土壤化学性质的影响

土层（cm）	处理	pH	有机质（g/kg）	全氮（g/kg）	全磷（g/kg）	铵态氮（mg/kg）	硝态氮（mg/kg）	有效磷（mg/kg）	速效钾（mg/kg）
表层 0~20	CK	4.61 ± 0.21a	16.49 ± 2.55a	0.81 ± 0.05a	0.07 ± 0.01a	6.11 ± 0.42b	9.36 ± 0.59b	32.03 ± 3.02b	61.01 ± 4.33b
	GN50	4.53 ± 0.13a	19.61 ± 1.12a	0.72 ± 0.01a	0.05 ± 0.00a	7.92 ± 0.52a	12.58 ± 0.73a	31.24 ± 1.61b	94.33 ± 7.74a
	GN100	4.59 ± 0.20a	17.50 ± 0.98a	0.83 ± 0.04a	0.07 ± 0.00a	8.50 ± 0.46a	12.62 ± 0.81a	28.75 ± 1.42b	88.47 ± 9.88a
	GP50	4.48 ± 0.19a	21.01 ± 0.74a	0.98 ± 0.05a	0.06 ± 0.00a	8.48 ± 0.31a	11.51 ± 0.62ab	41.56 ± 2.07a	117.16 ± 5.25a
	GP100	4.53 ± 0.11a	14.25 ± 0.69a	0.66 ± 0.03a	0.07 ± 0.00a	7.98 ± 0.47a	13.23 ± 0.91a	34.01 ± 2.52b	71.68 ± 2.79b
	GN50+P50	4.51 ± 0.19a	16.19 ± 0.66a	0.81 ± 0.05a	0.08 ± 0.00a	8.82 ± 0.41a	16.13 ± 0.79a	44.53 ± 1.44a	112.43 ± 9.24a
	GN100+P100	4.58 ± 0.27a	19.68 ± 0.81a	0.84 ± 0.05a	0.07 ± 0.00a	7.02 ± 0.37b	15.37 ± 0.93a	31.68 ± 1.86b	103.81 ± 8.73a

（续）

土层（cm）	处理	pH	有机质（g/kg）	全氮（g/kg）	全磷（g/kg）	铵态氮（mg/kg）	硝态氮（mg/kg）	有效磷（mg/kg）	速效钾（mg/kg）
底层 20~40	CK	4.93 ± 0.31a	9.46 ± 0.29a	0.27 ± 0.01a	0.05 ± 0.00a	6.53 ± 0.28a	5.92 ± 0.23a	17.15 ± 4.21a	43.58 ± 1.86a
	GN50	4.82 ± 0.19a	13.60 ± 0.47a	0.42 ± 0.05a	0.04 ± 0.00a	7.12 ± 0.41a	7.69 ± 0.34a	13.06 ± 0.77b	69.20 ± 5.97a
	GN100	4.71 ± 0.17a	15.59 ± 1.26a	0.38 ± 0.05a	0.05 ± 0.00a	7.39 ± 0.35a	9.87 ± 0.51a	10.41 ± 0.65b	56.65 ± 6.85a
	GP50	4.81 ± 0.24a	11.89 ± 0.62a	0.48 ± 0.06a	0.06 ± 0.00a	5.64 ± 0.27a	6.23 ± 0.36a	26.64 ± 1.56a	72.62 ± 4.14a
	GP100	4.65 ± 0.09a	12.56 ± 0.55a	0.51 ± 0.05a	0.05 ± 0.00a	7.12 ± 0.43a	8.45 ± 0.52a	30.31 ± 1.84a	60.16 ± 3.31a
	GN50+P50	4.75 ± 0.31a	10.98 ± 0.63a	0.49 ± 0.04a	0.06 ± 0.00a	6.90 ± 0.45a	7.45 ± 0.38a	17.29 ± 1.09a	89.90 ± 5.79a
	GN100+P100	4.66 ± 0.18a	12.57 ± 0.59a	0.48 ± 0.03a	0.06 ± 0.00a	7.24 ± 0.39a	6.82 ± 0.45a	20.66 ± 1.31a	81.57 ± 6.38a

6.2.5 对棕榈藤更新幼苗生长的影响

地面氮磷施用显著影响黄藤幼苗生长性状（图 6–13）。不同施用处理间，黄藤幼苗株高、地径年增长量在 GN50+P50 处理中达最大值，分别比对照显著提高 84.81% 和 117.50%，幼苗叶片数年增长量和存活率在 GN100+P100 处理中达最大值，分别比对照显著提高 149.09% 和 15.85%。施用单一氮元素时，GN50 和 GN100 处理下，株高年增长量分别达 2.91cm 和 2.66cm，比对照显著提高 69.78% 和 55.19%，存活率分别提高 13.41% 和 9.76%（$P < 0.05$），两处理间差异不显著；施用单一氮元素对更新幼苗地径和叶片数增长量影响不显著（$P > 0.05$）。施用单一磷元素时，GP100 处理下，地径年增长量达 1.607mm，比对照显著提高 53.49%（$P < 0.05$），存活率提高 13.41%，两处理间差异不显著；施用单一磷元素对更新幼苗株高和叶片数增长量影响不显著（$P > 0.05$）。

氮磷共同施用对黄藤更新幼苗地径、株高和叶片生长影响显著（图 6–13），GN50+P50 和 GN100+P100 处理下，地径年增长量分别达 1.935mm 和 1.711mm，株高年增长量分别达 3.728cm 和 2.644cm，叶片数年增长量分别达 1.24 片和 1.37 片；两种共同施用处理模式下地径、株高和叶片数年增长量均显著高于对照（$P < 0.05$），两种处理模式间地径和叶片数年增长量差异不显著（$P > 0.05$），株高年增长量差异显著（$P < 0.05$）。氮磷共同施用处理下，更新藤苗存活率显著高于对照（$P < 0.05$），两种处理间差异不显著（$P > 0.05$）。

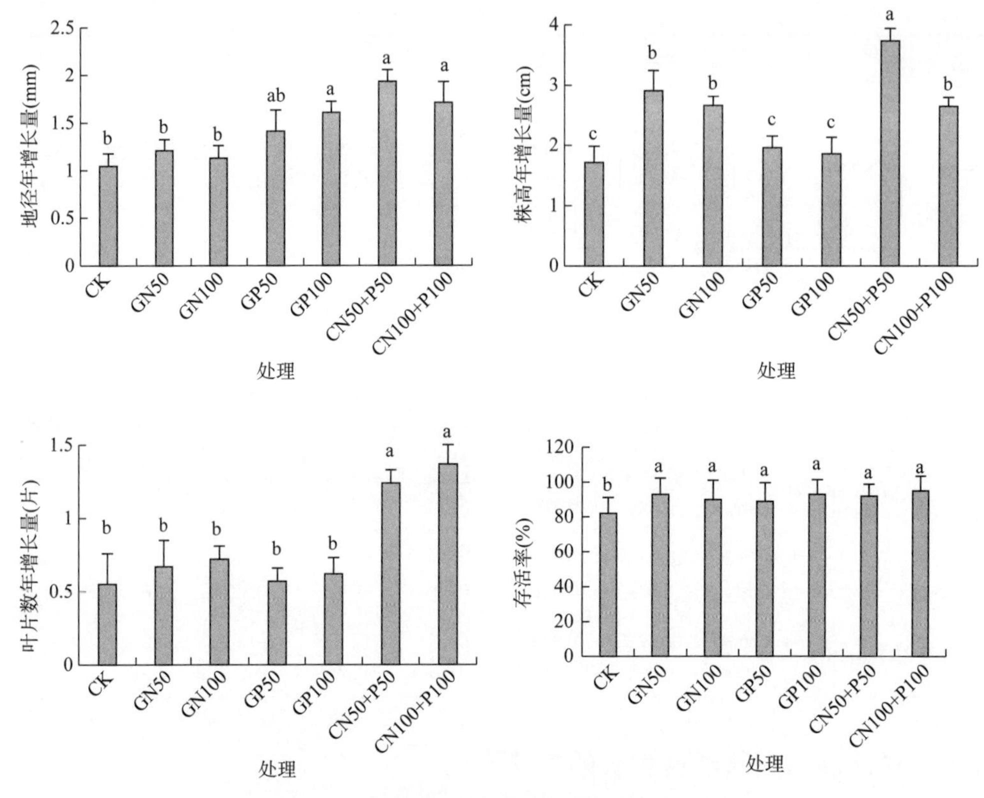

图 6-13　黄藤更新幼苗年增长量及存活率比较

地面氮磷施用显著影响白藤幼苗生长性状（图 6-14）。不同施用处理间，白藤幼苗株高、地径年增长量在 GN100+P100 处理中达最大值，分别比对照显著提高 86.24% 和 120.63%，幼苗叶片数年增长量和存活率在 GN50+P50 处理中达最大值，分别比对照显著提高 18.39% 和 20.51%。施用单一氮元素时，GN100 处理下，株高年增长量和存活率分别达 1.871cm/ 年和 92%，分别比对照显著提高 81.29% 和 17.95%（$P < 0.05$），两处理间差异不显著；对更新幼苗地径和叶片数增长量影响不显著（$P > 0.05$）。施用单一磷元素时，GP100 处理下，地径年增长量达 1.454mm，比对照显著提高 78.62%（$P < 0.05$），两处理间差异不显著；GP50 处理下，幼苗存活率比对照显著提高 12.82%（$P < 0.05$）；对更新幼苗株高和叶片数增长量影响不显著（$P > 0.05$）。氮磷共同施用对白藤更新幼苗地径和株高生长影响显著，GN50+P50 和 GN100+P100 处理下，地径年增长量分别达 1.427mm 和 1.516mm，株高年增长量分别达 2.084cm 和 2.277cm；两种共同施用处理模式下地径和株高年增长量均显著高于对照（$P < 0.05$），两种处理模式间差异不显著（$P > 0.05$）。氮磷共同施用处理下，更新藤苗存活率分别比对照显著提高 20.51% 和 17.95%（$P < 0.05$），两种处理间差异不显著（$P > 0.05$）。

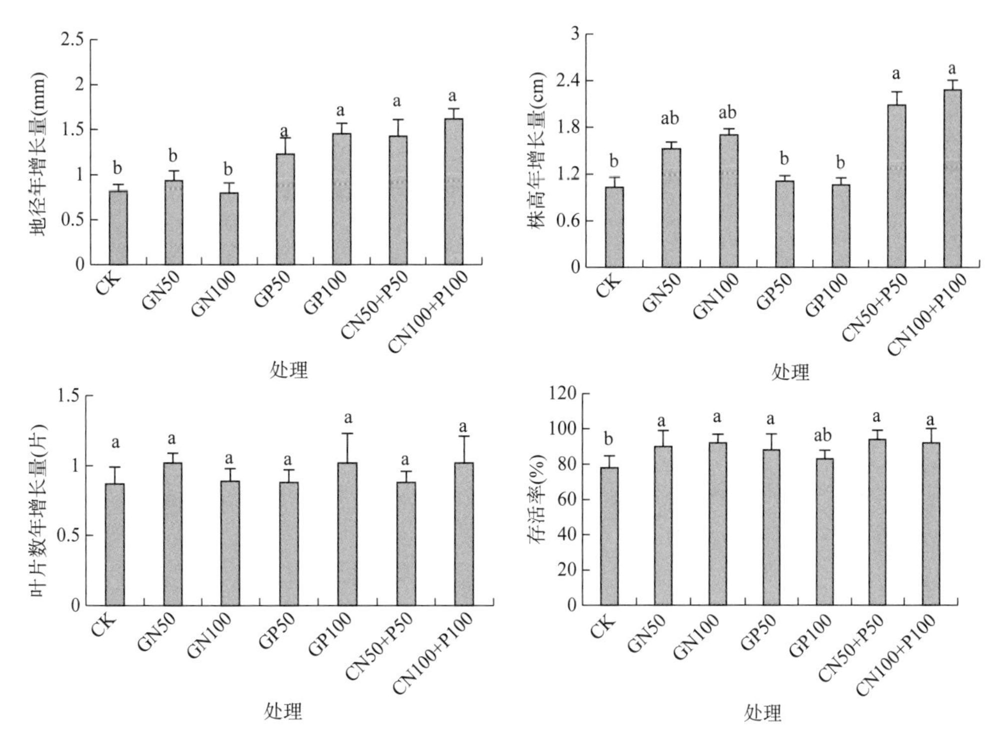

图 6–14　白藤更新幼苗年增长量及存活率比较

地面氮磷施用显著影响黄藤幼苗生产力（图 6–15）。不同施用处理间，2018 年同批黄藤更新幼苗生物量差异不显著（$P > 0.05$），2019 年生物量在 GP50 处理下达最大值 0.553g/m^2，比对照显著提高 159.62%（$P < 0.05$），幼苗生产力在 GN50+P50 处理中达最大值 0.305g/（m^2·a），比对照显著提高 224.68%（$P < 0.05$）。施用单一氮元素时，GN50 和 GN100 处理下，同批黄藤更新幼苗 2018 年生物量差异不显著，2019 年生物量在 GN100 处理下达最大值 0.474g/m^2，比对照显著提高 122.54%，幼苗生产力在 GN50 处理中达最大值 0.271g/（m^2·a），比对照显著提高 188.29%，两种施用量间差异不显著。施用单一磷元素时，同批黄藤更新幼苗 2018 年生物量差异不显著，2019 年生物量和幼苗生产力在 GP50 处理下达最大值 0.553g/m^2 和 0.297g/（m^2·a），分别比对照显著提高 159.62% 和 215.96%，两种施用量间差异不显著。

氮磷共同施用处理下，2018 年同批白藤更新幼苗生物量差异不显著（图 6–16），2019 年生物量在 GN50+P50 处理下达最大值 0.437g/m^2，比对照显著提高 105.16%，幼苗生产力在 GN50+P50 处理中达最大值 0.305g/（m^2·a），比对照显著提高 224.68%，两种施用量间差异不显著。氮磷共同施用促进黄藤更新幼苗干物质合成积累能力，提高生产力。地面氮磷施用显著影响白藤幼苗生产力（图 6–16）。不同施用处理间，同批白藤更新幼苗 2018 年度生物量差异不显著（$P > 0.05$），2019 年生物量在 GP100 处理下达最大值 0.221g/m^2，比对照显著提高 49.32%（$P < 0.05$），幼苗生产力在

GN50+P50 处理中达最大值 0.073g/（m^2·a），比对照显著提高 192%（P < 0.05）。同时发现，针对单一施用元素，高施用量处理下生产力的值小于低施用量，可见，氮磷的过度施用，利用效率反而下降。施用单一氮元素时，同批白藤更新幼苗 2018 年生物量差异不显著，2019 年生物量和幼苗生产力在 GN50 处理下达最大值 0.192g/m^2 和 0.055g/（m^2·a），比对照显著提高 29.73% 和 120%，两种施用量间差异不显著。施用单一磷元素时，同批白藤更新幼苗 2018 年生物量差异不显著，2019 年生物量在 GP100 处理下达最大值 0.221g/m^2，比对照显著提高 49.32%，幼苗生产力在 GP50 处理下达最大值 0.059g/（m^2·a），比对照显著提高 136%，两种施用量间差异不显著。

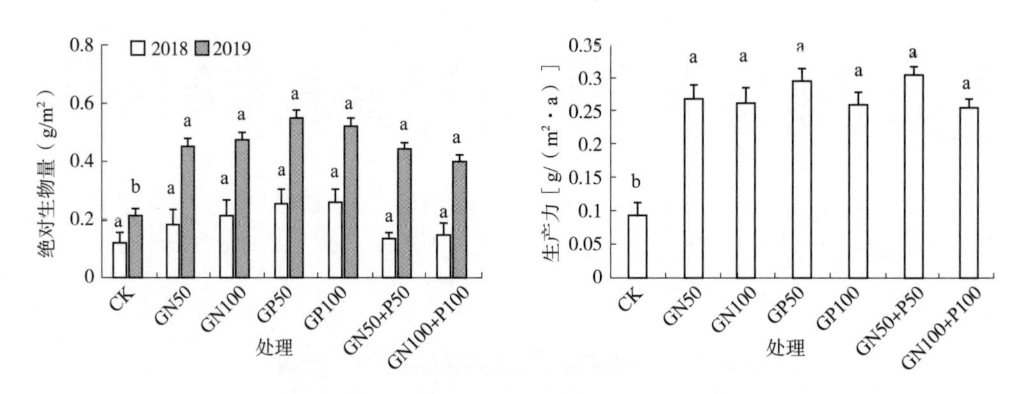

图 6-15　氮磷施用对黄藤幼苗生产力的影响

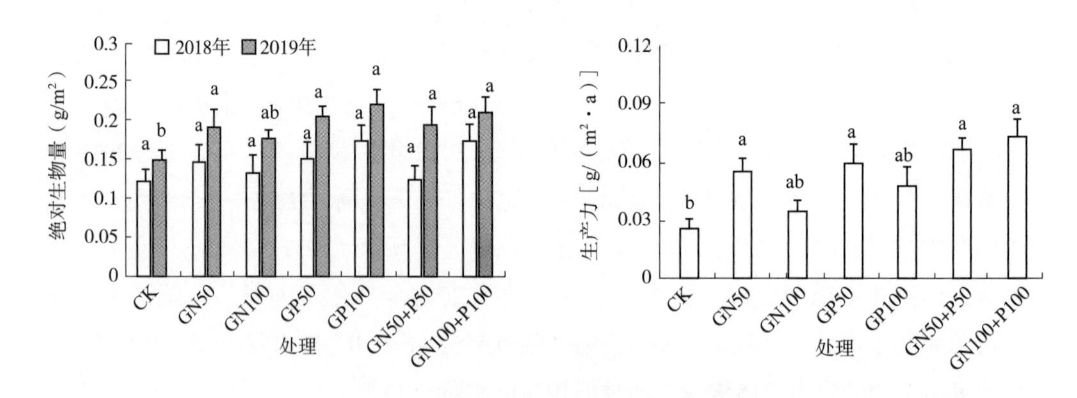

图 6-16　氮磷施用对白藤幼苗生产力的影响

综合地面氮磷施用对两种棕榈藤更新幼苗生长性状的影响可知，氮磷共同施用对藤苗生长和存活率提高表现出交互促进作用。在一定时间内，氮磷共同施用，对藤苗株高和地径生长的促进作用大于施用单一养分的效果，且能显著提高更新幼苗存活能力。氮磷共同施用处理下，生物量比对照显著提高 41.89%，幼苗生产力比对照显著提高 192%，两种施用量间差异不显著，氮磷共同施用促进黄藤更新幼苗干物质合成积累能力，提高生产力。

第7章 棕榈藤种子育苗与壮苗培育技术

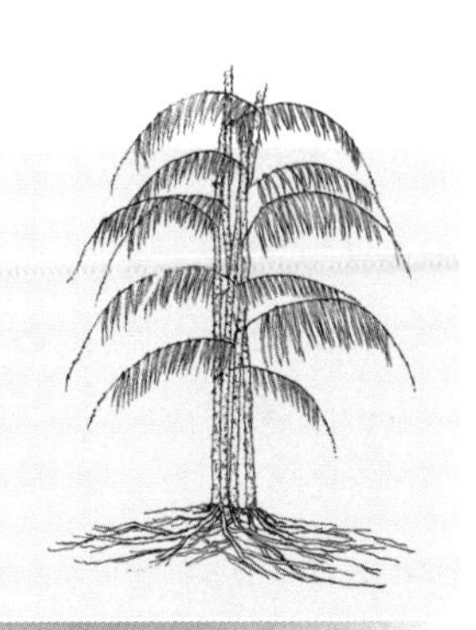

7.1 种子人工育苗

7.1.1 藤果的采集和种子处理

适时采种 棕榈藤的藤果属于浆果类型，成熟后很容易脱落，要保证藤果的质量，就需要在藤果脱落前进行采种。因此，采种前需要提前落实藤林的地点、结果植株的具体位置和结实量，以便藤果成熟时及时进行采种。为了保证种子和种苗的质量，采种前必须认真选择采种母株，不能盲目采集。选择棕榈藤采种母株的原则是：①选择生长旺盛、长势良好、挂果量多的植株作为采种母株；②选择藤龄至少在7年以上且正处在盛果期的植株作为采种母株，因为在这种母株上采集的种子生命力强、发芽率高、遗传性状好；③选择无病虫害的、藤体粗大、生长健壮的植株作为采种母株。

确定采种期 选择合适的采种期非常重要，种子采集最好是在果实成熟且未脱落前采收。采种时间过早，种子未成熟。过迟，则果实脱落而采不到种子或采到的种子质量不好，发芽率不高。

果实采收 采集果实需要掌握好藤果的成熟期，在成熟期内进行采集。据考察知，宽刺省藤、云南省藤的孕穗期为2~3月，开花期为4~5月，坐果期为6~7月，成熟期为8月下旬至9月中旬；版纳省藤（南巴省藤）和钩叶藤的孕穗期为3~4月，开花期6~7月，坐果期为8~9月，果实成熟期则为12月下旬至翌年1~2月。采种时应尽量选择长势旺盛、生长健壮的植株作为采种母株。虽然生长在同一植株上，但常常有成熟度不一样的果实，所以果实采收后还要进行选种，选择健壮、饱满、大粒且充分成熟的果实作为播种材料。

果实存放 成熟的藤果含有大量的糖分和水分，容易发酵或产生霉变。因此，采下后若不能及时去除果肉，则应采用大花篮装运，到达目的地后及时摊开晾在地上。

去除果肉，取出种子 为了避免藤果发酵或霉变，提高出苗率，抵达目的地后及时去除果肉。具体步骤如下：①将藤果放入撮箕或箩筐里，用有棱角的石块反复搓揉，使果肉与果核分离；②将果核放入箩筐内，用水反复搓揉、漂洗；③将第二步处理后仍然粘有果肉的果核挑出，再放到箩筐里和细沙一起反复搓揉、漂洗，直至将残留的果肉和种子的外胶质层全部洗净，得到干净的种子为止。

种子沙藏保湿 棕榈藤种子的胚乳木质化程度很高，一旦失水收缩就很难恢复活性。因此，为确保种子能够顺利萌发，在除去果肉以后应对种子进行保湿贮藏，除净黏附于种子的残留果肉和种子的外胶质层，洗净阴干，切忌暴晒。如需贮藏，则以沙藏为宜。也可将种子与湿润的椰糠搅混均匀后用塑料袋包装，置于15℃的控温件下进行贮藏。具体的贮藏方法，有以下两种：①盆藏，将除去果肉的种子与沙子放在一起，按照一层沙子（厚23cm）一层种子相间排列的方法，把种子贮藏在大花盆里，盆口用稻草或其他覆盖物覆盖；贮藏期间1天浇水1次，使盆内处于湿润环境，保证种子处于安全含水量；②坑藏，这种贮藏方法主要适用于大批量的种子，沙坑的规格一般以深60cm，宽100cm，长度2~3m为宜，贮藏方法与盆藏相一致。

7.1.2 播种催芽

棕榈藤种子萌发特征 ①萌发阶段。该阶段主要特征是胚体膨胀，冲出胚底盖，露出“白点”；白点出现的时间与育苗地的气候有关，在冷凉地区如昆明，自种子入床之日起，一般要30天左右；在温暖的地区如金平、盈江等地，一般要20天左右。②胚芽、胚根分化阶段。根据观察发现，棕榈藤种子的胚芽、胚根的分化速度是不同步的。即胚体冲出胚底座首先是下倾弯曲，然后从曲点处分化出胚芽，等胚芽长到0.5~1.0cm时，再从胚底座中心分化出胚根。这个阶段持续的时间，一般为10~15天。③胚根生长加速期。与胚芽不同的是，胚根一旦出现，就会不断地加速生长，直至侧根出现，而后趋于缓和，而在此期间胚芽生长基本处于停滞状态。这个阶段持续的时间约为20天。④胚芽伸长与真叶分化期。该阶段的特征是胚芽膨大、变秃，渐渐地从中心分化出真叶鞘，随后分化出像锥子一样的真叶。与此同时，胚根开始不断地长出侧根。这个阶段持续的时间为10~15天。⑤芽苗出土。当地下部分长有5~10个侧根时，胚芽已经长出地表，最初见到的芽苗形态就像锥子一样，颜色呈棕褐色。在藤苗的培育过程中，要注意经常观察胚芽的生长状况，当处于胚根生长加速期的种子比例占到60%~70%时，即可取出种子播种到大田里或营养袋内。

播种前的准备 ①准备肥料。为了促进藤苗生长，在培育藤苗的过程中，还需要给藤苗施肥。一般来说，培育藤苗需要准备的肥料有：农家肥（如羊粪、马粪、猪粪等）、钙镁磷肥（如普通过磷酸钙、钙镁磷等）、微量元素肥（如硫酸锌、硼酸等）、多元素复合肥（如花仙、快丰、尿素等）。需要注意的是，农家肥和钙镁磷肥等肥料，在使用之前应进行腐熟发酵，然后捣细、过筛，便于装袋和发挥其效能。②整地作床。藤苗的培育与林木育苗相似，一般采用低床。通常整地的深度为 30~35cm，床宽为 100~120cm，床间走道宽 40~50cm。作床的步骤如下：适当深耕，精耕细作，除尽石块和杂草。然后施肥，施农家肥 5t/ 亩[①]；耙地，翻耕藤苗根系主要分布层的土壤。然后盖肥，使农家肥在土壤底层充分腐熟；细土、作床。先用锄头、榔头把土壤充分捶细，整平土壤，再按照苗床的规格要求理出苗床和走道。③平整场地。平整场地主要是针对容器育苗而言，其面积依照育苗数量而定。以塑料袋苗为例，每培育 1 万袋藤苗约占地面积 100m^2。平整场地包括移高填低，喷洒杀虫剂、杀菌剂和清除场地四周害虫的巢穴或庇护点等。④配制营养土和装排营养袋。为了满足藤苗在生长过程中对矿质营养的需要，还需要配制营养土。配制营养土的主要步骤包括：过筛细土 60%，腐熟过筛农家肥（包括牛、羊、马圈肥等）30%，钙镁磷肥 5%，硫酸锌 1%，呋喃丹、巴丹粉、多菌灵等各 200g/100kg 营养土。培育藤苗过程中使用的营养袋一般采用规格为 12cm × 18cm 的塑料袋，袋底设有 4 个孔。把营养土装入塑料袋中使其填满塑料袋，并略微突起，浇水后使营养土与袋口持平。每一列放置 12 个营养袋，并镶嵌平整，每一行放置的袋数依照场地长度而定。

种子催芽 播种前对种子进行催芽处理，目的是保证种子发芽整齐，缩短种子的发芽时间，节省培育时间。催芽的方式有沙床催芽、药剂催芽和削发芽孔盖等方法，在催芽前需要对种子进行消毒处理，可以用 0.3%~1.0% 的硫酸铜或用 0.05% 的高锰酸钾溶液。①沙床催芽。沙床宽 1.0~1.2m，高 30cm，长度不限。沙床四周用红砖或其他材料围封，沙床先用粗沙铺垫，厚度约 10cm，后用细沙填满。播种前用 0.05%~0.1% 的高锰酸钾或 0.3%~1.0% 的硫酸铜溶液喷洒沙床进行消毒。沙床布置好后将种子播种在沙床上，盖上细沙，厚度为种子直径的 1.0~1.5 倍，为保持沙床的湿润记得定期浇水。②药剂催芽。药剂催芽不仅可以打破种子的休眠期，还可以对种子具有一定的消毒作用，可以杀死部分附着在种子上的病菌和虫卵，使用的是 0.05% 的氯化钾溶液，将种子在溶液中浸泡一天，再在沙床上进行播种。③削发芽孔盖催芽。在棕榈藤种子中，有一些类型的种子发芽孔盖较厚，阻碍种子的发芽，例如黄藤的种子，可以先将种子在清水中浸泡 1~2 天，然后用小刀削去种子的发芽孔盖，注意不要削到种胚。

播种 ①种子放置的方向。为了避免藤苗在生长过程中，胚根冲出地面、胚芽向下生长的现象发生，播种时种子应当水平放置，并使凹陷口朝上。②播种株行距。藤苗的叶子长得又长又宽，根据它的这个特点，播种时种子摆放的距离应大于或等于 5cm，

---

① 1 亩 =667m^2。

行间距离以 10~15cm 为宜。③播种深度。播种的深度是由种子的大小和种子萌发过程中的需光性决定的。为确保种子能顺利地萌发、生长，应根据棕榈藤种子的特性来确定播种深度。一般来说，培育棕榈藤的播种深度以 2~3cm 为宜。④播种覆盖物。为避免土壤干旱导致缺水，播种后除浇透水外，还可以根据不同情况采用稻草、松针等对苗床或育苗营养袋进行覆盖。

幼苗移植 幼苗出土后高度达到 3~4cm 时，可分床移植到营养袋中。一般来说，阴雨天气或傍晚比较适合分床移苗。天气不适宜时，也可以在阴暗的环境下进行。移苗时应用移植锹或竹签起苗，移植过程中要注意不能把幼苗中附着的种子碰掉，保持根系湿润，切勿晒根或损伤根系，并且随起随栽。移植时先用削尖的木棒在营养袋中引穴，再把幼苗栽在穴内，宜浅不宜深，以刚盖过种子为宜。因为棕榈藤幼苗期生长点很低，如果深种，容易把生长点埋在土中。当下雨或淋水时，容易因为水和泥沙一起埋没生长点而导致死亡。移植后要注意淋足定根水，使土壤与根系紧密接触。

7.1.3 苗期管理

（1）浇水

为满足藤苗在苗期对水分的需求，需要对苗木进行定期的浇水，浇水时间一般为早晨、傍晚或夜间，既可以减少水分的蒸发，又可以避免因为土壤温度的变化从而影响苗木的生长。在育苗时期袋苗要保证每天 1 次的浇水量，阴雨天可以不浇或者少浇，在有暴雨的时候要注意防水与排水。

（2）施肥

在苗木生长稳定时，需要对苗木进行追肥，适量的施肥对苗木生物量的积累有显著的作用。在苗木的生长季每月用 1∶500 的尿素溶液喷施 1 次，有促进苗木生长的作用，追肥过后第二天用清水浇苗，避免肥害造成苗木的死亡。

（3）松土除草

由于降雨与浇水的原因会使得土壤变得紧密、板结，造成土壤的透气性不良，影响土壤的渗水功能。及时的松土可以改善土壤的通气条件，减少水分的蒸发，幼苗初期的抵抗力与竞争力比较弱，需要 2~3 周进行松土除草 1 次。在除草时如果发现有苗木的根是裸露的要及时培土覆盖。

（4）病虫害防治

苗木病害 藤类苗木的病害主要有叶枯病、环斑病和白斑病三种。虫害主要有盾蚧、藤坚蚜、田鼠等。病害对苗木的伤害较大。三大病害的主要症状与防治措施如下：①叶枯病：在发病初期叶尖出现干枯现象，并向着叶的基部扩散。病斑浅褐色、边缘清晰，后期呈灰白色至浅褐色，有许多黑色的小点。多发生于幼苗时期，发病率高达 5%~10%，死亡率可达 15%~30%。在遮阴不良或苗木管理不善的地方最易发病，有强烈阳光照射的地方病害更为严重。防治措施：加强苗木管理，适当施肥，特别注意苗木的遮阴，严重时可用 75% 的可湿性百菌清 800 倍稀释液喷雾防治，7 天 1 次，连续喷 2~3 次。②环斑病：发病时叶片出现不规则的、环状线条形成的同心环症状。叶片上病斑呈墨绿色至褐色，长卵圆形，具狭窄的淡黄色边缘。发病率在 5%~8%，发病多在 7 月到 9 月的高温多雨时期，特别是苗木过度荫蔽。防治措施所用药剂与叶枯病一致。③白斑病：发病部位在叶片的中下部，有大小不等、形状与颜色各异的色斑，大多数为条状或者近圆形；后期会有许多隆起的橙色小点，呈线条状排列，小粒点表皮破裂会散发出一些黑色粉状物。发病率在 10%~20%，严重的时候高达 80%。多发生于在苗木过密的情况。

防治措施：降低苗木密度，剪除病叶，严重时可以用 1∶1∶100 波尔多液或 50% 可湿性多菌灵喷雾。

苗木虫害 虫害主要有盾蚧、藤坚芽、田鼠三种。盾蚧科属昆虫纲同翅目蚧亚目，此为蚧亚目最大的科。雌虫和若虫腹部的末几节不分节，愈合成一块完整的骨片。无肛环和肛环刺，但腹末具许多叶状的突起，叫臀叶。雄虫无复眼。雌成虫多被盾状介壳覆盖，介壳与虫体分离。防治可用 1000 倍的“蚧速杀”药液喷雾防治，7 天 1 次，连续 2 次。藤坚蚜、棉蝗的防治可用 40% 氧化乐果或乙酰甲胺磷，7 天 1 次，连续 2 次，可达到防治效果。田鼠防治可使用鼠药混食物诱杀。

7.1.4 藤苗出圃与定植

藤苗出圃 当藤苗苗木保留的活叶数达到 4 片、高度 30cm 以上即可出圃。在藤苗出圃的前一个月要对其进行炼苗。炼苗的具体操作流程为：撤除全部的遮光网，将全部的苗木进行就地移苗，断根。对苗木进行分级处理（按照高、矮、弱、瘦、壮）。停止对苗木的施肥，控制水分。藤苗出圃时一般保留活叶数 5 片，其余叶片应修剪掉，以免造林后苗木养分、水分消耗过多，从而影响造林成活率。在苗床的藤苗在出圃的前一天需先将苗床浇透，取苗时用移植铲或者锄头挖苗并尽量携带泥土，藤苗的种植点多在热带区，在运输过程中要避免根系失水过多的情况，所以在起苗后要做好藤苗的保护措施，在近点种植时要避免阳光直射，如果运输距离较远，要在苗木的根部沾上泥浆，再用塑料薄膜包裹，而营养袋育苗不需要特殊的包装，可以直接运输。

定植 定植时间的选择以 5、6 月为主，最好在小雨天或者透雨后 7 天之内，此时的温度和湿度都对苗木的恢复和生长有利。种植穴的直径在 40~50cm，深度不小于 30cm，在冬季进行挖掘，定植的前 1 个月回填土壤。定植时如果是营养袋育苗需要剥除塑料袋，保持土团的完整，要求穴深10~15cm，藤苗置于中心点，覆土要踩实，并高出植株根颈2~3cm，做到“苗正、根舒、适深”。种植后3个月，全面检查成活率，发现死亡的植株要及时补植。

7.2 棕榈藤壮苗培育技术

棕榈藤作为热带亚热带森林重要的伴生物种，幼苗更新生长易受光照、水分和土壤养分等环境因子的制约，如林下低光照、旱季干旱胁迫和瘠薄的土壤条件使幼苗更新生长缓慢。开展棕榈藤幼苗对光照、水分和养分胁迫的响应研究，可以为人工促进棕榈藤更新生长提供理论依据。目前，在环境因子的生理生态适应性方面，有少量关于棕榈藤抗旱能力（李荣生，2003）和光合特性的研究（官凤英，2010b），但两个因子或多个因子组合处理对棕榈藤生长影响方面的报道还比较缺乏。因此，本研究在前人对棕榈藤环境适生性研究的基础上，结合试验地概况，研究双因素（光照、水分）对棕榈藤幼苗生长和生理的影响，以黄藤、白藤、柳条省藤、小省藤为对象，进一步开展人工模拟综合环境因子（光照、水分、氮、磷、钾）对棕榈藤生长影响研究，选择适合棕榈藤生长的最佳环境因子组合。

7.2.1 黄藤壮苗培育技术

（1）光照与水分对幼苗生长的影响

光照与水分对黄藤幼苗生长指标有显著影响（图7-1）。随着相对光照强度降低，黄藤幼苗株高、地径、叶片数表现出先增加后减少的趋势。75%~80%相对光照时，株高、地径、叶片数达到最大值，分别比对照显著增加32.36%、42.96%和70.27%（$P < 0.05$）；45%~50%相对光照时，株高比对照显著增加16.15%（$P < 0.05$），地径和叶片数差异不显著（$P > 0.05$）；20%~25%相对光照时，株高减少但不显著（$P > 0.05$），地径比对照显著减少21.48%（$P < 0.05$）。

随着土壤含水量降低，株高、地径和叶片数均减少。在中度干旱条件下，株高降低但与对照比差异不显著（$P > 0.05$），地径和叶片数比对照显著降低28.71%和18.92%（$P < 0.05$）。在重度干旱条件下，株高、地径和叶片数最低，比对照显著减少28.93%、59.75%和72.97%（$P < 0.05$）。

光照和水分对黄藤幼苗株高、地径、叶片数有显著交互作用（$P < 0.05$）。75%~80%相对光照可缓解全光照下干旱对株高、地径、叶片数减少的影响，75%~80%相对光照×中度干旱与对照比株高、地径、叶片数显著增加16.99%、37.28%和62.16%（$P < 0.05$），而干旱增强了低光照对株高、地径的影响，重度干旱×20%~25%相对光照下与对照比株高和地径分别减少25.97%和48.32%。

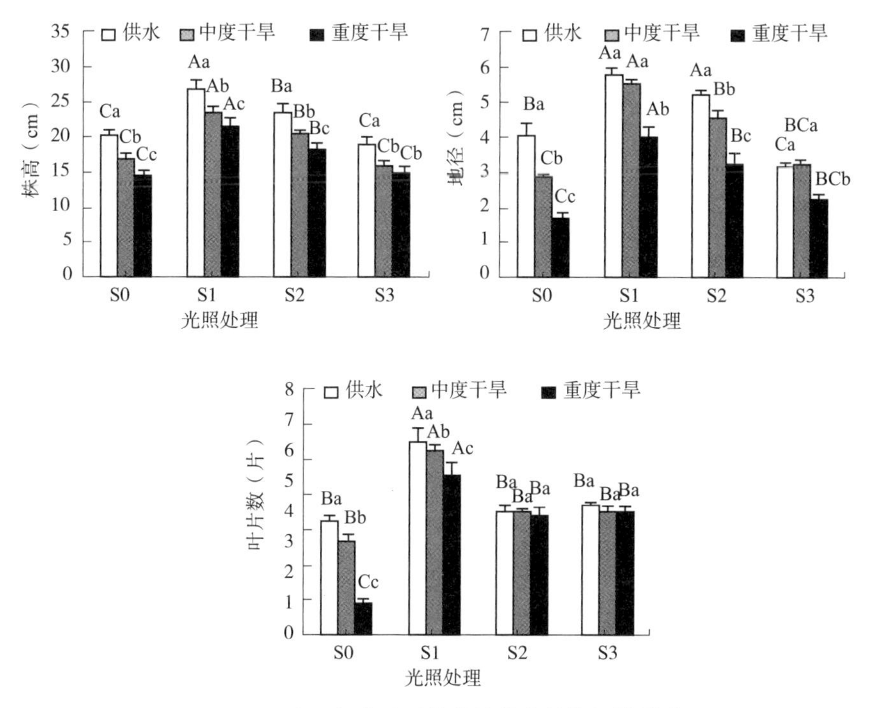

图 7–1　光照与水分对黄藤幼苗生长指标的影响

注：图中数值为平均值 ± 标准误。不同大写字母表示相同水分条件下各光照处理之间的差异显著（$P < 0.05$），不同小写字母表示相同光照条件下各水分处理间的差异显著（$P < 0.05$）。S0：全光照（100%）；S1：全光照的 75%~80%；S2：全光照的 45%～50%；S3：全光照的 20%～25%。下同。

（2）光照与水分对幼苗生物量的影响

光照与水分对黄藤幼苗生物量有显著影响（图 7–2）。随着相对光照强度降低，黄藤幼苗根、茎、总生物量表现出先增后减的趋势。75%~80% 相对光照时，根、茎、叶和总生物量比对照显著增加 59.18%、55.05%、28.41% 和 48.47%（$P < 0.05$）；45%~50% 相对光照时，根、茎、叶和总生物量与对照比显著增加 25.51%、44.95%、55.68% 和 41.69%（$P < 0.05$），根生物量比 75%~80% 相对光照显著降低 21.15%（$P < 0.05$），叶生物量比 75%~80% 相对光照增加但不显著（$P > 0.05$）；20%~25% 相对光照时，根、茎和总生物量与对照比差异不显著（$P > 0.05$），叶生物量比对照显著增加 63.64%，根冠比显著降低 30.61%。

随干旱程度的增加，根、茎、叶和总生物量逐渐减少。中度干旱时，根、叶生物量、总生物量与对照比显著降低 27.55%、18.18%、20%（$P < 0.05$），总生物量和根冠比降低但不显著（$P > 0.05$）；重度干旱时，根、茎、叶和总生物量降到最低值，比对照显著降低 79.59%、81.65%、76.14% 和 72.27%（$P < 0.05$），根冠比与对照差异不显著（$P > 0.05$）。

光照与水分对生物量有显著交互作用（$P < 0.05$）。75%~80% 相对光照可缓解干

旱对生物量减少的影响，75%~80% 相对光照 × 中度干旱下与对照比根、茎、叶和总生物量分别增加 78.57%、83.49%、65.91% 和 83.39%。干旱增强了遮阴对根、茎、总生物量和根冠比的影响，重度干旱 ×20%~25% 相对光照下与对照比根、茎、总生物量和根冠比分别减少 47.95%、34.86%、22.71% 和 34.69%。

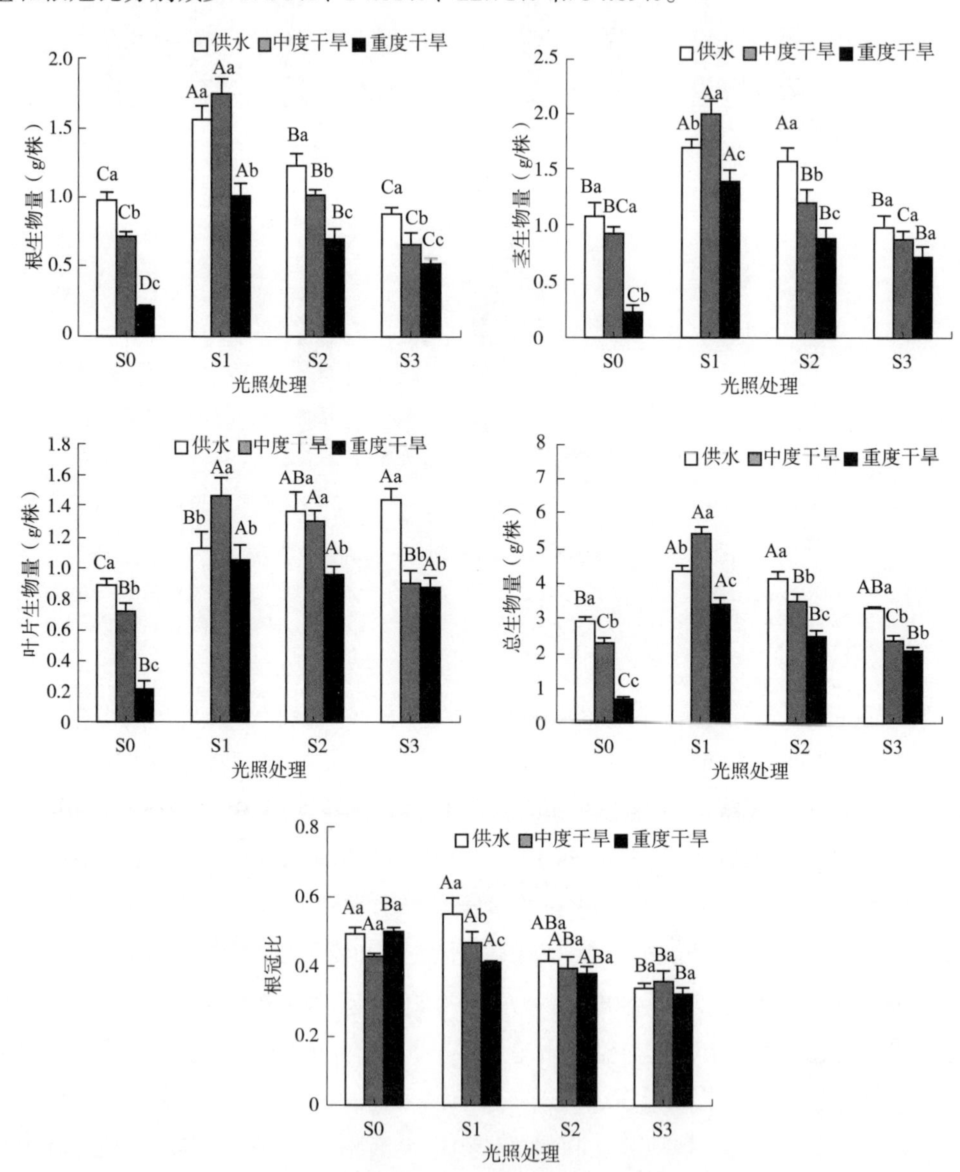

图 7–2　光照与水分对黄藤幼苗生物量的影响

（3）光照与水分对幼苗抗性的影响

随着光照强度的降低，黄藤幼苗叶片超氧化物歧化酶（SOD）活性和游离脯氨酸（Pro）含量整体呈减少趋势，丙二醛（MDA）含量先减少后增加，可溶性蛋白（Sp）含量先增后减（图 7–3）。75%~80% 相对光照时，MDA 和 Pro 含量最少，比对照显著减少 44.51% 和 53.54%（$P < 0.05$），Sp 含量最高，比对照显著增加 44.56%，SOD 活性显著降低 27.91%（$P < 0.05$）。45%~50% 相对光照时，SOD 活性与对照差异不显著，MDA、Pro 含量比对照减少 17.66% 和 35.70%，比 75%~80% 相对光照显著增加 48.67% 和 38.39%（$P < 0.05$），Sp 含量与对照比显著升高 44.56%（$P < 0.05$），与 75%~80% 相对光照差异不显著；20%~25% 相对光照时，SOD 和 Pro 分别比对照显著降低 38.45%、28.40%（$P < 0.05$）。

随着土壤含水量的降低，MDA 和 Pro 含量逐渐增加，Sp 含量逐渐减少，SOD 活性先增后减。中度干旱时，SOD 活性和 Pro 含量比对照显著增加 38.74%、28.70%（$P < 0.05$），MDA 含量增加但不显著（$P > 0.05$），Sp 含量显著降低 19.67%（$P < 0.05$）；重度干旱时，SOD 活性、Sp 含量最低，比对照显著降低 64.52% 和 61.35%，MDA、Pro 含量最高，比对照显著升高 62.00% 和 36.69%。

光照与水分对黄藤幼苗叶片生理指标有显著的交互作用（$P < 0.05$），适度遮阴会缓解干旱造成的影响，75%~80% 相对光照可缓解全光照下干旱对 Pro 和 MDA 含量增加和对 SOD 活性、Sp 含量减少的影响。干旱会加重低光照对幼苗的影响，重度遮阴与重度干旱交互作用下 SOD 活性和 Sp 含量显著减少，MDA、Pro 含量显著增加。

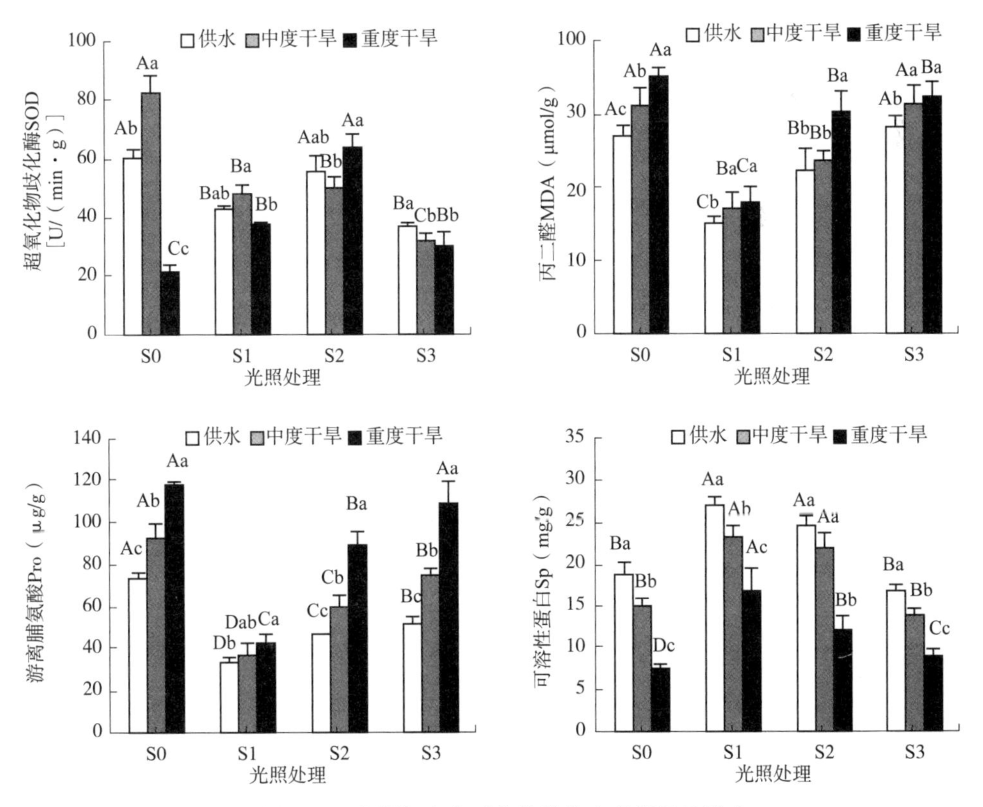

图 7-3　光照与水分对黄藤幼苗生理指标的影响

（4）土壤养分对幼苗生长的影响

以黄藤更新幼苗株高、地径、叶片数、生物量为因变量，对不同处理组合进行方差分析。结果显示，氮肥（A，下同）对株高、地径、叶片数、生物量影响均达到显著水平；磷肥（B，下同）对株高、地径、叶片数、生物量影响均达到显著水平；钾肥（C，下同）对幼苗株高、叶片数影响显著，对地径、生物量影响不显著（表 7–1）。

表 7–1　不同环境因子对黄藤幼苗生长指标影响的方差分析

变异来源	株高（mm）		地径（mm）		叶片数（片）		总生物量（g）	
	F	*P*	*F*	*P*	*F*	*P*	*F*	*P*
A（氮）	67.778	0.015	26.910	0.036	55.592	0.018	36.270	0.027
B（磷）	57.732	0.017	58.861	0.016	19.548	0.049	35.371	0.028
C（钾）	44.491	0.022	13.520	0.070	61.159	0.016	9.401	0.098

氮磷钾因素和水平见表 7–2 和表 7–3，方差分析表明，不同氮肥施用水平对幼苗株高、地径、叶片数、生物量的影响差异显著，其中株高在第 4 水平时值最高，达 29.786cm，地径在第 3 水平时值最大，达 3.732mm，叶片数在第 2 水平时最多，达 2.936 片 / 株，生物量在第 4 水平时最大，达 4.978g/ 株。不同磷肥施用水平对幼苗株高、地径、叶片数、生物量的影响差异显著，其中株高在第 2 水平时值最高，达 28.421cm，地径在第 3 水平时值最大，达 3.779mm，叶片数在第 4 水平时最多，达 2.903 片 / 株，生物量在第 2 水平时最大，达 4.615g/ 株。不同钾肥施用水平对幼苗株高、叶片数的影响差异显著，其中株高在第 4 水平时值最高，达 28.881cm，叶片数在第 1 水平时最多，达 2.988 片 / 株。

（5）黄藤壮苗最优培育模式选择

采用 $L_{16}(4^3 \times 3^2)$ 正交试验设计，以氮（A）、磷（B）、钾（C）、光照（D）、水分（E）为试验因素（表 7–2），共 16 个处理（表 7–3），每个处理 15 盆。试验用土为混合土，即棕榈藤林下土壤：沙质土（1 ： 1，v/v），其理化性质 pH 4.8，全氮 0.15g/kg，速效磷 3.0mg/kg，速效钾 60mg/kg，土壤特点：缺磷、低氮、中等钾。磷肥和钾肥一次性施入，氮肥分两次，间隔时间 1 个月。处理 90 天后测定株高、地径、叶片数、总生物量。

表 7–2　正交试验因素水平

水平	因素				
	氮（g/ 株）（A）	磷（g/ 株）（B）	钾（g/ 株）（C）	光照（%）（D）	水分（%）（E）
1	1（0）	1（0）	1（0）	1（75~80）	1（85）

（续）

水平	因素				
	氮（g/ 株）(A)	磷（g/ 株）(B)	钾（g/ 株）(C)	光照（%）(D)	水分（%）(E)
2	2（3）	2（3）	2（3）	2（45~50）	2（55）
3	3（6）	3（6）	3（6）	3（20~25）	3（25）
4	4（9）	4（9）	4（9）	–	–

表 7–3 L_{16}（$4^3 \times 3^2$）正交试验方案

试验号	试验因素					组合处理
	氮（A）	磷（B）	钾（C）	光照（%）(D)	水分（%）(E)	
1	3	4	2	1	1	$A_3B_4C_2D_1E_1$
2	1	1	1	1	1	$A_1B_1C_1D_1E_1$
3	1	3	3	1	2	$A_1B_3C_3D_1E_2$
4	3	2	4	1	2	$A_3B_2C_4D_1E_2$
5	1	4	4	2	3	$A_1B_4C_4D_2E_3$
6	4	1	4	1	1	$A_4B_1C_4D_1E_1$
7	2	4	3	1	1	$A_2B_4C_3D_1E_1$
8	4	3	2	1	3	$A_4B_3C_2D_1E_3$
9	3	3	1	2	1	$A_3B_3C_1D_2E_1$
10	1	2	2	3	1	$A_1B_2C_2D_3E_1$
11	4	4	1	3	2	$A_4B_4C_1D_3E_2$
12	3	1	3	3	3	$A_3B_1C_3D_3E_3$
13	2	1	2	2	2	$A_2B_1C_2D_2E_2$
14	2	2	1	1	3	$A_2B_2C_1D_1E_3$
15	2	3	4	3	1	$A_2B_3C_4D_3E_1$
16	4	2	3	2	1	$A_4B_2C_3D_2E_1$

相同处理组合、不同生长指标间的优劣表现不同，单个指标难以准确、全面地反映各处理组合的综合生长状况。因此，采用模糊数学中的隶属函数分析法，对 16 个处理组合，4 个幼苗生长指标进行综合评价（表 7–4），以 16 号环境组合，即施用氮肥 9g/ 株、磷肥 3g/ 株、钾肥 6g/ 株，在相对光照强度 45%~50%、土壤相对含水量 85% 的综合环境条件下隶属值最大（2.86），表明该处理组合为对黄藤幼苗生长最佳的组合。

表 7-4　不同处理组合对黄藤幼苗生长指标的隶属函数值及综合评价

试验号	株高（cm）	地径（mm）	叶片数（片）	生物量（g）	隶属函数值	评价
1	0.15	0.19	0.74	0.23	1.31	9
2	0.06	0.09	0.57	0.05	0.77	16
3	0.18	0.49	0.57	0.22	1.47	7
4	0.53	0.58	0.40	0.30	1.81	6
5	0.62	0.79	0.51	0.34	2.26	3
6	0.56	0.08	0.09	0.32	1.06	15
7	0.31	0.15	0.69	0.27	1.42	8
8	0.61	0.81	0.37	0.42	2.22	5
9	0.60	0.86	0.74	0.64	2.84	2
10	0.21	0.22	0.40	0.26	1.10	13
11	0.31	0.28	0.29	0.21	1.08	14
12	0.22	0.70	0.16	0.19	1.27	12
13	0.20	0.09	0.69	0.32	1.30	10
14	0.52	0.77	0.74	0.19	2.23	4
15	0.51	0.23	0.16	0.39	1.29	11
16	0.88	0.65	0.40	0.93	2.86	1

7.2.2　白藤壮苗培育技术

（1）光照与水分对幼苗生长的影响

随着相对光照强度的降低，白藤幼苗株高、地径、叶片数表现出先增加后减少的趋势（图 7-4）。在 75%~80% 相对光照条件下，株高、地径、叶片数比对照增加但差异不显著（$P > 0.05$）；在 45%~50% 相对光照条件下，株高、地径、叶片数达到最大值，分别比对照显著增加 35.13%、45.86% 和 30%（$P < 0.05$）；20%~25% 相对光照时，株高、地径和叶片数比对照降低但差异不显著（$P > 0.05$），比 50%~55% 遮阴时显著降低 29.28%、39.20% 和 25.77%（$P < 0.05$）。

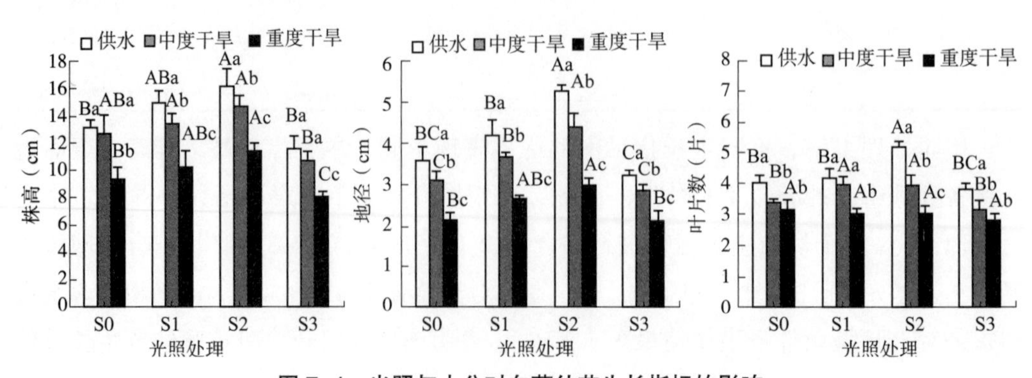

图 7-4　光照与水分对白藤幼苗生长指标的影响

随着土壤含水量降低，白藤幼苗株高、地径和叶片数均减少。中度干旱时，地径、叶片数与对照比显著减少15.01%和21.75%（$P < 0.05$），株高与对照差异不显著（$P > 0.05$）；重度干旱时，株高、地径和叶片数比对照均显著降低28.43%、41.38%和20.75%（$P < 0.05$）。

光照与水分对白藤幼苗株高、地径、叶片数有显著交互作用（$P < 0.05$）。适度遮阴可缓解全光照下干旱对株高、地径、叶片数减少的影响，干旱加重了低光照对株高的影响。

（2）光照与水分对幼苗生物量的影响

光照与水分对白藤幼苗的生物量有重要影响（图7-5）。随着相对光照强度的降低，白藤幼苗根、茎、叶、总生物量表现出先增加后减少的趋势，根冠比降低。在75%~80%相对光照条件下，根、茎和总生物量比对照显著增加20.43%、32.44%和26.40%（$P < 0.05$），叶生物量和根冠比与对照差异不显著（$P > 0.05$）；45%~50%相对光照时，根、茎、叶和总生物量达到最大值，比对照显著增加33.93%、110.67%、27.93%和62.71%（$P < 0.05$），根冠比降低，但与对照差异不显著；20%~25%相对光照时，根生物量和根冠比显著降低33.11%和44.12%（$P < 0.05$），茎生物量显著增加36%（$P < 0.05$），叶生物量和总生物量与对照差异不显著（$P > 0.05$）。

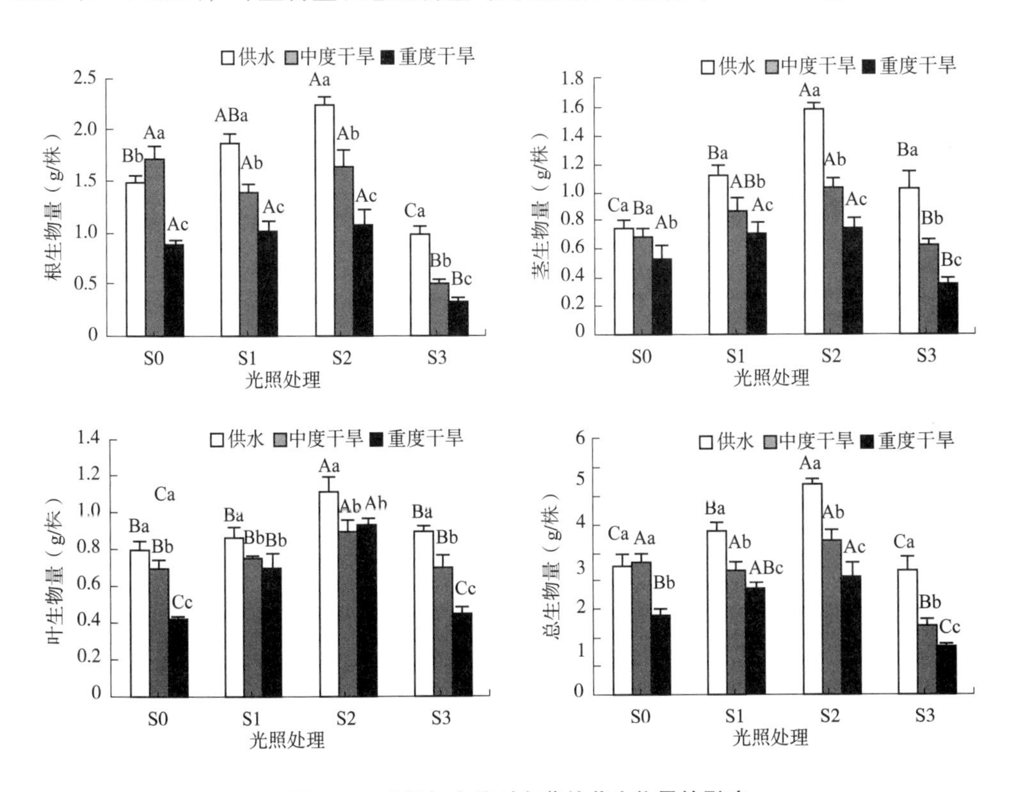

图7-5　光照与水分对白藤幼苗生物量的影响

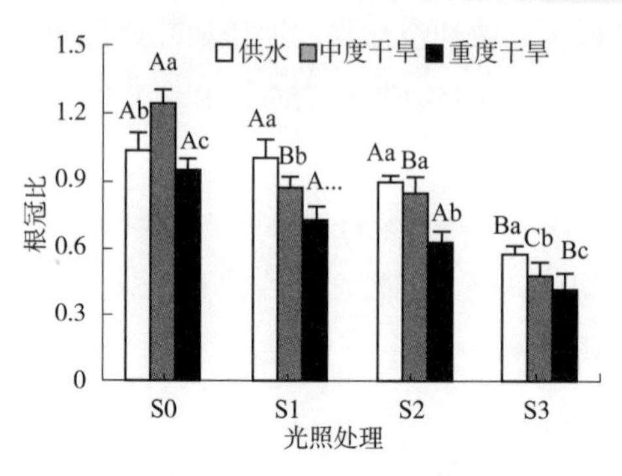

图 7-5 光照与水分对白藤幼苗生物量的影响（续）

随着土壤含水量降低，根、根冠比先增加后减少，茎和叶生物量逐渐减少。中度干旱时，根、根冠比与对照比显著增加 16.22% 和 19.61%（$P < 0.05$），总生物量变化不显著（$P > 0.05$）。重度干旱时，根、茎、叶、总生物量和根冠比比对照显著减少 39.86%、48.75%、28.71% 和 31.73%（$P < 0.05$）光照与水分对生物量有显著交互作用（$P < 0.05$）。大于 20%~25% 相对光照可缓解全光照下干旱对根、叶生物量减少的影响。干旱增强了低光照对根、总生物量和根冠比减少的影响。重度干旱 ×20%~25% 相对光照下与对照比根、茎、叶、总生物量和根冠比分别显著减少 77.71%、54.67%、43.75%、63.04% 和 58.82%。

（3）光照与水分对叶片光合速率的影响

光照与水分对白藤幼苗的气体交换参数有重要影响（表 7-5）。随着相对光照强度降低，白藤幼苗叶片净光合速率（*Pn*）、气孔导度（*Gs*）、蒸腾速率（*Tr*）、气孔限制值（*Ls*）和水分利用效率（*WUE*）表现出先增加后降低的趋势。在 75%~80% 相对光照条件下，*Pn*、*Gs*、*Tr*、*Ls* 和 *WUE* 比对照显著增加 127.03%、114.28%、62.70%、60.21% 和 47.03%（$P < 0.05$），*Ci* 比对照降低但差异不显著（$P > 0.05$）；在 45%~50% 相对光照条件下，叶片 *Pn*、*Gs*、*Tr* 和 *Ls* 比对照显著增加（$P < 0.05$），且达到最大值。20%~25% 相对光照，*Pn* 和 *Tr* 比对照显著降低 41.89%、46.03%（$P < 0.05$），*Gs*、*Ci*、*Ls* 和 *WUE* 与对照差异不显著（$P > 0.05$）。

表 7-5 光照与水分对白藤幼苗光合指标的影响

指标	水分（%）	相对光照			
		S0（100%）	S1（75%~80%）	S2（45%~50%）	S3（20%~25%）
净光合速率 *Pn* [μmol/（m²·s）]	W0	1.48 ± 0.19Ba	3.36 ± 0.24Aa	3.52 ± 0.32Aa	0.86 ± 0.07Ca
	W1	1.13 ± 0.05Bab	2.98 ± 0.52Aa	2.52 ± 0.25Ab	1.03 ± 0.15Ba
	W2	0.75 ± 0.14Bb	0.58 ± 0.14Bb	1.21 ± 0.02Ac	0.33 ± 0.01Bb

（续）

指标	水分（%）	相对光照			
		S0（100%）	S1（75%~80%）	S2（45%~50%）	S3（20%~25%）
气孔导度 *Gs*［mmol/（m^2·s）］	W0	0.07 ± 0.04Ba	0.15 ± 0.07Aa	0.18 ± 0.01Aa	0.08 ± 0.01Ba
	W1	0.08 ± 0.05BCa	0.11 ± 0.06ABa	0.14 ± 0.03Aa	0.06 ± 0.01Ca
	W2	0.04 ± 0.05Aa	0.03 ± 0.03Ab	0.05 ± 0.00Ab	0.02 ± 0.03Aa
胞间 CO_2 浓度 *Ci*（μmol/mol）	W0	359.27 ± 15.33Aa	337.36 ± 28.54Aa	268.24 ± 9.45Ba	338.40 ± 11.29Aa
	W1	285.45 ± 13.15Ab	300.14 ± 30.25Ab	211.90 ± 29.46Bb	264.88 ± 8.24ABb
	W2	260.32 ± 13.15Ab	296.40 ± 30.27Ab	182.29 ± 6.39Bb	145.28 ± 21.67Bc
蒸腾速率 *Tr*［mmol/（m^2·s）］	W0	1.26 ± 0.13Ba	2.05 ± 0.42Aa	2.73 ± 0.17Aa	0.68 ± 0.05Bb
	W1	0.94 ± 0.08Bb	1.16 ± 0.65Bb	1.93 ± 0.16Ab	1.14 ± 0.26Ba
	W2	0.4 ± 0.05ABc	0.72 ± 0.08Ac	0.48 ± 0.05ABc	0.35 ± 0.17Bb
气孔限制值 *Ls*	W0	0.10 ± 0.01Bb	0.16 ± 0.02Bb	0.33 ± 0.01Ab	0.15 ± 0.02Bc
	W1	0.29 ± 0.01Ba	0.25 ± 0.02Ba	0.47 ± 0.07Aa	0.34 ± 0.05ABb
	W2	0.35 ± 0.05Ba	0.26 ± 0.03Ba	0.54 ± 0.06Aa	0.64 ± 0.11Aa
水分利用效率 *WUE*（mmol/mol）	W0	1.17 ± 0.16Bb	1.64 ± 0.31Ab	1.29 ± 0.11ABb	1.26 ± 0.12ABb
	W1	1.21 ± 0.08Bb	2.57 ± 0.18Aa	1.31 ± 0.09Bb	2.21 ± 0.07Aa
	W2	1.88 ± 0.13Aa	0.81 ± 0.06Bc	2.52 ± 0.31Aa	0.94 ± 0.08Bc

随着土壤含水量的降低，*Pn*、*Ci*、*Tr* 比对照显著降低 23.65%、20.61% 和 25.40%（$P < 0.05$），*Gs* 和 *WUE* 升高但与对照差异不显著（$P > 0.05$），*Ls* 比对照显著升高 170.00%（$P < 0.05$）；重度干旱时，*Pn*、*Gs*、*Ci* 和 *Tr* 比对照显著降低 49.32%、42.86%、27.54% 和 68.25%，*Ls* 和 *WUE* 比对照显著增加 250.00% 和 37.77%。

光照与水分对幼苗叶片光合指标有显著交互作用（$P < 0.05$），大于 20%~25% 相对光照会缓解干旱使光合指标下降的影响，重度干旱可加重遮阴对光合指标下降的影响。

（4）光照与水分对幼苗抗性的影响

光照与水分处理造成白藤幼苗叶片中抗性生理指标的变化。随着相对光照强度降低，白藤幼苗叶片 SOD 活性先降低后升高再降低，MDA、Pro 含量先减少后增加，Sp 含量先增加后减少（图 7–6）。75%~80% 相对光照时，SOD 活性、MDA 和 Pro 含量下降，比对照显著降低 41.13%、34.80% 和 27.32%（$P < 0.05$），Sp 含量比对照显著增加 18.37%（$P < 0.05$）；45%~50% 相对光照时，SOD 活性比 75%~80% 光照升高但不显著（$P > 0.05$），MDA 和 Pro 含量最低，比对照显著降低 30.17%、54.94%，Sp 含量最高，比对照显著升高 66.76%；75%~85% 遮阴时，SOD 活性最低，比对照显著降低 71.71%（$P < 0.05$），Pro、Sp 含量降低但与对照差异不显著（$P > 0.05$）。

随着土壤含水量降低，SOD 活性先增加后降低，Sp 含量降低，MDA 和 Pro 含量增加。中度干旱时，SOD 活性增加但与对照差异不显著，Pro 含量与对照差异不显著，Sp 含量显著降低，MDA 含量显著增加（$P < 0.05$）；重度干旱时，SOD 活性与对照差异不显著，但比中度干旱显著降低，MDA、Pro 含量显著增加，Sp 含量显著降低（$P < 0.05$）。

光照与水分对白藤幼苗叶片生理指标有显著的交互作用（$P < 0.05$），适度遮阴会缓解干旱造成的影响，45%~50% 相对光照可缓解全光照下干旱对 Pro 和 MDA 含量增加和对 Sp 含量减少的影响。干旱则加重低光照对幼苗 SOD 活性、Sp 含量降低的影响。

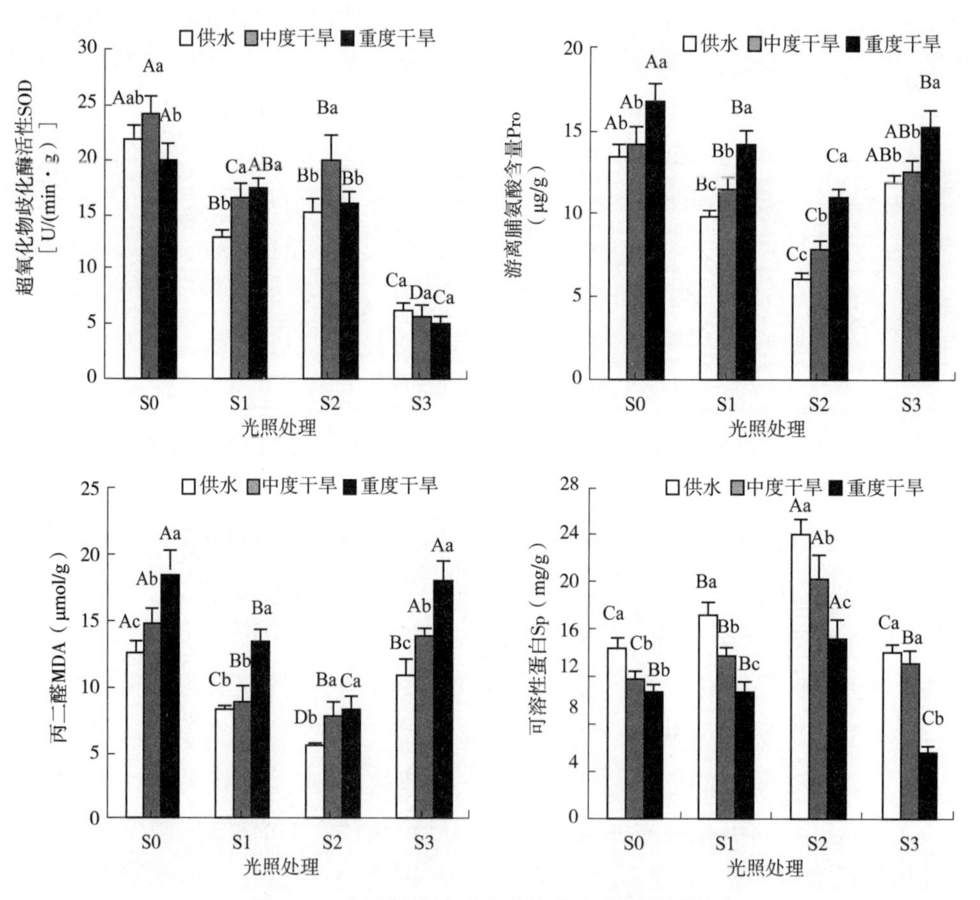

图 7-6　光照与水分对白藤幼苗生理指标的影响

（5）土壤养分对幼苗生长的影响

以白藤幼苗株高、地径、叶片数、生物量为因变量，对不同处理组合进行方差分析（表 7-6），氮肥对株高、生物量影响均达到显著水平；磷肥对株高、地径、生物量影响均达到显著水平；钾肥对幼苗生长特性影响不显著。

表 7-6　不同环境因子对白藤幼苗生长指标影响的方差分析

变异来源	株高（cm）		地径（mm）		叶片数（片）		总生物量（g）	
	F	*P*	*F*	*P*	*F*	*P*	*F*	*P*
A（氮）	25.356	0.038	1.340	0.454	9.981	0.092	37.774	0.026
B（磷）	20.143	0.048	20.198	0.049	0.535	0.703	23.300	0.041
C（钾）	12.895	0.073	2.273	0.320	8.518	0.107	2.864	0.269

对有显著差异因素的不同水平进行多重比较（表 7-7），不同氮肥施用水平对幼苗株高、生物量的影响差异显著，其中株高在第 3 水平时值最高，达 11.186cm，生物量在第 2 水平时最大，达 1.304g/ 株。不同磷肥施用水平对幼苗株高、地径、生物量的影响差异显著，其中株高和地径均在第 3 水平时值最高，分别达 10.918cm 和 3.655mm，两者的第 2、3、4 水平间差异均不显著，生物量在第 4 水平时最大，达 1.32g/ 株。

表 7-7　不同环境因子及水平对白藤幼苗生长指标影响的多重比较

因素	水平	指标			
		株高（cm）	地径（mm）	叶片数（片）	总生物量（g）
A（氮）	1	9.294b	3.144a	3.978a	1.082b
	2	10.063b	2.945a	3.228a	1.304a
	3	11.186a	3.259a	2.677a	1.297a
	4	10.144b	3.212a	2.680a	1.147b
B（磷）	1	9.243b	2.384b	2.930a	1.107b
	2	10.309a	3.209a	3.225a	1.204b
	3	10.918a	3.655a	3.178a	1.200b
	4	10.216a	3.312a	3.227a	1.320a
C（钾）	1	10.841a	3.402a	3.688a	1.179a
	2	10.414a	2.989a	3.553a	1.242a
	3	9.711a	3.099a	2.803a	1.224a
	4	9.721a	3.070a	2.520a	1.185a

注：水平设置同表 7-2。

（6）白藤壮苗最优培育模式选择

采用模糊数学中的隶属函数分析法，对 16 个处理组合，4 个幼苗生长指标进行综合评价（表 7-8），以 9 号环境组合，即施用氮肥 6g/ 株、磷肥 6g/ 株、钾肥 0g/ 株，在相对光照（45%~50%）、土壤相对含水量（85%）的综合环境条件下隶属值最大（3.00），表明该处理组合为对白藤幼苗生长最佳的组合。

表 7-8 不同处理组合对白藤幼苗生长指标的隶属函数值及综合评价

试验号	株高（cm）	地径（m）	叶片数（片）	总生物量（g）	隶属函数值	评价
1	0.33	0.39	0.44	0.40	1.56	5
2	0.13	0.21	0.76	0.09	1.19	10
3	0.14	0.40	0.44	0.03	1.02	11
4	0.29	0.28	0.13	0.17	0.86	13
5	0.38	0.52	0.48	0.63	2.01	4
6	0.07	0.18	0.05	0.10	0.39	15
7	0.17	0.28	0.36	0.39	1.20	9
8	0.22	0.28	0.32	0.03	0.85	14
9	0.81	0.79	0.52	0.87	3.00	1
10	0.22	0.31	0.72	0.15	1.41	6
11	0.33	0.40	0.40	0.12	1.25	8
12	0.14	0.08	0.08	0.04	0.34	16
13	0.52	0.34	0.52	0.74	2.12	3
14	0.17	0.27	0.44	0.09	0.96	12
15	0.29	0.40	0.36	0.28	1.34	7
16	0.57	0.64	0.40	0.82	2.44	2

7.2.3 柳条省藤壮苗培育技术

（1）光照与水分对生长指标的影响

光照与水分对柳条省藤幼苗生长指标有显著影响（图 7-7）。随着相对光照强度降低，柳条省藤幼苗株高、地径、叶片数表现出先增加后减少的趋势。75%~80% 相对光照时，株高、地径、叶片数达到最大值，分别比对照显著增加 22.22%、50.31% 和 44.76%（$P < 0.05$）；45%~50% 相对光照时，叶片数比对照显著增加 25.71%（$P < 0.05$）；20%~25% 相对光照时，株高、地径、叶片数与对照变化不显著，比 75%~80% 相对光照显著减少 28.57%、51.54% 和 34.21%（$P < 0.05$）。

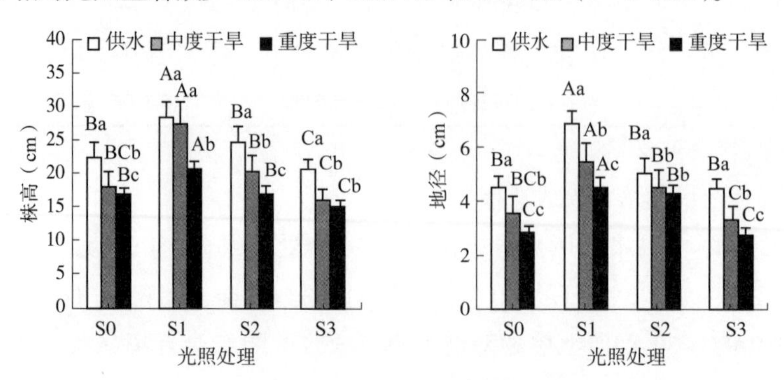

图 7-7 光照与水分对柳条省藤幼苗生长指标的影响

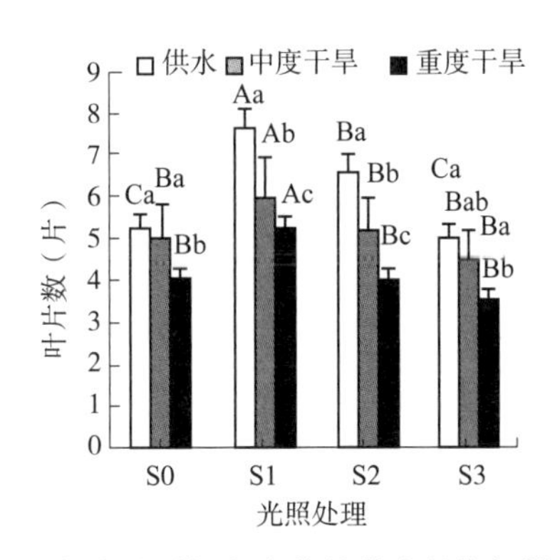

图 7–7　光照与水分对柳条省藤幼苗生长指标的影响（续）

随着土壤含水量降低，株高、地径和叶片数均减小。中度干旱时，株高、地径与对照（正常供水）比显著降低 19.56% 和 20.48%；重度干旱时，株高、地径显著降低 24.89%、36.63%（$P < 0.05$）。

光照与水分对柳条省藤幼苗株高、地径、叶片数有显著交互作用（P < 0.05）。遮阴可缓解干旱对株高、地径、叶片数减少的影响，75%~80% 相对光照增加中度干旱下株高、地径、叶片数量。干旱影响遮阴对株高、地径和叶片数的影响，中度干旱增加 75%~80% 相对光照的株高、地径、叶片数。干旱程度越高对低光照下株高的交互作用越大，重度干旱 ×20%~25% 相对光照与对照比株高减少 34.01%。

（2）光照与水分对生物量的影响

光照与水分对柳条省藤幼苗生物量有显著影响。随着相对光照强度降低，柳条省藤幼苗根、茎、总生物量表现出先增后减的趋势，根冠比降低（图 7–8）。75%~80% 相对光照时，根、茎、叶和总生物量比对照显著增加 31.72%、37.90%、31.78% 和 36.20%（$P < 0.05$）；45%~50% 相对光照时，生物量变化不显著。20%~25% 相对光照时，根、茎、总生物量和根冠比与对照比显著降低 48.88%、25.81%、34.27% 和 37.93%（$P < 0.05$），与 75%~80% 相对光照比根、茎、叶、总生物量和根冠比显著降低 61.19%、41.20%、29.79%、50.68% 和 36.28%（$P < 0.05$）。

随土壤含水量降低，根生物量和根冠比先增后减，茎、叶生物量逐渐递减。中度干旱时，根生物量、根冠比比对照显著增加 20.15% 和 53.45%（$P < 0.05$），茎叶生物量显著减少 20.16%（$P < 0.05$）；重度干旱时，根、茎、叶和总生物量显著减少 48.13%、30.65%、35.51% 和 41.08%（$P < 0.05$），根冠比变化不显著（$P > 0.05$）。

光照与水分对生物量有显著交互作用（$P < 0.05$）。适当遮阴可缓解干旱对生物量减少的影响，75%~80% 相对光照 × 中度干旱与对照比叶生物量增加 18.69%。干旱增强了低光照对根、茎、总生物量和根冠比的影响，重度干旱 ×20%~25% 相对光照与对照比根、茎、叶、总生物量分别减少 69.78%、55.65%、57.94% 和 63.73%。

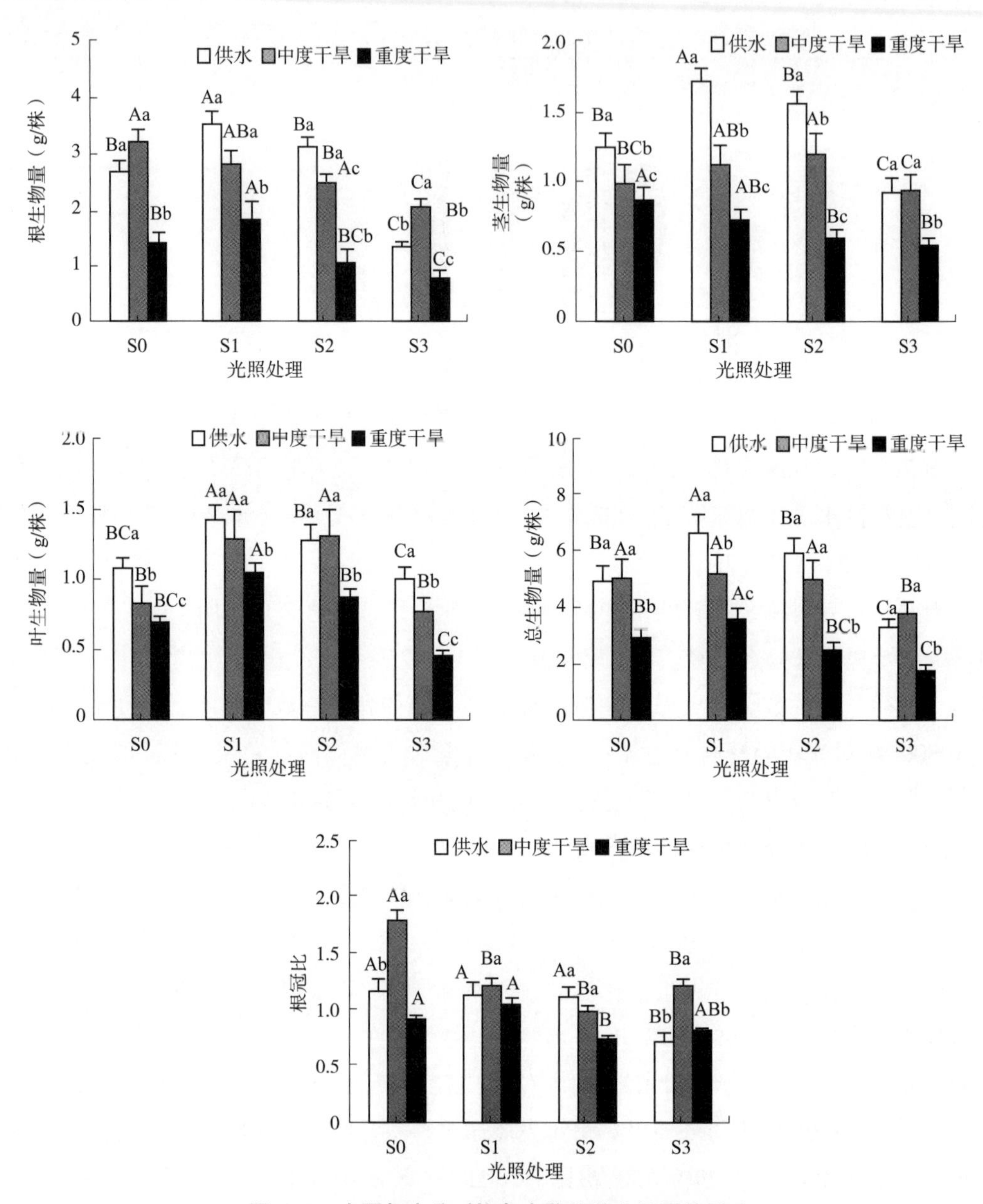

图 7–8　光照与水分对柳条省藤幼苗生物量的影响

（3）光照与水分对叶片光合速率及相关指标的影响

光照与水分对柳条省藤幼苗的气体交换参数有重要影响（表 7–9）。随着相对光照强度降低，柳条省藤幼苗叶片的 *Pn*、*Tr*、*Ci*、*Gs* 和 *WUE* 表现出先增后减的趋势。在 75%~80% 相对光照条件下，叶片 *Pn* 显著变化（$P < 0.05$），净光合速率比对照增加 19.26%；在 45%~50% 相对光照条件下，叶片 *Tr* 和 *Ci* 均显著升高，分别比对照升高 14.71% 和 8.32%（$P < 0.05$）；在 20%~25% 相对光照条件下，*Pn*、*Gs* 和 *Tr* 分别显著下降 69.67%、45.45%、11.27%（$P < 0.05$），而 *Ci* 变化不明显（$P > 0.05$）。

表 7–9　光照与水分对柳条省藤幼苗光合指标的影响

指标	水分（%）	相对光照			
		S0（100%）	S1（75%~80%）	S2（45%~50%）	S3（20%~25%）
净光合速率 *Pn*［μmol/（m^2·s）］	W0	2.44 ± 0.17Aa	2.91 ± 0.14Aa	1.67 ± 0.42Ba	0.74 ± 0.07Ca
	W1	1.75 ± 0.08Bb	3.01 ± 0.14Aa	1.01 ± 0.02Bb	0.19 ± 0.03Cb
	W2	0.81 ± 0.05Bc	1.89 ± 0.06Ab	0.72 ± 0.11Bb	0.17 ± 0.09Cb
气孔导度 *Gs*［mmol/（m·s）］	W0	0.11 ± 0.04Aa	0.13 ± 0.07Aa	0.08 ± 0.01Ba	0.06 ± 0.01Ba
	W1	0.09 ± 0.01Bab	0.12 ± 0.03Aab	0.09 ± 0.02Ba	0.07 ± 0.03Ba
	W2	0.04 ± 0.01Bb	0.09 ± 0.01Ab	0.04 ± 0.01Ba	0.05 ± 0.02Ba
胞间 CO_2 浓度 *Ci*（μmol/mol）	W0	317.86 ± 17.22Ba	322.53 ± 5.69Ba	344.31 ± 9.45Ab	312.66 ± 11.29Ba
	W1	271.04 ± 10.41Cb	332.36 ± 7.44Ba	370.87 ± 6.39Aa	316.28 ± 21.67Ba
	W2	254.62 ± 31.16Cb	333.19 ± 13.03Aa	314.38 ± 30.12Ac	279.71 ± 25.51Bb
蒸腾速率 *Tr*［mmol/（m^2·s）］	W0	2.04 ± 0.13ABa	2.11 ± 0.42Aa	2.34 ± 0.17Aa	1.81 ± 0.05Ba
	W1	1.35 ± 0.09Bb	1.82 ± 0.08Aab	2.09 ± 0.23Aa	1.24 ± 0.17Bb
	W2	0.72 ± 0.04Cc	1.42 ± 0.35Bb	2.01 ± 0.39Aa	0.87 ± 0.11Cc
气孔限制值 *Ls*	W0	0.21 ± 0.03Ab	0.19 ± 0.02ABa	0.14 ± 0.01Bb	0.22 ± 0.02Ab
	W1	0.32 ± 0.01Aa	0.20 ± 0.11Ba	0.07 ± 0.11Cc	0.21 ± 0.11Bb
	W2	0.36 ± 0.05Aa	0.17 ± 0.11Ba	0.21 ± 0.11ABa	0.30 ± 0.11Aa
水分利用效率 *WUE*（mmol/mol）	W0	1.2 ± 0.11Aa	1.38 ± 0.07Ab	0.71 ± 0.05Ba	0.41 ± 0.08Ba
	W1	1.29 ± 0.13Aa	1.65 ± 0.08Aa	0.48 ± 0.07Bab	0.15 ± 0.02Bb
	W2	1.12 ± 0.015Aa	1.33 ± 0.12Ab	0.36 ± 0.02Bb	0.19 ± 0.03Bb

随着土壤含水量降低，叶片 *Pn*、*Gs*、*Ci* 和 *Tr* 均下降，*Ls* 增加，*WUE* 先增后减。在中度干旱条件下，与对照相比 *Pn*、*Ci* 和 *Tr* 分别显著下降 28.27%、14.73% 和 33.82%（$P < 0.05$），*Gs* 下降和 *WUE* 升高与对照比均不显著（$P > 0.05$）。重度干旱胁迫条件下，*Pn*、*Tr*、*Ci* 和 *Gs* 分别比对照显著下降 66.8%、64.71%、19.9% 和 63.64%（$P < 0.05$），*WUE* 降低但不显著（$P > 0.05$）。

光照与水分对光合作用有显著的交互作用（$P < 0.05$）。适度遮阴会缓解干旱造成的影响，如 75%~80% 相对光照可缓解全光照下中度干旱造成的净光合速率、蒸腾速率、胞间 CO_2 浓度、气孔导度下降的影响，而小于 45%~50% 相对光照则会加重干旱对光合参数的影响。同时，干旱程度也会影响遮阴效果，中度干旱对 20%~25% 相对光照下的净光合速率、蒸腾速率有显著降低作用（$P < 0.05$）。重度干旱与 20%~25%

相对光照的交互作用下，与对照相比净光合速率、蒸腾速率、胞间 CO_2 浓度和气孔导度分别显著下降 93.03%、57.35%、12.01% 和 54.55%（$P < 0.05$）。

（4）光照与水分对幼苗抗性生理指标的影响

光照与水分处理造成柳条省藤幼苗叶片中抗性生理指标的变化。随着相对光照强度降低，柳条省藤幼苗叶片 SOD 活性和 Sp 含量先增后减，MDA、Pro 含量先减后增（图 7-9）。75%~80% 相对光照时，SOD 活性增加但不显著，Sp 含量显著增加 28.22%，达到最大值；MDA 和 Pro 分别比对照显著降低 13.20%、13.84%（$P < 0.05$），达到最小值；45%~50% 相对光照时，SOD 活性与对照比显著升高 30.98%（$P < 0.05$），其他变化不显著。20%~25% 相对光照时，MDA 和 Pro 含量与对照比显著升高 20.45%、31.14%（$P < 0.05$）。

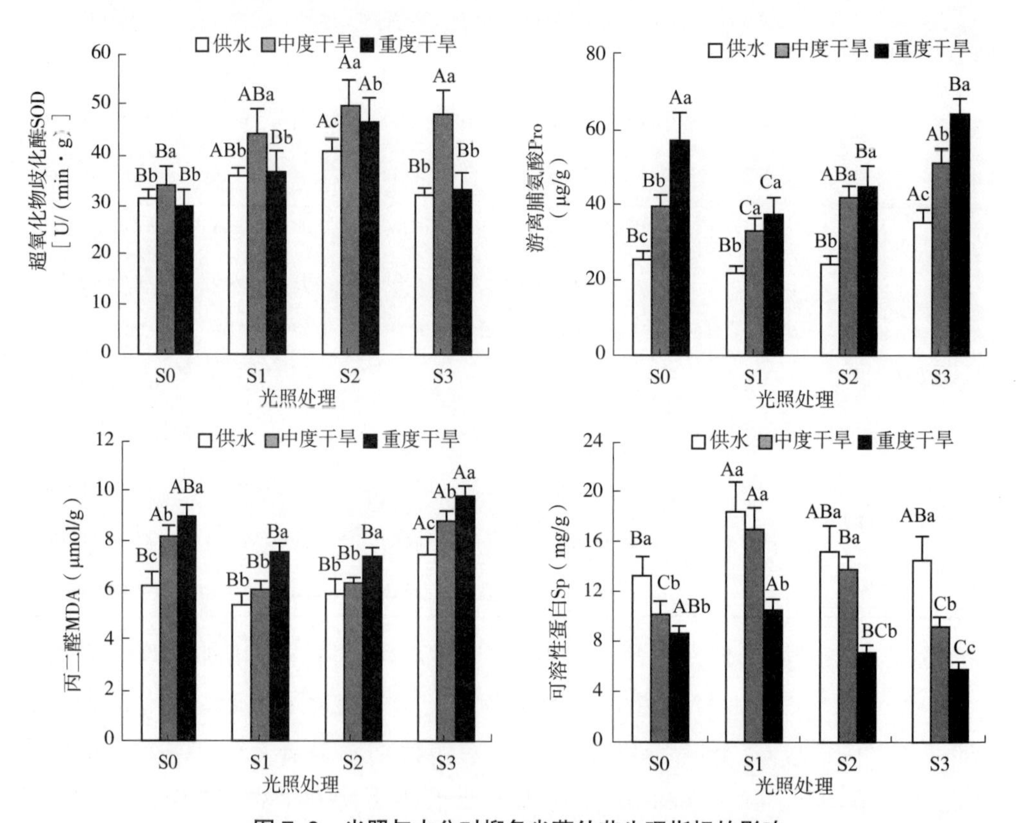

图 7-9　光照与水分对柳条省藤幼苗生理指标的影响

随着土壤含水量降低，SOD 活性先增后减，MDA 和 Pro 含量逐渐增加，Sp 含量逐渐减少。中度干旱时，SOD 活性比对照显著增加 9.68%；重度干旱时，MDA 和 Pro 含量最大，显著增加 43.96%、129.68%，Sp 含量最少，显著减少 34.24%（$P < 0.05$）。

光照与水分对柳条省藤幼苗叶片生理指标有显著的交互作用（$P < 0.05$）。适度遮阴会缓解干旱造成的影响，75%~80% 相对光照可缓解全光照下干旱对 Pro 和 MDA 含

量增加和对 Sp 含量减少的影响。干旱则会加重低光照对幼苗生理指标的影响，重度干旱显著降低 20%~25% 相对光照下的 SOD 活性和 Sp 含量，增加 Pro 含量（$P < 0.05$）。

（5）土壤养分对幼苗生长的影响

以柳条省藤幼苗株高、地径、叶片数和总生物量为因变量，对不同处理组合进行方差分析（表 7-10）结果显示，氮肥对幼苗株高、叶片数、生物量达到显著影响，对地径影响不显著；磷肥和钾肥对幼苗株高、生物量达到显著影响，对地径和叶片数影响均不显著；光照与水分处理对幼苗株高、地径和生物量均达到显著影响，对叶片数影响均不显著。

表 7-10　不同环境因子对柳条省藤幼苗生长指标影响的方差分析

变异来源	株高（cm）		地径（mm）		叶片数（片）		总生物量（g）	
	F	*P*	*F*	*P*	*F*	*P*	*F*	*P*
A（氮）	34.524	0.028	3.155	0.250	39.137	0.025	32.965	0.030
B（磷）	28.392	0.034	3.772	0.217	1.624	0.403	42.469	0.023
C（钾）	25.667	0.038	7.471	0.120	2.895	0.267	24.823	0.039

对有显著差异因素的不同水平进行多重比较（表 7-11）结果显示，不同氮肥施用水平对幼苗株高、叶片数、生物量的影响差异显著，其中株高和生物量均在第 3 水平时值最高，分别达 19.88cm 和 5.227g/ 株，叶片数在第 4 水平时最多，达 5.176 片 / 株。

表 7-11　不同环境因子及水平对柳条省藤幼苗生长指标影响的多重比较

因素	水平	指标			
		株高（cm）	地径（mm）	叶片数（片）	总生物量（g）
A（氮）	1	18.155b	4.375a	3.101c	4.042bc
	2	18.090b	4.277a	4.401ab	4.844ab
	3	19.880a	4.657a	4.144b	5.227a
	4	16.592c	4.137a	5.176a	3.464c
B（磷）	1	18.372b	4.255a	3.994a	3.969b
	2	17.517bc	4.180a	4.144a	3.727b
	3	19.805a	4.297a	4.291a	4.164b
	4	17.022c	4.715a	4.394a	5.717a
C（钾）	1	18.547a	3.942a	4.286a	5.387a
	2	19.385a	4.537a	4.449a	4.067b
	3	18.167a	4.725a	3.894a	4.292b
	4	16.617b	4.2525a	4.194a	3.832b

注：水平设置同表 7-2。

不同磷肥施用水平对幼苗株高、生物量的影响差异显著，其中株高在第3水平时最高，达19.805cm，生物量在第4水平时最大，达5.717g/株。不同钾肥施用水平对幼苗株高、生物量的影响差异显著，其中株高在第2水平时最高，达19.385cm，生物量在第1水平时最大，达5.387g/株。

（6）柳条省藤壮苗最优培育模式选择

采用模糊数学中的隶属函数分析法，对16个处理组合，4个幼苗生长指标进行综合评价（表7-12），以1号处理，即施用氮肥6g/株、磷肥9g/株、钾肥3g/株，在相对光照75%~80%、土壤相对含水量85%的综合环境条件下隶属值最大（2.85），表明该处理组合为对柳条省藤幼苗生长最佳的组合。

表7-12　不同处理组合对柳条省藤幼苗生长指标的隶属函数值及综合评价

试验号	株高（cm）	地径（mm）	叶片数（片）	生物量（g）	隶属函数值	评价
1	0.49	0.83	0.66	0.87	2.85	1
2	0.36	0.48	0.20	0.59	1.64	9
3	0.47	0.58	0.33	0.32	1.70	7
4	0.28	0.46	0.59	0.35	1.68	8
5	0.21	0.21	0.28	0.36	1.06	15
6	0.12	0.57	0.81	0.31	1.81	5
7	0.22	0.75	0.59	0.87	2.43	3
8	0.23	0.31	0.86	0.10	1.50	11
9	0.88	0.39	0.59	0.82	2.68	2
10	0.43	0.33	0.16	0.21	1.12	14
11	0.21	0.11	0.77	0.46	1.55	10
12	0.35	0.17	0.20	0.21	0.93	16
13	0.70	0.28	0.67	0.33	1.98	4
14	0.14	0.24	0.63	0.47	1.48	12
15	0.39	0.25	0.42	0.33	1.38	13
16	0.43	0.40	0.66	0.25	1.75	6

7.2.4　小省藤壮苗培育技术

（1）苗的合理温度和湿度

温湿度是棕榈藤存活的关键因素，大多数棕榈藤种子直接播果实，其发芽期限就会从播种后第4周持续到第30周，也有的棕榈藤种子发芽要持续6个月，当育苗棚内的平均温度为27.6℃，空气相对湿度平均值为89%，土壤平均温度为25.4℃时可以促进小省藤种子萌发速度，十分适宜小省藤的生长发育，发芽周期为4~9周，出芽时间缩短了 20 周左右，发芽势明显提高，且苗木后期生长良好，无病虫害（图 7-10、图 7-11）。

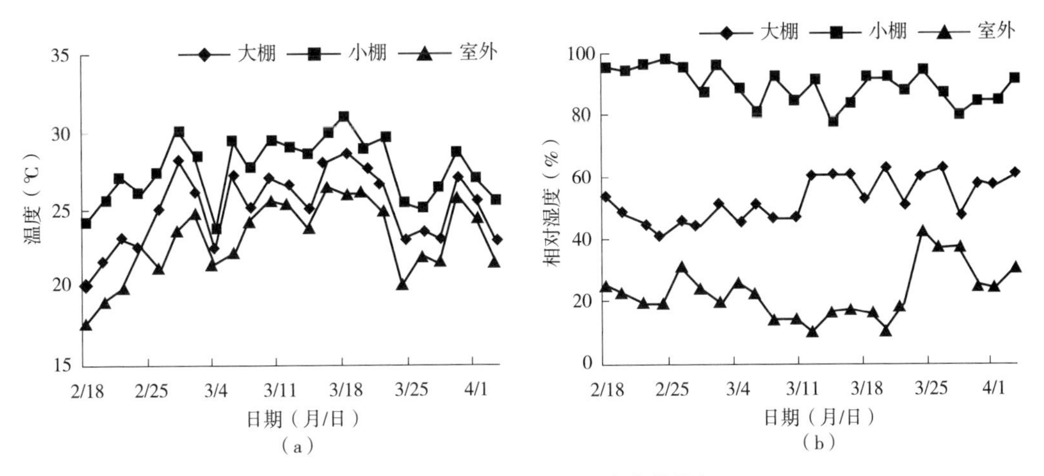

图 7-10　育苗期环境温湿度变化特征

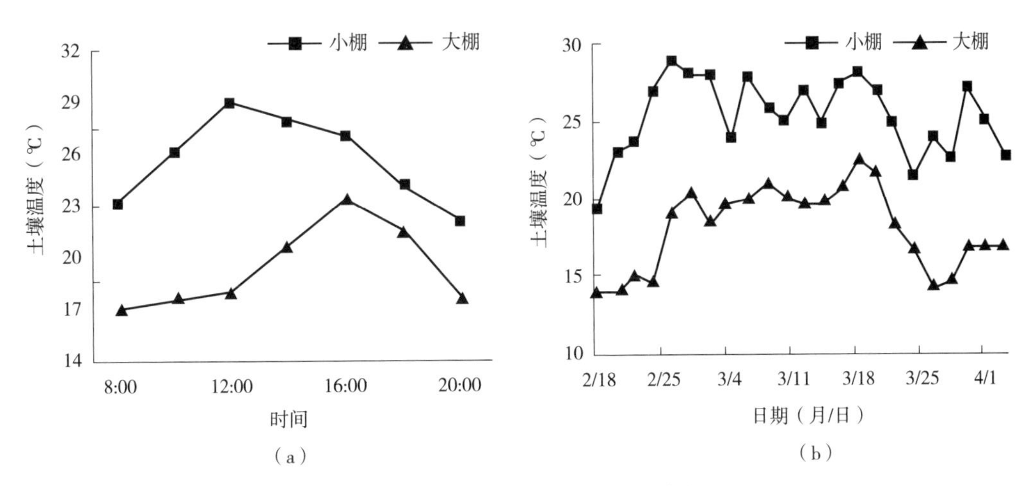

图 7-11　地温床温度的日、月变化

（2）赤霉素处理对种子萌发的影响

配制 3 种不同浓度的生物激素赤霉素（GA），分别为 GA（20mg/L、50mg/L、100mg/L），清水作为对照（CK），种子样本数为 1238 颗，平均分为 4 份，见表 7-13，以样本代重复，浸泡 24h 后均匀播撒于沙床上。

表 7-13　试验因素水平

试验号	A_1	A_2	A_3	CK
GA（mg/L）	20	50	100	清水
育苗种子数	299	300	301	338
幼苗数量	249	260	264	250

种子萌发是植物繁衍和存在的初期阶段，存在复杂的生理过程，是不同激素间的相互作用和协同配合的结果，赤霉素作为一种植物激素被广泛用于植物种子萌发，具有良好的促进作用。种子收获后及时播种，种子的活力较高，不同处理的种子发芽率均较高（>80%），其发芽率依次为 A_3（88.04%）>A_2（86.67%）>CK（83.43%）>A_1（83.28%），其中100mg/L GA处理种子发芽率最高，而20mg/L GA处理种子与清水对照处理种子的发芽率无明显差异，说明GA浓度太低，无法起到促进作用。平均根长依次为 A_3（7.89cm）>A_2（7.46cm）>A_1（7.14cm）>CK（6.90cm），平均苗高依次 A_3（13.33cm）>CK（12.47cm）>A_2（12.42cm）>A_1（11.22cm），其中100mg/L GA处理过的种子，发芽率最高，较对照高4.6%。种子的千粒重达到4029.07g，说明种子饱满，许煌灿等（1994）调查表明小省藤千粒重为241g，发芽率仅15%，表明地理区域不同，同种植物种子的生长差异显著，地理差异导致生殖异化（表7-14）。

表7-14　不同浓度GA处理苗木性状方差分析

性状	变异来源	平方和	自由度	均方	F值	P值	性状	变异来源	平方和	自由度	均方	F值	P值
根径（cm）	组间	7.124	3	2.375	75.052	0.000**	地径（mm）	组间	26.852	3	8.951	14.247	0.000**
	组内	32.117	1015	0.032				组内	637.067	1014	0.628		
	总数	39.241	1018					总数	663.920	1017			
根长（cm）	组间	147.532	3	49.177	13.677	0.000**	苗高（cm）	组间	570.301	3	190.100	9.214	0.000**
	组内	3649.568	1015	3.596				组内	20920.708	1014	20.632		
	总数	3797.100	1018					总数	21491.008	1017			

注：95%的置信区间下，**表示 $P<0.01$。

Duncan法对GA处理种子发芽性状进行多重比较（表7-15），各浓度均极显著影响发芽性状（$P<0.01$）。采用20mg/L GA处理的种子萌发根径最大，50mg/L GA处理的最小；根长则为100mg/L浓度处理下最大，清水处理根长最小；而地径和苗高则为清水处理下最大，对发芽率，100mg/L GA处理过的种子发芽率最高，这表明赤霉素能促进种子萌发，但对藤苗的后续生长产生一定的影响。综合表明，100mg/L GA处理下对种子萌发效果最佳。

表7-15　GA各浓度间苗木性状的差异比较

处理水平	根径（mm）	根长（cm）	地径（mm）	苗高（cm）	发芽率（%）
T1	1.32 ± 0.012^{A}	6.98 ± 0.136^{C}	3.97 ± 0.051^{B}	11.22 ± 0.302^{C}	83.28
T2	1.09 ± 0.011^{C}	7.38 ± 0.129^{B}	3.69 ± 0.040^{C}	12.42 ± 0.297^{B}	86.67
T3	1.25 ± 0.011^{B}	7.88 ± 0.115^{A}	3.94 ± 0.035^{B}	12.47 ± 0.269^{B}	88.04
CK	1.28 ± 0.011^{B}	6.94 ± 0.095^{C}	4.15 ± 0.064^{A}	13.33 ± 0.144^{A}	83.43

注：不同大写字母表示处理之间的差异达到显著水平（$P<0.01$）。

（3）赤霉素处理对移栽苗生长的影响

移植后的苗木，因选取的都是每个处理生长健壮，长势基本一致的苗木，所以其苗木生长情况差异不显著（$P>0.01$），苗高与最长叶片的生长趋势基本符合逻辑斯蒂（logistic）的“S”增长曲线模型，前期苗高的增长速度较快，最长叶片的长度后期增长较快，7月14日以前，叶片数始终保持一片，后期增长较快。研究表明温度（气温和地表温）是影响小省藤生长最主要因子。移苗1年时间内，苗木的长势良好，但部分叶片开始泛黄，可能于土壤缺氮有关，或与温室内光合有效辐射较低有关，后期应加强土壤营养的供给，适量的施肥对藤苗的高生长，叶面积的增长以及根、茎、叶生物量的积累均有极显著的促进作用，施肥能显著地促进棕榈藤幼林藤茎的生长和萌蘖。见图7–12。

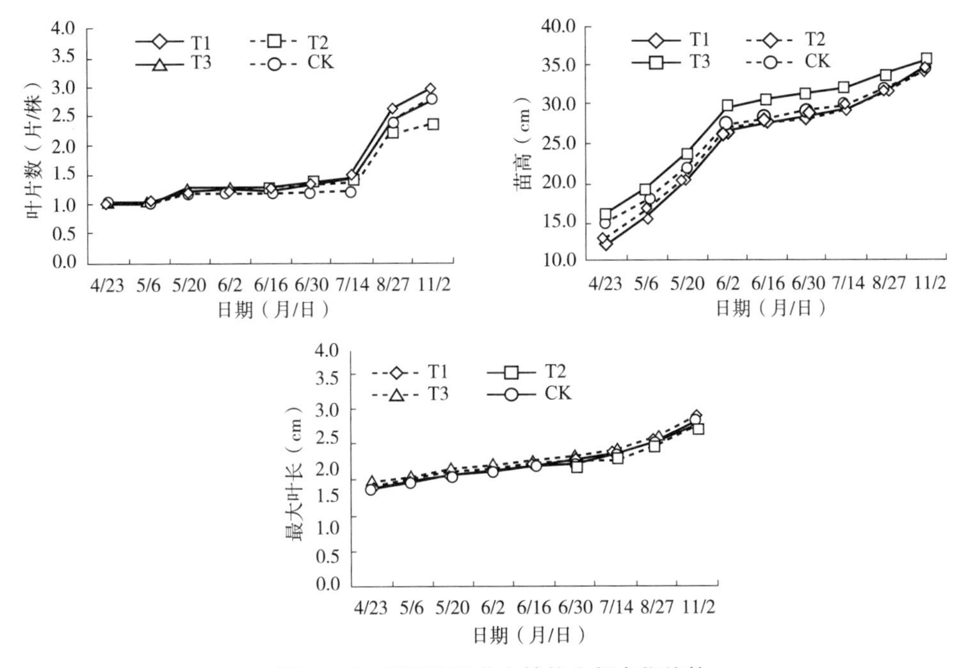

图7–12　不同处理苗木性状生长变化趋势

（4）小省藤壮苗最优培育模式

播种前用0.3%~1.0%的硫酸铜或用0.05%的高锰酸钾溶液对种子进行消毒，然后用清水将药物冲洗干净。用100mg/L GA处理藤种，苗床平均温度保持在27.6℃，空气相对湿度89%，土壤平均温度25.4℃时，小省藤出苗率最高。催芽苗高1.5~2.0cm，部分呈现绿色，但未展叶时为最佳移苗时间。移苗时，用水浇透沙床，拔出芽苗，如主根太长，可修剪保留根长5~6cm，然后移入苗床（一般5cm×10cm密度）或者营养袋培育，并及时浇水。遮阴度90%，株行距5cm×10cm×40cm，施2.0g/株的复合肥或施3g/株过磷酸钙和0.7g/株尿素。

第 8 章
棕榈藤造林与采收

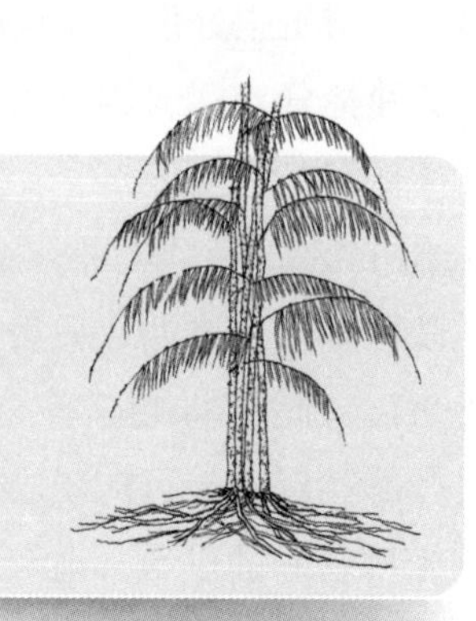

8.1 棕榈藤造林

8.1.1 造林地选择

栽培区域 我国北回归线以南的低山丘陵均为适宜的棕榈藤造林区域，根据温度和降水量等因素分为四类，每类栽培区的条件和适宜造林藤种有所不同。第一类为最适宜栽培区，该区含 2 个分区：琼雷区和滇南区。琼雷区包括除海南岛西南部干旱地区以外的全岛和广东雷州半岛直至高州、阳江及广西南部的东兴、防城、钦州、北海、合浦。滇南区包含云南省的麻栗坡、河口、金平、绿春、江城、勐腊、景洪、勐海、勐连、澜沧、西盟、沧源、陇川、瑞丽、畹町等地。第二类为适宜栽培区，包括广东恩平、阳春、信宜，广西博白、上思、凭祥以北，福建南靖、南安，广东梅县、河源、英德，广西昭平、柳州、巴马以南，广西凭祥、田阳、巴马以东直至福建东南沿海的广大地区和台湾。第三类为次适宜栽培区，包括海南的昌江、东方、乐东和白沙西部、三亚、崖城等海南西南部的低海拔地区，本区适宜在沟谷四旁等水分条件较好的地段种植。第四类为局部可植区，包括闽中及南岭边缘区和滇中、黔南、桂西山原区（许煌灿等，1994）。

海拔高度 北回归线以南低山丘陵区域的林地，华南地区海拔不高于 800m，云南南部和西南部可达 1600m。

土壤要求 要充分考虑土壤的干湿度、疏松度、透光度等因素对棕榈藤生长的影响，造林时要尽量选择土壤湿度大，疏松、肥沃、林分透光度适中的林地种植棕榈藤。通常来说单叶省藤要求透光度在 30%~40% 之间，黄藤和小白藤要求透光度在 50%~60% 之间，全光照或过度荫蔽条件下棕榈藤苗木生长不良（洪深，2007）。土壤为砖红壤、红壤或黄红壤，土壤有机质含量大于 3.0%，水分含量大于 15%，土层厚度 40cm 以上，

pH 4.5~6.5 的土壤较为适宜棕榈藤造林（沈国舫，2020）。

套种林分 棕榈藤种植可进行纯林种植，但一般采用林藤套种，多选择轮伐期长的人工林或次生林套种棕榈藤。林藤间种要求支撑林分郁闭度为 0.3~0.6，郁闭度过高的应适当疏伐。

造林原则 适地适树是林业生产首先必须遵循的原则，根据立地指标选择优质、速生的栽培藤种和适宜的间种树种（郑蔚智等，2006）。如西加省藤在地下水位高的低地生长远远超过排水良好的斜坡；粗鞘省藤长在季节性淹水的河岸、冲积土和加里曼丹中部和南部的主要河流流域的泥炭沼泽地边缘；玛瑙省藤造林时最好选用平缓的立地而不选择沼泽地；白藤和黄藤比单叶省藤耐旱，故山坡上部应种植白藤和黄藤，而下坡种植单叶省藤（许煌灿等，1994）。

8.1.2 林地清理和整地

（1）林地清理

林地清理是造林前的一项基础工作，主要包括下层杂灌木清除、划线标记和间伐（杨锦昌等，2003）。

下层杂灌木清理 用刀尽可能靠近地面砍掉下层杂灌、蔓生植物和幼树。此措施对于在次生林中种藤很重要，因为次生林下有浓密的林下植被阻碍调查工作和工人的行动以及抑制棕榈藤的生长。在实际操作时，应考虑植被状况、地形等因子，有时可沿指定的种植带或者在地形不规则的情况下可沿等高线进行下层林木清理。有时在林下植被太厚的地方进行整个林分间伐，而在杂草相对较少的人工林里，根本就没有必要进行下层林木清理。

划线 划线用来标记种植行和种植点。在次生林中，由于树木分布不规则、视线易受阻挡，因而划线标记比较困难。但在这种情况下，可沿等高线加以解决。而人工林则具有整齐的树木作为导线，操作比较容易。

间伐 沿着划定的种植带或等高线，清理出一定宽度的种植带。种植带的宽度因地形、栽培藤种和作业要求而变动，一般为 1.5~2m，但随着造林密度的提高，种植带的宽度也逐渐拓宽（王慷林等，2002）。间伐时，通过机械伐木法、毒杀法或环剥树皮法砍掉在种植带内及附近妨碍工人行动、棕榈藤种植、随后的管理和遮阴过多的林木，控制林冠透光度在 50% 左右，为藤的生长提供充分的光照。目前，在次生林中造林最主要的问题在于如何在砍伐少量林木的前提下调节棕榈藤所需的透光度（Wan et al.，1992）。

（2）整地

穴状整地，整地规格一般为 50cm × 50cm × 40cm。栽植前将穴周边表土填回穴内，同时每穴施放 0.5~1.0kg 有机肥、0.15~0.25kg 磷肥、0.15~0.25kg 复合肥作基肥（沈国舫，2020）。种植穴的规格因棕榈藤苗木规格不同而不同，采用营养袋的苗木，大径藤的种植穴的直径应至少是营养袋直径的 2 倍，其深度应稍微高出营养袋的高度；小径藤的种植穴的直径比营养袋稍大但深度与袋子高度一样；黄藤的整地规格 40cm × 40cm × 40cm、白藤穴状整地的规格 40cm × 40cm × 30cm、单叶省藤穴状整地的规格 50cm × 50cm × 40cm（许煌灿等，1994）。也有专家提出，造林时应根据是否丛栽而采用不同的整地规格，即单株种植时规格为 40cm × 40cm × 40cm、双株种植时 60cm × 40cm × 40cm 以及三株种植时 60cm × 50cm × 50cm（王慷林等，2002）。

8.1.3 藤种选择

藤茎质量优良的黄藤、白藤、盈江省藤（南巴省藤）、高地省藤和单叶省藤等藤种可以作为材用棕榈藤种培育，萌蘖能力强，茎粗壮的黄藤、多果省藤、白藤、杖藤、小省藤和柳条省藤等藤种可以作为笋用棕榈藤培育，材用棕榈藤和笋用棕榈藤没有严格的区别，主要由经营目标决定。不同适生区域，适宜栽植的棕榈藤种类不同：

最适宜栽培区 琼雷区适宜种植的藤种有黄藤，单叶省藤、白藤、短叶省藤、柳条省藤以及异株藤。滇南区适宜种植的藤种有长鞭藤、云南省藤、小省藤、南巴省藤和滇南省藤。

适宜栽培区 适宜种植的藤种有黄藤、单叶省藤、白藤和异株藤。

次适宜栽培区 适宜栽植的藤种有白藤、杖藤、多果省藤。（许煌灿等，1994）

8.1.4 造林时间和密度

棕榈藤造林以雨季为宜，最好定植天气以小雨天或透雨过后 1 周以内为宜，其他时间定植难以保证定植成活率（杨成源等，2004）。

密度是影响林分结构的重要因子，是提高人工林生产力的关键措施。棕榈藤的生长特性和大小对合理密度的要求差异较大，如马来西亚玛瑙省藤试验地种植间距为 6.0m × 3.0m，密度为 554 株 /hm^2，种植西加省藤和粗鞘省藤人工林时，均采用 9.1m × 2.1m 的间距，种植密度为 523 株 /hm^2，疏刺省藤（*Calmus subinermis*）采用 3m × 10m 间距、密度为 333 株 /hm^2，丛栽时每穴不应超过 3 株，当每穴达到 5 株时，成活率和生长速度明显下降；菲律宾研究人员认为单生型的藤种造林时最佳株行距为 2m × 2m，即 2500 株 /hm^2，丛生藤种的株行距为 5m × 5m，相当于 400 株 /hm^2；国内棕榈藤人工林的密度普遍较大，造林时一般采用丛栽、缩小间距方式进行密植，栽培密度一般为每公顷 800~2000 丛（杨锦昌等，2003）。小径藤为 1250~1660 穴 /hm^2，中大径藤为 830~1660 穴 /hm^2，白藤、黄藤每穴一般栽植 1 株，单叶省藤、南巴省藤每穴一般栽植 1~2 株，双株栽植时穴内株距 20~25cm（参见标准 LY/T 2223—2013）。

8.1.5 造林模式

通常采用实生苗林冠下造林，根据棕榈藤种类和林地情况采用均匀密度或“见缝插针”式的非均匀密度造林。

单叶省藤造林宜用林下间种方式，适宜间种的树种主要有：山毛榉科、樟科、金缕梅科、木兰科、龙脑香科等树种。实施林藤间种，需控制林冠透光度在 30%~40% 左右，带状清理林地，穴状整地，规格 50cm × 50cm × 40cm，造林密度 1200~1500 丛 /hm^2。如采用小密度造林，最好采用丛栽方式，即在同一植穴种植 3~4 株，株距 20~30cm，以提高藤林初次收获量。

黄藤造林可采取林藤混种、林下间种和纯藤造林等多种方式。适宜间种的树种包括柚木、麻楝、石梓、火力楠、孔雀豆、双翼豆、木麻黄、马尾松和相思树等多种树种的中幼龄人工林或次生阔叶林，实行林藤间种，要控制林冠透光度在 50% 左右，带状清理林地，穴状整地，规格 40cm × 40cm × 40cm，造林密度 1500~2000 株 /hm^2。

白藤造林选择林下间种方式，适宜间种的树种主要有麻楝、石梓、火力楠、孔雀豆、双翼豆、木麻黄、马尾松和台湾相思等多种树种的人工林或次生阔叶林。实行林藤间种，需控制林冠透光度在 50% 左右，带状清理林地，穴状整地，规格 40cm × 40cm × 40cm，造林密度 1650~3300 丛 /hm^2（郑蔚智等，2006）。

8.2 抚育管理

8.2.1 劈灌除杂

棕榈藤幼苗期生长缓慢，容易被灌木杂草遮盖，所以平时要注意劈灌除杂。劈灌除杂的原则是“劈早、劈小、劈了”。如轻度除杂（去除 1/3 小乔木 + 灌木 + 草本）有利于黄藤幼株的生长，中度除杂（去除 2/3 小乔木 + 灌木 + 草本）有利于白藤幼株增长。

8.2.2 灌溉保湿

土壤水分对棕榈藤的生长有重要的影响，为了增加营养土中有效水分的含量，以保证苗木在不同时期对水分的要求。要合理地浇水，浇水时间一般安排在早晨、傍晚或夜间进行，这样不仅可减少水分的蒸发，而且不会因土温发生剧烈变化而妨碍苗木生长，而浇水量是以保证苗木根系分布层处于湿润状态为佳。雨天气要注意防水、排水。如黄藤在土壤含水量高的湿润环境下生长较好；白藤在半湿润环境下生长较好；柳条省藤在湿润环境下株高生长较好，干旱环境能促进地径生长。

8.2.3 松土施肥

在苗木生长期间，由于降雨和浇水的原因常使表层营养土变得紧密，甚至板结，不仅增加了水分的损耗，减弱了土壤的渗水性能，而且使土壤透气性不良，影响苗木生长和发育。因此，及时破除板结的表土层，减少土壤水分的蒸发，改善土壤的通气条件，将有助于苗木的生长。结合松土除草时进行施肥，采用沟施或环施，第 1 次每株施 0.1kg 尿素，以后每次每株施复合肥 0.15~0.25kg。不同种类的棕榈藤幼苗的肥料的需求不同，如黄藤苗期施用尿素 1.3g，过磷酸钙 2g，氧化钾 2g 的效果最佳；肿鞘省藤（*Calamus tumidus*）在种植后 2 年施 170g 的氮肥时，生长处于最佳状态；马来西亚省藤属的几个藤种造林后半个月每株施氮：磷：钾（15：15：15）复合肥 5g，当苗木种植后 9~12 个月，应增加到每株 15~20g，以保持苗木的健康和活力；盈江省藤（南巴省藤）每株施有效成分大于 16% 的过磷酸钙 150g，不施用氮肥；高地省藤每株施有效成分大于 45%，氮磷钾比为 4：1：4 的复合肥 25g；黄藤、柳条省藤施用 10~15g/ 株磷肥；白藤施用 15~20g/ 株磷肥，幼株生长良好。

8.2.4 透光疏伐

光照强度是影响棕榈藤幼株生长的关键因子，及时进行透光疏伐可以促进棕榈藤的生长。如黄藤、白藤在相对光照强度 40%~55% 环境下幼株生长良好，柳条省藤在相对光照强度 60% 以上环境下幼株生长良好。

8.2.5 病虫害防治

藤类苗木害虫目前还很少见，但已出现多种苗木病害，如藤苗茎缩病、叶枯病、叶斑病、褐斑病和日灼病等。前 4 种病害的发生时间主要是在低温或长时间的阴雨天气过后，日灼病则通常是在全光照育苗或遮阴不足时发生。除日灼病严重发生时可直接导致苗木死亡，其他病害对苗木的危害程度较低，但亦影响苗木生长。常用防治方法为：用 1：1：100 的波尔多液或 50% 的多菌灵 500~800 倍液或 75% 的百菌清 800~1000 倍液喷雾，每周喷施 1 次，连续 2~3 次，有一定的防治效果。

棕榈藤具有较强的抗病能力。据对海南野生和人工藤林的调查：在天然林内，棕榈藤极少发生病害，而在人工林内，特别是在苗期，常见叶部病害有叶枯病、叶斑病、轮纹斑病、炭疽病、幼苗茎缩病、日灼病、枯斑病、煤污病、褐斑病和藻斑病，但极少发现藤株因叶部病害致死。化学防治试验结果：75% 的百菌清 800~1000 倍液或 75% 甲基托布津 800 倍液喷施，每周 1 次，防治苗木病害的效果良好（郑蔚智等，2006）。

（1）主要病虫害防治

猝倒病　猝倒病是黄藤、白藤、厘藤（短叶省藤）芽苗期的主要病害，发病严重时，整床芽苗死亡。发病的主要原因是播种苗床水分过多或通气不良而导致病菌滋生、泛滥。主要防治方法：①加强管理、适当控水能有效控制病害扩展。②发现病害后应尽快进行芽苗分床，能有效控制病害蔓延。但要注意，起苗后应将芽苗放在800倍液的百菌清药液中浸泡清毒3~5min后再移植入袋。③发现苗床有病苗后，应及时用药物防治，可用75%的百菌清800倍液喷雾防治或用500倍液的敌克松药液淋洒苗床，每周1次，连续5次，可达到较好的防治效果。

幼苗茎缩病　幼苗茎缩病主要危害棕榈藤幼苗的生长点与苗茎，使幼苗生长不良。防治方法：使用75%甲基托布津800倍液喷雾防治，每周1次，连续3次可达到很好的防治效果。

叶斑病　叶斑病主要危害棕榈藤苗木的叶部，严重危害幼苗的生长。防治方法：使用1000倍液的世高药液喷雾防治，每周1次，连续3次可达到很好的防治效果。

主要虫害　黄藤、白藤、厘藤（短叶省藤）这三种棕榈藤苗期的主要虫害有盾蚧、藤坚蚜、棉蝗等危害。防治方法：①盾蚧的防治可用1000倍的“蚧速杀”药液喷雾防治，每周1次，连续2次，可达到防治效果。②藤坚蚜、棉蝗的防治可用1000倍的“敌敌畏”药液防治，每周1次，连续2次，可达到防治效果（冯家平等，2006）。

（2）鼠害防治

棕榈藤幼林易遭鼠害，严重发生时可导致植株大量死亡，防治措施一般采取鼠药诱杀，同时结合清除林地杂草以减少鼠类栖息地。

（3）红棕象甲防治

当藤林出现无折断外伤而枯梢的藤茎时，需要对枯梢进行解剖观察，如果枯梢内部为蛀空或有虫，即可判定为红棕象甲危害。

红棕象甲危害需要综合防治，需将枯梢的藤茎砍下，消灭其所携带的幼虫，同时采用诱捕器诱杀红棕象甲成虫（参见标准LY/T 2223—201）。

（3）白藤叶枯病防治

主要危害白藤幼苗，以10cm以下的幼苗发病较多。发病初期，外缘老叶叶尖开始发病，出现叶尖枯死症状，渐向叶基部发展，病斑浅褐色，边缘清晰；后期病斑呈灰白色至浅褐色，其上可见有许多黑色小点。病害发生严重时，其内部新抽叶片也可发病，待全部出现枯叶后，苗木整株死亡。可通过改善林地卫生状况、通风或喷施杀虫剂等措施进行防治（沈国舫等，2020）。

8.3 棕榈藤材采收

棕榈藤的采收工作主要包括将棕榈藤藤条从树丛中拖拽出来以及去除羽叶及叶鞘等。由于棕榈藤常缠绕攀缘于较高的树冠中，而且刚硬的刺遍布全身，因此藤条的采割需要借助一定的工具，先用钩刀从基部砍断藤条，再将藤条从枝叶间钩出，然后用砍刀砍去杂叶，剥落叶鞘，直到取出全藤。藤的叶鞘脱落是藤条成熟的标志。通常在距藤茎基部 30~200cm 处，用切刀或砍刀将藤条砍断，通过拖拽将其从树冠中拉出。当藤条攀缘较高而拖拽困难时，只能将其从高处截断，这通常会导致一半长度以上的上部藤条被弃留于树冠中，造成大量藤材浪费（袁东等，2011）。棕榈藤的多刺性状和极强的攀缘性使其与树木冠丛的缠绕十分紧固，使得藤条的采收非常费力。采收大径藤（如玛瑙省藤）至少需要 2~3 个人。对于一根长达 15m 以上的藤条，有时 5~6 个人也很难将其从浓密的树冠中拉拽出来。而且，从攀缘的树木上拖拽藤条的同时，也可能将一些枯枝、附生植物、蚁巢、野蜂巢以及其他附带物拉出造成危险。有时藤条被缠绕在树冠中，采收者不得不爬上相邻的树木将其砍断，否则只能将其废弃。爬树、拖藤都十分辛苦，一个人做此类工作需要花费的能量为 8~12kcal/min（袁东等，2009）。而且，棕榈藤全身多刺，常会对人造成一定身体伤害，使得采藤工作尤为艰辛。

8.3.1 采伐周期和强度

与异龄林相似，棕榈藤人工林的最佳采收方式的确定关键也在于科学计算与初始状态有关的采收强度和采收间隔期。初始状态可通过林分的年龄来衡量；采收强度常用株数采收强度和茎长采收强度两个指标表示，但对于采用择伐作业的林分来说，只要给出采收的最小长度级，采收株数和采收量也就确定，采收强度也可用起采茎长来衡量；而采收间隔期与采收强度有关，随择伐强度的增大而延长、降低而缩短（王慷林等，2002）。因此，棕榈藤人工林的最佳采收方式可理解为初始采收龄、起采茎长和采收间隔期的最优组合。由于棕榈藤人工林择伐是在多个时间点上进行的。因此，以采收强度为控制变量、林分货币收获量为状态变量的择伐控制是一个多步决策的过程。

藤林最佳采收方式因藤种而异，以 20 年经营周期的单叶省藤和黄藤人工林为例，单叶省藤，在经营期内分别于 9 年初采，而后 15 年和 20 年再次采收；前 2 次的起采茎长均为 11m，而最后一次对达到工艺成熟的所有植株进行采收；整个经营期内采收 3 次，每公顷原藤产量达 27t 左右，净现值为每公顷 19844 元。对于黄藤，采收的时间序列分别为 8 年、11 年、14 年、17 年和 20 年，起采茎长序列为 8.5m、8.5m、8.5m、8.5m 和 4m，20 年内可采收 5 次，每公顷总产量近 28t。

8.3.2 采藤工具

据国内外文献报道，棕榈藤藤条的常用采收工具包括剪刀、切刀、整枝剪、大砍刀和具有弯刀片的大砍刀等（图 8-1）（江泽慧，2002；王慷林等，2002）。采收方法主要有：刀砍手拉法、机动车辆法、船只法和手动机械法等，根据动力性质概分为手动法和机械法。20 世纪 90 年代中后期，马来西亚森林研究所（Forest Research Institute of Malaysia）根据当地土著人爬树逐片砍掉藤叶的过程，研制了 PVC 塑料管前套刀片和钩环套圆锯片等采收工具，用于采收攀缘于大树上的中、大径棕榈藤（王慷林等，2002；袁东等，2009）（图 8-2）。

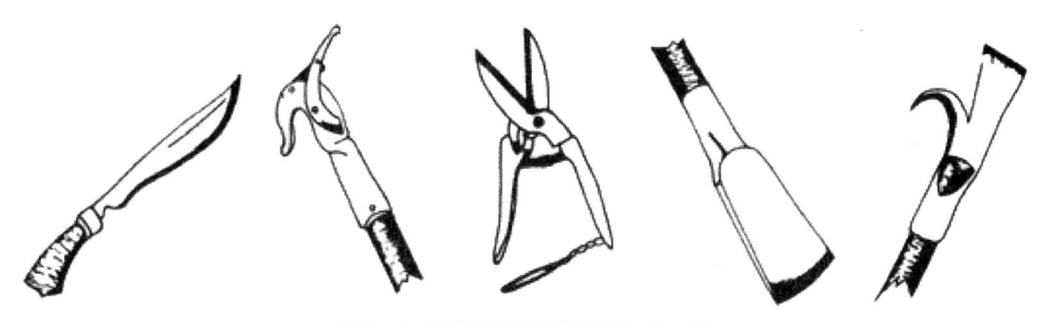

图 8-1　棕榈藤藤条的常用采收工具

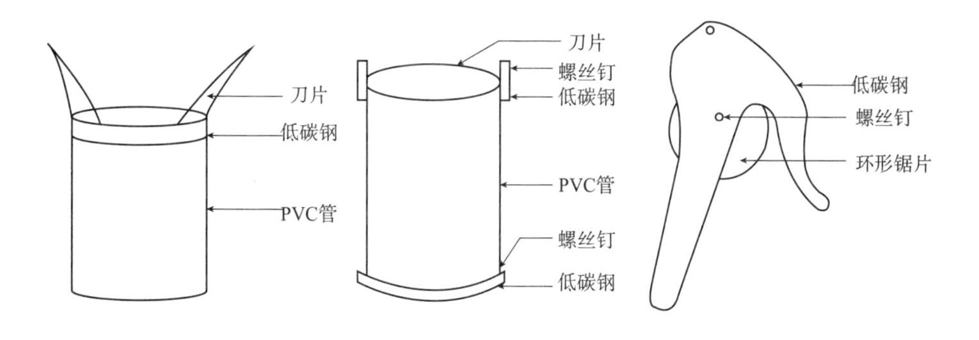

图 8-2　经过改良的棕榈藤藤条采收工具

工具A：剪切工具由一段长140cm，直径12cm的聚氯乙烯（PVC）管组成，其一端连接一个双槽的剪切刀刃，一根直径6mm的钢绳与剪切刀连接，手摇绞盘用一根吊带连接到大树的基部（吊带的作用是在绞动时保护树皮免受损伤），另一根6mm的钢绳连接到藤株和另一根吊带，然后绞动直至藤茎稳固和拉直。用一个弹弓（弹射器）将一根渔线射过藤冠，用鱼线将6mm的钢绳带过去，而剪切工具连接在钢绳上。绞动绞盘，随着剪切工具沿藤茎向上移动而剪切掉藤株的叶片。

工具B：几乎与工具A相同，不同之处在于聚氯乙烯管的直径为25cm，其操作方法同A。

工具C：由一个钢钩和一个圆形钢片（由一个圆锯片做成）组成，工具的顶端和底部连接在钢绳上，和工具A一样，藤茎被绞盘稳固和拉直。6mm的钢绳投掷过藤株，将工具引到藤株的叶冠上，工具下端连接在另外的钢绳上，由于工具钩在一片叶子上，其钢绳连接在工具的下端并向下绞动，由上而下地剪断叶片。但上述工具及使用对操作工人技术熟练性要求高，操作复杂，并且不宜在藤生长较为密集区域进行采藤作业（袁东等，2009）。

8.3.3 采藤方法

（1）手工采藤法

目前对棕榈藤的采收，包括马来西亚等在内的东南亚主要藤材出口国仍以人工为主。因棕榈藤为攀生植物，藤躯及叶脉遍布倒钩，倒钩极其尖锐坚韧，生长过程中倒钩深扎或剐挂被攀附的乔木枝干皮层，抓着力极大。直接用人力将藤株从被攀树木上拽拉到地面，劳动强度极大，通常需用3~4个壮劳力合作才行。因此，以人工采收棕榈藤，费工多、劳动强度大、效率低，以至生产成本高，这就是目前市场上藤材及藤制品价格偏高的主要原因之一。

人工伐藤通常包含以下几个过程：①距藤条根基30~200cm处将藤条砍断。②将藤条从树丛中拖拽出，对于小径藤来说稍为容易，对于大径藤则十分困难。拖拽藤条时的拖拽方向十分重要。下拉法适合于藤条较小而直立者，或是绝大部分藤叶和叶鞭已经被剪除的情况。但是，通常藤条的生长很少是直立的，这是由生长的空间和攀附的树冠决定的。绝大多数的小径藤仅攀附于树冠层的边缘带，因而需要从侧向拉藤。如果拖拉受阻则要改变方向。将鱼钩系在一根长杆上可用于辅助拖藤。③从树冠上解藤。如果藤条拖不动，则需要从树冠处处理。用系在长杆上的切刀切断藤茎和藤叶，这也只是对不高的树和小径藤才有可能。通常是1~2个人爬上相邻的树木切断藤的羽叶和叶鞭。并不是所有的叶子都能被切除，有时还需要锯切藤条攀缘的主要树枝或者在树冠处将藤茎切断，但这将会导致被攀缘植物的折损或造成藤茎余留部分被废弃。

刀砍手拉的手动法，采收速度和效率较低，难度较大。

（2）机械采藤法

在印度尼西亚和马来西亚等东南亚国家有时利用机动车辆或船只来拖拽采收棕榈藤；主要是通过机动车辆、机动船等和绞绳联动对藤条进行拖拽；有人在四轮车前后安装滑轮、辘轱以及能除去藤叶及其叶鞘的小机械装置等对此类采藤法进行改善（图 8–3）（袁东等，2009）。在藤冠下方放置一个对藤羽叶和叶鞘具有剪除作用的刀片滑轮，对藤羽叶和叶鞘先行剪除，可使藤条卷绕易拉。但这些方法通常也只适宜小径藤的采收。用四轮车等动力驱动装置拖拽采收藤条，可以减轻劳动强度提高采收效率，但受棕榈藤生长地的空间限制，仅限于易于通行的平坦地区或江河湖边，不适用于多山地形，而且容易造成对周围树木和棕榈藤的破坏。

图 8–3　利用机动车拽藤的机械采藤法

8.3.4 新型采藤机械和采藤技术

国家林业和草原局北京林业机械研究所与中国林业科学研究院热带林业实验中心对国内外现有棕榈藤的主要采割方式、采收工具进行了调研，特别是对棕榈藤采收生产工艺路线、存在的主要问题进行了重点研究，研制出适合我国国情的效率高、体积小、重量轻、易携带、便于操作的采割机械，改变了传统刀砍手拉的采割方式，初步实现藤条采收的机械化。研究成果被国家林业和草原局认定为科技成果，并被国家知识产权局授予实用新型专利。根据我国棕榈藤采割的实际需要，研制的采藤机械主要由棕榈藤采藤器和采藤辅助工具两大部分组成。

（1）采藤器

主要由绳索系统、收索装置、松索装置、加力装置、倒索系统以及机身支架等几部分组成。采藤器在采藤全过程中提供稳定可持续的全部采藤的牵拽力。其工作原理是：先将采藤器用宽条带挂连定位于立木或伐根基部。将固定于采藤器绳索系统另端端部的挂钩全部拉出并与由系紧藤条的宽条带相连，随着收索操作，收索装置将钢索连续缠绕收紧、绳索系统挂钩逐渐移近采藤器机身，藤条逐渐被拉离所攀附树木；当绳索系统将钢索全部缠绕收回（或在采藤过程中需要改变藤牵拽方向）时，将被拉藤条用倒索系统牵拉固定，同时在松索装置的作用下，将全部钢索松开、绳索系统挂钩拉出；沿藤条向上方向将宽条带移动、与藤条重新系紧，并与绳索系统挂钩相挂接，从而使采藤器继续在收紧装置作用下，将钢索继续缠绕收紧，被采藤条继续从攀附物中拉离。如此循环往复，直至藤条被全部被拉出为止。当因被采藤条缠绕严重、与支撑树攀附力过大，而使藤牵拽阻力增加导致操作困难时，使用加力装置可减轻工人的操作力。采藤器采藤设计拉力 260kg，单程拖拽距离可达 18m。当藤条尚未被全部拉出，而钢索已全部缠绕收回到位或需调整和改变牵拽藤的方向时，使用倒索系统，采藤器松索装置可快速而方便地使收索轮体从工作状态转换为自由状态，方便绳索挂钩被重新拉出进行位置调整、重新与藤条的挂接。

（2）采藤辅助工具

辅助工具主要包括：专用钩刀、高枝剪、导向轮、环形宽条带等。专用钩刀在实际采藤作业中，随着藤条被从攀附树木拉离的位移量的逐渐增加，藤株上的倒钩抓力在积极抵抗拖拽拉力的作用将逐渐加大，藤条将被越拉越紧，所需采藤拖拽拉力也越来越大。研究表明，来自于遍布叶轴、叶鞭、鞘鞭等处的刚刺，因深扎或剐挂被攀附的树木以及藤枝的相互缠绕，产生的拖拽藤的阻力约占总拖拽阻力的 60% 以上。因此，需要及时将藤体布满倒钩的叶轴、鞘鞭等藤枝杂叶及时清理去除，从而保证采藤器的正常工作和采藤作业的持续进行。作为采藤辅助工具之一的专用钩刀，刀杆长度可调，最大工作高度可达5m；钩刀杆复位后长度仅为1m，便于林间携带；刀杆材料采用铝合金材料以减轻重量；刀头根据使用需要可换装钩锯，进行锯割操作。采藤辅助工具与采藤器配套使用，在采藤试验中取得良好的效果，使用专用钩刀还可较好地完成藤枝杂叶以及藤鞘去除工作。

（3）新型采藤机械的特点

使用新型采割机械，应用采割新技术，改变了我国传统的刀砍手拉的采割方式，可提高采割效率30%以上、可使藤材生产综合成本降低20%以上。

采藤器结构合理设计紧凑，使用操作灵活、方便、效率高，全部采藤工作仅需2人即可完成。通常，一人操纵采藤器进行藤条的拖拽作业，另一人使用专用钩刀等辅助工具去除藤枝杂叶以保证拖拽藤条的顺利进行。随着采藤工作的进行，在辅助工具的配合使用下，可以根据拖拽藤条需要不使藤条反弹而调整和改变拖拽方向，减少藤条对林木的缠绕强度。

节省人工。常规操作情况下，1人操作单台采藤器所提供的拖拽拉力可代替4~6名采藤工人人工拖拽同时产生的采藤拉力，大大降低了采藤的人工成本和工人的劳动强度。

采藤机械便于携带。采藤机械体积小，重量轻，便携带。采藤器和采藤辅助工具分别装入两只特制工具包，工具包可手提或肩背，方便采藤人员林区携带。工具包可由2人分别携带，每人携带重量分别约为13kg和4kg，总体重量仅约17kg。

环保。由于采割机械不需使用消耗石化燃料的发动机提供动力，因此不会因采割机械的使用而污染环境。采藤机械的试验证明不会对主树造成损害。

对场地要求小。对采藤使用现场没有特殊要求，充分考虑到采藤操作场地狭小、山陡路窄且坎坷不平、人工携带不能太重、操作人员文化水平不高等特点，可满足藤区采藤需要。

（4）对棕榈藤采收方法的建议

新型采藤机械研制和相关试验研究表明，藤株之间的相互簇拥、交织缠绕、盘根错节，大大增加采藤作业中牵拽藤条的阻力，从而加大采藤作业的工作难度。因此在藤种植生产过程中，将棕榈藤的种植、培育与采收看成一个整体，充分考虑到棕榈藤生长形态特点以及未来给采收带来的不利影响，在藤种植、培育过程中采取一定的措施，为实现采藤机械化创造有利条件（袁东等，2011）。为此，提出如下建议：

①选择适宜的伴生树种。种植棕榈藤时，选择主干自下而上枝丫较多且树皮较为粗糙的树种，利于藤体攀爬与攀附。

②减少藤株间的交错和缠绕。在棕榈藤生长管护过程中，在棕榈藤分蘖期采取人工干预的方法将藤茎牵引至附近支撑树上，使其相互分开，减少相互簇拥缠绕。

③开发针对性强的采藤机械。黄藤、小省藤、杖藤等形态差异性较大，单一的采割机械不能解决棕榈藤采收的所有问题，应开发针对不同藤种、不同种植模式的采割机械。

④确定合理的采收周期。藤条的长度（生长时间）越长，采收难度越大，采收成本越高，应综合考虑棕榈藤生长特性、藤材的利用目标、采收成本等因素，确定经济合理的藤生产经营周期。

参 考 文 献

蔡金华，2013. 不同滴灌措施对单叶省藤人工幼龄林生长的影响 [J]. 科技视界（9）：175–176.

蔡永立，宋永昌，2005. 浙江天童常绿阔叶林藤本植物的适应生态学研究 II：攀缘能力和单株攀缘效率 [J]. 植物生态学报，29（3）：386–393.

陈本学，2020. 氮磷添加对低地次生雨林棕榈藤及伴生林分生长的影响研究 [D]. 北京：中国林业科学研究院 .

陈本学，范少辉，刘广路，等，2019. 不同环境因子对柳条省藤生长的影响研究 [J]. 四川农业大学学报，37（6）：785–791+813.

陈本学，范少辉，刘广路，等，2020. 光照和水分对白藤幼苗生长特性的影响路径关系研究 [J]. 西北植物学报，40（1）：95–103.

陈本学，李雁冰，范少辉，等，2020. 海南甘什岭白藤土壤种子库特征及幼苗更新能力 [J]. 生态学杂志，39（4）：1091–1100.

陈芳清，梅光舟，曾旭，等，2008. 三峡地区柏木种子萌发和幼苗更新的研究 [J]. 热带亚热带植物学报，16（1）：69–74.

陈和明，胡哲森，尹光天，等，2005. 黄藤花粉采集时间与萌发条件的初步研究 [J]. 广东林业科技，21（1）：11–14.

陈和明，尹光天，胡哲森，等，2004. 白藤花粉采集时间及萌发条件的初步研究 [J]. 江苏林业科技，31（6）：1–4.

陈和明，尹光天，胡哲森，等，2006. 黄藤花粉萌发与低温贮藏研究 [J]. 西北植物学报，26（7）：1395–1400.

陈青度，1990. N、P、K 营养元素的不同配比对红藤苗期生长的影响 [J]. 林业科学研究，3（1）：90–94.

程治英，范昆，韩华，1995. 棕榈藤繁殖的生物学研究 [J]. 林业科技通讯（2）：24–25.

董诗凡，卢靖，彭院文，2015. 遮阳和施肥对小省藤苗期生长的影响 [J]. 西部林业科学（5）：90–96.

杜伟莉，高杰，胡富亮，等，2013. 玉米叶片光合作用和渗透调节对干旱胁迫的响应 [J]. 作物学报，39（3）：530–536

冯家平，羊金殿，2006. 海南优良棕榈藤种的苗木培育技术 [J]. 热带林业，34（4）：38–40.

冯玉龙，曹坤芳，冯志立，等，2002. 四种热带雨林树种幼苗比叶重，光合特性和暗呼吸对生长光环境的适应 [J]. 植物生态学报，22（6）：901–910.

弓明钦，1989. VA 菌根菌对白藤幼苗生长效应研究初报 [J]. 林业实用技术（9）：23–25.

弓明钦，王凤珍，陈羽，1994. 棕榈藤 VA 菌根研究 [J]. 林业科学研究，7（4）：359–363.

官凤英，范少辉，刘亚迪，等，2010a. 高地省藤幼苗光合作用日变化特征 [J]. 浙江林业科技，30（5）：33–37.

官凤英，范少辉，刘亚迪，等，2010b. 两种棕榈藤光合日变化及其与环境因子的关系研究 [J]. 世界竹藤通讯，8（4）：1–6.

郭丽秀，卫兆芬，何洁英，2004. 国产省藤属植物的花粉形态学 [J]. 热带亚热带植物学报，12（6）：515–520.

国际竹藤组织，2021. INBAR 发布全球及中国竹藤商品国际贸易报告 [J]. 世界竹藤通讯，19（3）：95–96.

洪深，2007. 保亭县人工种植棕榈藤生长情况调查报告 [J]. 热带林业，35（2）：48–51.

胡亮，李鸣光，李贞，2010. 中国种子植物区系中的藤本多样性 [J]. 生物多样性，18（2）：198–207.

江泽慧，2002. 世界竹藤 [M]. 沈阳：辽宁科学技术出版社 .

江泽慧，王慷林，2013. 中国棕榈藤 [M]. 北京：科学出版社 .

康冰，刘世荣，王得祥，等，2011. 秦岭山地典型次生林木本植物幼苗更新特征 [J]. 应用生态学报，22（12）：3123–3130.

寇亮，尹光天，杨锦昌，等，2012. 不同滴灌处理对黄藤人工林生长的影响 [J]. 中南林业科技大学学报，32（4）：100–104.

李宏俊，张知彬，2001. 动物与植物种子更新的关系 Ⅱ. 动物对种子的捕食、扩散、贮藏及与幼苗建成的关系 [J]. 生物多样性杂志，9（1）：25–37.

李林瑜，方紫妍，艾克拜尔・毛拉，等，2018. 西天山野果林不同居群黑果小檗土壤种子库及幼苗更新研究 [J]. 植物科学学报，36（4）：534–540.

李荣生，2003. 华南地区 3 个棕榈藤种水分利用效率和抗旱能力的研究 [D]. 北京：中国林业科学研究院 .

李荣生，许煌灿，尹光天，等，2003. 中国棕榈藤引种进展 [J]. 世界林业研究，16（2）：48–54.

李雁冰，2019. 海南甘什岭次生雨林棕榈藤人工促进更新生长研究 [D]. 北京：中国林业科学研究院 .

李雁冰，范少辉，刘广路，等，2019. 遮阴和干旱复合处理对黄藤幼苗个体生长及生理特性的影响 [J]. 西北植物学报，39（6）：1096–1104.

李雁冰，范少辉，彭超，等，2019. 坡形对杖藤种群天然更新及生长的影响 [J]. 生态学杂志，38（5）：1346–1351.

李意德，1987. 海南岛尖峰岭棕榈科藤类植物群落分析 [J]. 热带林业科技，5：39–46.

李玉敏，2011. 全球棕榈藤贸易现状与趋势 [J]. 世界竹藤通讯，9（2）：1–3.

刘明航，李盼畔，陈萍，等，2018. 西双版纳热带雨林的土壤种子库与雨林保护 [J]. 中国野生植物资源，37（5）：56–60.

刘蔚漪，刘广路，范少辉，等，2017. 小省藤播种育苗技术研究 [J]. 云南大学学报（自然科学版），39（1）：147–154.

刘杏娥，吕文华，2012. 中国棕榈藤产业现状及展望 [J]. 木材加工机械，23（2）：41–44.

刘英，曾炳山，许煌灿，等，1996. 棕榈藤继代培养增殖和成苗特性的研究 [J]. 林业科学研究，9（6）：579–585.

鲁为华，任爱天，杨洁晶，等，2013. 伊犁绢蒿年际结实量、土壤种子库及幼苗输入特征 [J]. 草业科学，30（3）：390–396.

罗鸣福，1984. 试验设计在林业中的应用 [J]. 河南农业科学（3）：25–28.

彭超，2017. 海南岛甘什岭低地次生雨林棕榈藤环境适生性研究 [D]. 北京：中国林业科学研究院 .

彭超，范少辉，刘广路，等，2017. 海南岛低地次生雨林棕榈藤分布及其影响因子 [J]. 生态学杂志，36（10）：2725–2733.

彭超，王慷林，李莲芳，等，2016. 施肥对省藤移植苗木生长的影响 [J]. 中南林业科技大学学报，36（1）：58–62.

沈国舫，2020. 中国主要树种造林技术 [M]. 北京：中国林业出版社 .

宋绪忠，杨华，杨锦昌，等，2007. 版纳省藤家系苗期生长特性的初探 [J]. 广东林业科技（2）：6–10.

苏柠，2015. 小省藤和盈江省藤苗木培育的技术研究 [D]. 西南林业大学 .

孙建华，王彦荣，曾彦军，2005. 封育和放牧条件下退化荒漠草地土壤种子库特征 [J]. 西北植物学报，25（10）：2035–2042.

孙中元，马艳军，刘杏娥，等，2013. 弱光环境对高地省藤幼苗生长与光合作用的影响 [J]. 西南林业大学学报，33（1）：16–21.

王慷林，2015. 中国棕榈藤资源及其分布特征研究 [J]. 植物科学学报，33（3）：320–235.

王慷林，陈三阳，许建初，2002. 云南棕榈藤实用手册 [M]. 昆明：云南科技出版社.

王慷林，李莲芳，刘广路，2020. 云南棕榈植物资源及其多样性 [J]. 西南林业大学学报（自然科学），40（2）：1–11.

王慷林，李莲芳，苏柠，等，2019. 小省藤苗木生长对遮阴和施肥的响应 [J]. 西南林业大学学报（自然科学），39（1）：20–26.

王慷林，普迎冬，许建初，2002. 云南棕榈藤资源及发展策略 [J]. 自然资源学报，17（4）：499–503.

星耀武，王慷林，杨宇明，2006. 中国省藤属（棕榈科）区系地理研究 [J]. 云南植物研究，28（5）：461–467.

徐田，陈剑，毕玮，等，2018. 盈江省藤栽培技术规程 [J]. 陕西林业科技，46（3）：83–85.

许煌灿，符史深，1981. 白藤的特性及栽培技术研究初报 [J]. 热带林业（1）：9–27.

许煌灿，尹光天，曾炳山，1994. 棕榈藤的研究 [M]. 广州：广东科学技术出版社 .

许煌灿，尹光天，孙清鹏，等，2002. 棕榈藤的研究与发展 [J]. 林业科学，38（2）：135–143.

许煌灿，钟惠甫，符史深，1984. 白藤的特性及栽培技术研究 [J]. 热带林业（2）：9–27.

杨成源，马呈图，2001. 省藤不是雌雄异株，而是雌雄同花 [J]. 自然杂志，23（6）：365.

杨成源，马呈图，刘恒胜，2004. 云南优良棕榈藤种及其栽培技术 [J]. 林业科技开发，18（4）：41–44.

杨华，尹光天，甘四明，2004. 棕榈藤育种研究进展 [J]. 广西植物（4）：354–358.

杨锦昌，2004. 单叶省藤和黄藤人工林的系统经营技术 [D]. 北京：中国林业科学研究院 .

杨锦昌，许煌灿，尹光天，等，2003. 世界棕榈藤造林和经营综述 [J]. 世界林业研究，16（4）：27–33.

杨锦昌，许煌灿，尹光天，等，2006. 黄藤人工林密度效应 [J]. 林业科学，42（4）：57–61.

杨锦昌，尹光天，冯昌林，等，2010. 单叶省藤人工林茎长分布模型的研制 [J]. 浙江林业科技（6）：33–37.

杨锦昌，尹光天，李荣生，等，2007. 5 种生长方程在 2 种藤林生长模型中的应用

[J]. 福建林学院学报（3）：217–221.
杨意宏，李利超，孙化雨，等，2017. 3 种棕榈藤叶片叶绿素荧光特征分析研究 [J]. 世界竹藤通讯，15（4）：18–22.
殷谷丽，唐建维，杨成源，等，2010. 四种省藤属植物的光合特征与叶片性状及生长的相关性 [J]. 中南林业科技大学学报，30（6）：104–112.
尹光天，许煌灿，1992. 红藤种子储藏条件的初步研究 [J]. 林业科学研究（3）：347–350.
尹光天，许煌灿，张伟良，等，1993. 棕榈藤物种的收集和引种驯化的研究 [J]. 林业科学研究，6（6）：609–617.
袁东，姜忠斌，蔡道雄，2011. 棕榈藤采收方法与新型采藤机械的研制 [J]. 世界竹藤通讯，9（3）：46–59.
袁东，吕文华，姜忠斌，等，2009. 棕榈藤藤条采收工具和方法 [J]. 木材加工机械，20（1）:23–26.
曾炳山，刘英，许煌灿，等，2002. 长嘴黄藤离体快繁研究 [J]. 福建林学院学报，22（2）：169–171.
曾炳山，许煌灿，尹光天，等，1993. 黄藤藤丛结构和生长的研究 [J]. 林业科学研究（4）：414–422.
张恩向，缪福俊，原晓龙，等，2014. 高地省藤种苗培育的影响因子研究 [J]. 世界竹藤通讯（5）：26–31.
张方秋，1993. 棕榈藤组培技术研究 [J] . 林业科学研究（5）：486–492.
张伟良，尹光天，许煌灿，1990. 白藤丛栽试验初报 [J]. 林业科学研究，3（1）：81–85.
郑盛华，严昌荣，2006. 水分胁迫对玉米苗期生理和形态特性的影响 [J]. 生态学报（4）：1138–1143.
郑蔚智，陈修仁，冯家平，等，2006. 海南优良棕榈藤培育与示范研究报告 [J]. 热带林业，34（2）：49–51.
中国林业科学研究院，2011a. 越南是欧盟藤家具和藤编织品的供应国 [J]. 世界竹藤通讯，9（4）：15.
中国林业科学研究院，2011b. 印度尼西亚为棕榈藤主要出口国 [J]. 世界竹藤通讯，9（4）：43.
中国林业科学研究院热带林业研究所，2009. 泰国笋用棕榈藤的种植 [J]. 世界竹藤通讯，7（2）：7.
钟惠甫，许煌灿，1984. 藤类育苗技术 [J]. 热带林业（2）：1–8.

庄承纪，周建葵，1991. 省藤组织培养的植株再生 [J]. 云南植物研究（1）：97–100.

Adiwibowo A，Sulasmi I S，Nisyawati，2012. The relationships of forest biodiversity and rattan jernang（*Deamonorops draco*）sustainable harvesting by Anak Dalam tribe in Jambi，Sumatra [J]. Biodiversitas，13：46–51.

Aminah H，Mohd A H，1989. A notes on the growth of *Calamus maman* seedlings following fertilization[J]. Journal of Tropical Forest Science，2（2）：165–167.

Aminuddin M，Hall J B，1990. Effect of fertilizer application on *Calamus manna* at Taiping，Perak，west Malaysia[J]. Forestecol and Management，35：217–225.

Anonymous，1985. Rattan research at forest research institute[J]. Kepong RIC Bulletin，4（1）：4–5.

Armstrong J E，1997. Pollination by deceit in nutmeg（*Myristica insipida*，*Myristicaceae*）：floral displays and beetle activity at male and female trees [J]. American Journal of Botany，89（9）：1266–1274.

Baker W J，2015. A revised delimitation of the rattan genus Calamus（Arecaceae）[J]. Phytotaxa，197（2）：139–152.

Bawa K S，1980. Mimicry of male by female flowers and intrasexual competition for polliators in *Jacaratia dolichaula*（D. Smith）Woodson（Caricaceae）[J]. Evolution，34（3）：467–474.

Bi I A Z，Kouakou K L，2004. Vegetative propagation methods adapted to two rattan species *Laccosperma laeve* and *L. secundiflorum* [J]. Tropicultura，22（4）：163–167.

Bøgh A，1996. Abundance and growth of rattans in Khao Chong National Park，Thailand [J]. Forest Ecology and Management，84（1）：71–80.

Campbell M J，Edwards W，Magrach A，et al.，2017. Forest edge disturbance increases rattan abundance in tropical rain forest fragments [J]. Scientific Report，7（1）：1–12.

Chen B X，Li Y B，Liu G L，et al.，2020. Effects of the interaction between shade and drought on physiological characteristics in *Calamus viminalis* seedlings[J]. Notulae Botanicae Horti Agrobotanici Cluj–Napoca，48（1）：305–317.

Darus B H A，1983. The effect of sowing media on the germination of *Calamus manan* and *C. caesius*[J] . The Malaysian Forester（1）：77–80.

Devi S P，Singh P K，2017. Rattan of Manipur：three new records for the state [J]. Journal of Economic and Taxonomic Botany，31（2）：460–463.

Dransfield J，1978. Growth forms of rain forest palms. In：Tomlinson PB，Zimmermann MH（eds）tropical trees as living systems [M]. New York：Cambridge University

Press：247–268.

Dransfield J，1979. A manual of the rattans of the Malay Peninsula. Malayan Forest Records [M]. Malaysia：Forest Department，Ministry of Primary Industries：29.

Frissell C，2015. Is thinning of riparian forests ecological restoration[C].145th Annual Meeting of the American Fisheries Society.Afs：24–25.

Geertje M F，Oliver L P，2008. What controls liana success in neotropical forests? [J]. Global Ecology and Biogeography，17：372–383.

Guillermo G C，Scampicchio M，Carlo A，2015. Influence of the site altitude on strawberry phenolic composition and quality[J]. Scientia Horticulturae，192：21–28.

Henderson A，Floda D，2015. Retispatha subsumed in calamus（arecaceae）[J]. Phytotaxa，192（1）：58–60.

Hisham H N，Hale M，Norasikin A L，2014. Equilibrium moisture content and moisture exclusion efficiency of acetylated rattan（*Calamus manan*）[J]. Journal of Tropical Forest Science，26（1）：32–40.

Hossaert–Mckey M，Soler C，Schatz B，et al.，2010. Floral scents：their roles in nursery pollination mutualisms [J]. Chemoecology，20（2）：75–88.

Isnard S，Rowe N P，2008a. Mechanical role of the leaf sheath in rattans[J]. The New phytologist，177（3）：643–52.

Isnard S，Rowe N P，2008b. The climbing habit in palms：Biomechanics of the cirrus and flagellum[J]. American Journal of Botany，95（12）：1538–47.

Jaeobs D F，Salifu K F，Seifert J R，2005. Growth and nutritional response of hardwood seedlings to entrolled–release fertilization at out planting[J].Forest Ecology and Management，214（1–3）：28–39.

Jessia E，Andraw H，2004. Seedling emergence from seed banks of tidal fresh water wetlands：response to inundation and sedimentation[J]. Aquatic Botany，78（3）：243–254.

Johair B B，Che A B A，1983. Preliminary guide to rattan planting–PartIII：Rattan germi nation/management of seedlings[J] Kepong RIC Bulletin，2（3）：2–4.

Johnson K A，Mcquillan P B，Kirkpatrick J B，2010. Bird pollination of the climbing heath *Prionotes cerinthoides*（Ericaceae）[J]. International Journal of Plant Sciences，171（2）：147–157.

Kidyoo A M，McKey D，2012. Flowering phenology and mimicry of the rattan *Calamus castaneus*（Arecaceae）in southern Thailand [J]. Botany，90（9）：856–865.

Koptur S，Khorsand R，2018. Pollination ecology of three sympatric palms of southern Florida Pine Rocklands [J]. Natural Areas Journal，38（1）：15–25.

Lapis A B，1996. Philippine Rattan Resources. Production and Research[A]. Inl Rao AN. Rao VR. Rattan–TaxonO. my，Ecology，Silviculture. Conservation.Genetic Improvement and Biotechnology[C]. Sarawak. Sabah：IPGRI 207–221.

Lee Y F，1995. Genetic and ecological studies relevant to the conservation and management of some Bornean Calamus species[D]. University of Aberdeen.

Li R S，Xu H C，Yang J C，et al.，2002. A review of relationship between rattan and water[J]. Forestry Studies in China，4（1）：65–68.

Manjunatha K C，Suresh D T，Mohan R B，et al.，2005. Growth response of rattans seedlings to gibberellic acid[J]. Annals of Forestry，13（1）：72–78.

Manokaran N，1978. Germination offreshseeds of Malaysian rattan[J].The Malaysian Forester，41（4）：319–324.

Manokaran N，1981a. Survival and growth of rotan sega（*Calamus caesius*）seedlings at 2 years after planting：I. Line–planted in poorly–drained soil[J].The Malaysian Forester，44（1）：12–22.

Manokaran N，1981b. Survival and Growth of Rotan Sega *Calamus caesius* seedlings at 2 Years after planting II. Line–planted in Well–drained Soil[J]. The Malaysian Forester，44（4）：464–472.

Manokaran N，1982a. Survival and Growth of Rotan Sega *Calamus caesius* seedlings at 2 Years after planting III. Group–planted in poorly–drained Soil[J]. The Malaysian Forester，45（1）：36–48.

Manokaran N，1982b. Survival and Growth of Rotan Sega *Calamus caesius* seedlings at 51/3 Years after planting. The Malaysian Forester，45（2）：193–202.

Manokaran N，1984. Indonesian Rattans：Cultivation production and trade. In：Rattan Information Center[M]. Occasional Paper No. 2. Kepong：Forest Research Institute Malaysia.

Mercedes U G，Sanches E V，1990. Tissue culture of rattan progress and prognosis[M] // Ramon VV Rattan[M]. Philippines：In–Ternational development research center：98–100 .

Mohan R H Y，Tandon R，1997. Bamboo and rattans：from riches to rags[J]. Proceedings of the Indian National Science Academy，1997，63：245–267.

Myers R，2015. What the Indonesian rattan export ban means for domestic and international markets, forests, and the livelihoods of rattan collectors[J]. Forest Policy and Economics, 50 : 210–219.

Paulina L C, Mylthon J C, 2014. Different patterns of biomass allocation of mature and sapling host tree in response to liana competition in the southern temperate rainforest [J]. Austral Ecology, 39 (6) : 677–685.

Pei S J, Chen S Y, Guo L X, et al., 2010. Arecaceae (Palmae) [M]//Wu Z Y, Raven P H. Flora of China : Vol 23. Beijing : Science Press.

Putz F E, 1984. The natural history of lianas on Barro Colorado Island, Panama [J]. Ecology, 65, 1713–1724.

Putz F E, 1990. Growth habits and trellis requirements of climbing palms (Calamus spp.) in North–eastern Queensland [J]. Australian Journal of Botany, 38 : 603–608.

Raziah M Y, Razali W, Dransfield J, et al., 1992. Tissue culture of rattans[M]. A guide to cultivation of rattan. Kuala Lumpur : Forest Research Institute Malaysia.

Shim P C, 1995. Domestication and Improvement of Rattan[M]. INBAR/ IDRC, New Delhi.

Siebert S F, 1993. The abundance and site preferences of rattan (*Calamus exilis* and *Calamus zollingeri*) in two Indonesian national parks[J]. Forest Ecology and Management, 59 : 105–113.

Siebert S F, 2005. The abundance and distribution of rattan over an elevation gradient in Sulawesi, Indonesia [J]. Forest Ecology and Management, 210 : 143–158.

Stephen F, Siebert S F, 2005. The abundance and distribtion of rattan over an elevation gradient in Sulawesi, Indonesia[J]. Forest Ecology and Management, 210 : 143–158.

Stiegel S, Kessler M, Getto D, et al., 2011. Elevational patterns of species richness and density of rattan palms (Arecaceae : Calamoideae) in Central Sulawesi, Indonesia[J]. Biodivers Conservation, 20 (9) : 1987–2005.

Svenning J C, 2001. Environmental heterogeneity, recruitment limitation and the mesoscale distribution of palms in a tropical montane rain forest (Maquipucuna, Ecuador) [J]. Journal of Tropical Ecology, 17 : 97–113.

Tan C F, 1992. The History of Rattan Cultivation. (1n) Mohd Wan Razali Wan, Dransfield J. Manokaran N (Eds.) A Guide to the Cuhivation FR1M[M].Malayaia forest Record. No. 35 : 51–55.

Thonhofer J, Getto D, Van Straaten O, et al., 2015. Influence of spatial and environmental variables on rattan palm (Arecaceae) assemblage composition in

Central Sulawesi, Indonesia [J]. Plant Ecology, 216 : 55–66.

Timmer V R, 1996. Exponential nutrient loadin : a new fertilization technique to improve seedlings performance on competitive sites[J].New Forests, 13 (1–3): 275–295.

Toga S, 1988. Final Report : Rattan Indonesia Project 1984–1988 [C]. IDRC—CANADA and Department of Forestry Agency for Forestry Research and Development Jakarta : 36–38.

Toledo–Aceves T, Swaine M D, 2008. Biomass allocation and photosynthetic response of lianas and pioneer tree seedlings to light [J]. Acta Oecologica, 34 : 38–49.

Tomlinson P B, Fisher J B, Spangler R E, et al., 2001. Stem vascular architecture in the rattan palm Calamus (Arecaceae–Calamoideae–Calaminae) [J]. American Journal of Botany, 88 (5): 797–809.

Uhl W, Dransfield J, 1987. Genera Palmarum[M]. Kansa : Allen Press.

Vidyasagaran K, Jisha E D, Kumar V, 2016. Germination and emergence of four rattan Calamus species of Western ghats in response to different pre–sowing seed treatments [J]. Journal of Applied and Natural Science, 8 (2): 760–768.

Von L ü pke B. 1998. Silvi cultural methods of oak regeneration with special respect to shade tolerant mixed species[J].Forest Ecology and Management, 106 (1): 19–26.

Vorontsova M S, Clark L G, Dransfield J, et al., 2016. World Checklist of Bamboos and Rattans[M]. Beijing : Science Press.

Wan R , Dransfield J , Manokaran N, 1992. A guide to the cultivation of rattan[M]. Kuala Lumpur : Forest Research Institute Malaysia.

Wang X, Yin C Y, Li C Y, 2015. Population differences in adaptive responses to drought stress in *Populus przewalskii* Maxim[J]. Chinese Journal of Applied & Environmental Biology, 12 (4): 496–499.

Watanabe N M, Miyamoto J, Suzuki E, 2006. Growth strategy of the stoloniferous rattan *Calamus javensis* in Mt. Halimun, Java [J]. Ecological Research, 21 (2): 238–245.

Watanabe N M, Suzuki E, 2008. Species diversity, abundance, and vertical size structure of rattans in Borneo and Java [J]. Biodiversity and Conservation, 17 (3): 523–538.

Wei H, Cheng S P, He F, et al., 2014. Growth responses and adaptations of the emergent macrophyte Acorus calamus Linn. to different water–level fluctuations [J]. Journal of Freshwater Ecology, 29 (1): 101–115.

Yang J C, Yin G T, Xu H C, et al., 2003. Overview of rattan plantation management [J]. Chinese Forestry Science and Technology, 2 (3): 92–98.